5G产业知识赋能工程

5G Industry Knowledge-enpowering Project

5G低时延通信中的非正交多址接入关键技术

Key Technologies of Non-Orthogonal Multiple Access in 5G Low-Latency Communication

曾　捷　肖驰洋◎著

人 民 邮 电 出 版 社
北　京

图书在版编目（CIP）数据

5G低时延通信中的非正交多址接入关键技术 / 曾捷，肖驰洋著. -- 北京 : 人民邮电出版社，2023.8
ISBN 978-7-115-60865-9

Ⅰ. ①5… Ⅱ. ①曾… ②肖… Ⅲ. ①多址联接方式 Ⅳ. ①TN927

中国国家版本馆CIP数据核字(2023)第005639号

内 容 提 要

在移动通信的发展历程中，eMBB 等移动互联网应用场景和 mMTC、URLLC 等物联网应用场景成为主要驱动力，在设备连接数、频谱效率、时延和可靠性等方面对未来无线通信网络提出了巨大挑战。NOMA 技术能够在相同的时频资源内为更多设备提供连接，提升系统频谱效率、降低传输时延，成为支撑无线通信系统未来演进的关键技术之一。本书从低时延通信场景特性和 NOMA 技术的基本概念、技术分类、发端图样以及先进接收机设计等方面展开描述。同时，本书分析了 NOMA 在低时延通信中的应用，并结合物联网场景的特性，从功率分配、系统有效容量、传输时延和错误概率的角度出发，分别提出了相应的系统性能优化方案。最后，本书探讨了未来移动通信系统的发展趋势以及低时延通信的新需求，并对 NOMA 研究的新机遇进行了展望。

本书适合信息通信专业技术人员和管理人员阅读，可作为高等院校通信、电子、计算机、自动化等专业硕士、博士研究生的参考书。

◆ 著　　　曾　捷　肖驰洋
责任编辑　代晓丽
责任印制　马振武

◆ 人民邮电出版社出版发行　　北京市丰台区成寿寺路 11 号
邮编　100164　　电子邮件　315@ptpress.com.cn
网址　https://www.ptpress.com.cn
北京虎彩文化传播有限公司印刷

◆ 开本：700×1000　1/16
印张：12.75　　　2023 年 8 月第 1 版
字数：229 千字　　　2023 年 8 月北京第 1 次印刷

定价：119.80 元

读者服务热线：(010)81055493　印装质量热线：(010)81055316
反盗版热线：(010)81055315
广告经营许可证：京东市监广登字 20170147 号

前 言

每一代移动通信技术的发展和演进，都是为了应对日益增长的业务需求带来的挑战，并反过来进一步刺激业务需求的增长，催生新的业务类型和应用场景。在这种正反馈的发展与增长模式下，无线移动通信取得了一个又一个辉煌的成就。在物联网（Internet of Things，IoT）发展的驱动下，无线移动通信系统除了传统的支持人与人之间的通信，正在向支持人与物、物与物之间的通信转型。为此，国际电信联盟和第三代合作伙伴计划（3rd Generation Partnership Project，3GPP）根据业务类型及其对传输速率、时延和可靠性以及连接数量的需求，定义了第五代（the 5th Generation，5G）移动通信系统的三大主要应用场景，即增强型移动宽带（enhanced Mobile BroadBand，eMBB）、低时延高可靠通信（Ultra-Reliable and Low-Latency Communication，URLLC）和海量机器类通信（massive Machine-Type Communication，mMTC）。其中，URLLC 和 mMTC 是根据业务在数据速率、传输时延、设备连接数量和传输可靠性上要求的不同对 IoT 场景的进一步划分。多样化的 IoT 场景对当前承载无线数据传输的移动蜂窝网络在频谱效率、时延、可靠性、流量密度、资源消耗、覆盖能力和网络灵活性等方面提出了巨大挑战。

与正交多址接入（Orthogonal Multiple Access，OMA）相比，非正交多址接入（Non-Orthogonal Multiple Access，NOMA）更具优势。NOMA 通过在发射端采用多用户信号叠加传输，并在接收端采用串行干扰消除，允许多个用户占用相同的时频资源，大大提升了系统的频谱效率，增加了设备连接数；同时，NOMA 通过为信道条件较差的用户（即小区边缘用户）分配更大的功率，大大提高了小区边缘用户的吞吐量，从而更好地保障用户之间的公平性。此外，NOMA 的免调度接入机制可以极大减小接入时延。由于 NOMA 具备上述特征，在支持对吞吐量、设备连接数和时延性能有着较高需求的 IoT 场景中，能够有天然的优势，这些优势也使得 NOMA 受到了学术界和工业界的广泛关注。许多研究考虑将 NOMA 应用于 IoT，考虑到丰富的 IoT 应用对通信时延有着各种各样的需求，因此，对 NOMA 的时延性能进行分析和优化是十分必要的。

本书从 5G 无线传输和无线网络关键技术的概述出发，引出并介绍了新型多址接入技术之一——NOMA 技术的原理、研究进展和潜在应用场景。第 1 章首先梳理了 5G 移动通信的发展历程与趋势，指出 NOMA 被视为无线通信技术演进的趋势和潜在的突破方向之一，能够满足 5G 应用场景对超高数据速率、低时延、高可靠和大规模连接等的要求。第 2 章详细阐述了 NOMA 和低时延通信关键技术，总结相关技术原理和现有研究进展。随后，考虑到上下行 NOMA 系统中串行干扰消除（Successive Interference Cancellation，SIC）解码顺序和干扰信道各不相同，本书分别对上下行 NOMA 中用户的统计时延服务质量（Quality of Service，QoS）进行分析，并基于分析结果，设计了保障 NOMA 用户统计时延性能的准静态和动态功率分配方案。第 3、4 章针对用户已配对的上行 NOMA 系统，对 NOMA 用户对的排队时延超标概率上界和有效容量性能进行了分析，挖掘了 NOMA 保障统计时延 QoS 的潜能。第 5、6 章研究了下行 NOMA 的统计时延 QoS 性能及具有统计时延 QoS 需求的下行认知无线电 NOMA 系统。第 7、8 章将 NOMA 系统应用于低时延场景，将 NOMA 与多用户多输入多输出（Multi-User-Multiple-Input Multiple-Output，MU-MIMO）技术结合，研究了 MU-MIMO-NOMA 系统及关键技术。第 9 章对全书内容进行回顾，同时进一步探讨未来超五代移动通信系统（Beyond the 5th Generation，B5G）、低时延通信和 NOMA 的发展趋势、新需求以及新机遇。

在此，特别感谢积极参与本书编写和校对工作的老师和同学们，特别是武腾、宋雨欣、李重、谷慧敏、徐卿钦、牟郸霖、蒲威、张雨婷等。

非常感谢国家自然科学基金青年科学基金项目（编号：62001264）与北京市自然科学基金–海淀原始创新联合基金项目（编号：L192025）对本书的资助。

最后，衷心感谢家人对作者工作的理解和大力支持。

作　者

2022 年 12 月于北京

目 录

第1章

5G发展与非正交多址接入关键技术回顾

从重金难求的“大哥大”和寻呼机，到4G时期“飞入寻常百姓家”的种类繁多的智能手机，移动通信产业经历了波澜壮阔的长期发展。4G网络虽然已经满足了大部分民用场景需求，但是仍存在网络拥塞等问题。例如，在人群密集地（演唱会或大型会议现场等），易发生网络不可用的情况，从而造成手机无法发送消息或图片，这是因为相应服务基站能够容纳的总用户数和总传输速率受限。另外，在万物互联的未来，智能终端的数量会呈指数级增长，而4G网络难以高效承载大规模的物联网部署应用。因此，需要推动具有更高数据传输速率和能够接入海量物联网用户的下一代移动通信网络，以支撑起未来的万物互联。

1.1 5G发展态势

5G主要面向2020年以后的人类信息社会需求，移动通信的演进历程如图1-1所示。不同于以往的移动通信系统，5G将渗透到社会的各个领域，实现万物互联，并以用户为中心构建全方位的信息生态系统。国际电信联盟（International Telecommunication Union，ITU）、第三代合作伙伴计划（3rd

Generation Partnership Project，3GPP）、中国通信标准化协会等通信标准化组织围绕 5G 总体设计、网络架构、无线关键技术及器件展开研究，基于 ITU 定义的 5G 需求[1]，在全球范围开展基于 5G 新空口（New Radio，NR）标准的频谱分配与网络部署。

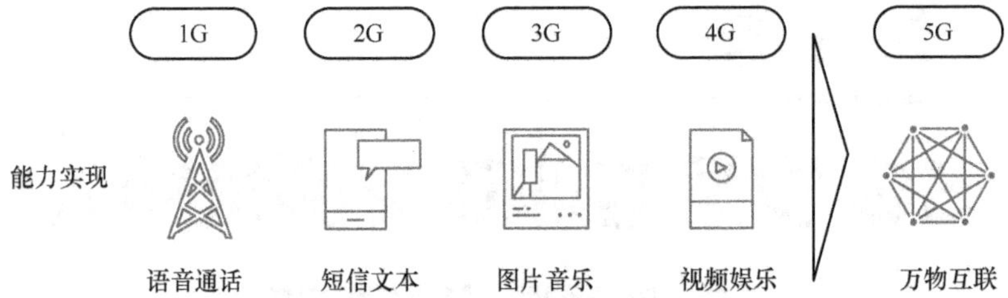

图 1-1　移动通信的演进历程

ITU 关于 5G 核心能力的要求[1]如图 1-2 所示。与 4G 不同，5G 将不再单纯强调峰值速率，而是综合考虑峰值速率、用户体验速率、频谱效率、移动性、时延、连接数密度、网络能量效率和流量密度[2]这 8 项技术指标。ITU 定义的 5G 三大应用场景[1]如图 1-3 所示，包括增强型移动宽带（enhanced Mobile BroadBand，eMBB）、低时延高可靠通信（Ultra-Reliable and Low-Latency Communication，URLLC）以及海量机器类通信（massive Machine-Type Communication，mMTC）。eMBB 场景的理想峰值速率将达到 20 Gbit/s，其保障的最低速率为 100 Mbit/s，可以支持 500 km/h 的移动性及 10~100 Mbit/ $(\mathrm{s}\cdot\mathrm{m}^2)$ 的业务容量提升，主要面向超高清、增强现实（Augmented Reality，AR）/虚拟现实（Virtual Reality，VR）、云游戏等大流量移动宽带业务，旨在通过更高的带宽和更短的时延增强用户的视觉体验；URLLC 场景旨在保障最低 1 ms 的超低时延以及 99.999%的高可靠性，主要面向自动驾驶、工业自动化等特殊垂直行业中需要低时延/高可靠连接的业务[3]；mMTC 场景专注网络及设备的优化，可以实现每平方千米支持 100 万个接入设备，满足大量移动通信传感器网络对接入数量和能量效率的高要求，主要面向如泛在电力物联网、智慧家居、智慧城市等大规模物联网业务。5G 不仅包含传统移动互联网的升级，还将解决多种场景下的物联网应用需求。

5G 标准的发展是一个不断演进的过程，当前 R15、R16 标准已经冻结，R17 标准已于 2022 年 6 月 9 日完成版本协议代码冻结，5G 标准未来还会针对行业应用的新需求向新版本演进。3GPP 于 2018 年发布了第一个 R15 标准版本。R15 标准主要面向超高清视频、AR/VR 等 eMBB 场景和基础的 URLLC 场景，已于

2019 年全部完成。基于此标准的商用网络已经在全球建设，因此云 AR/VR、云游戏等高清流媒体业务将率先落地。R16 标准作为 5G 演进的第一个版本，也是第一个完整的 5G 标准版本，能够满足 ITU 提出的 eMBB、URLLC 及 mMTC 三大场景对网络性能的需求。对 URLLC 需求强烈的车联网、自动驾驶和工业互联网等应用场景预计在 R16 版本具备商用条件后才能迎来较快的发展。R17 标准及之后的演进主要围绕垂直行业应用功能拓展进行研究，将进一步满足 mMTC 场景，并在数据采集、垂直行业应用能力增强等方面加大研究力度，以拓展 5G 网络应用范围。

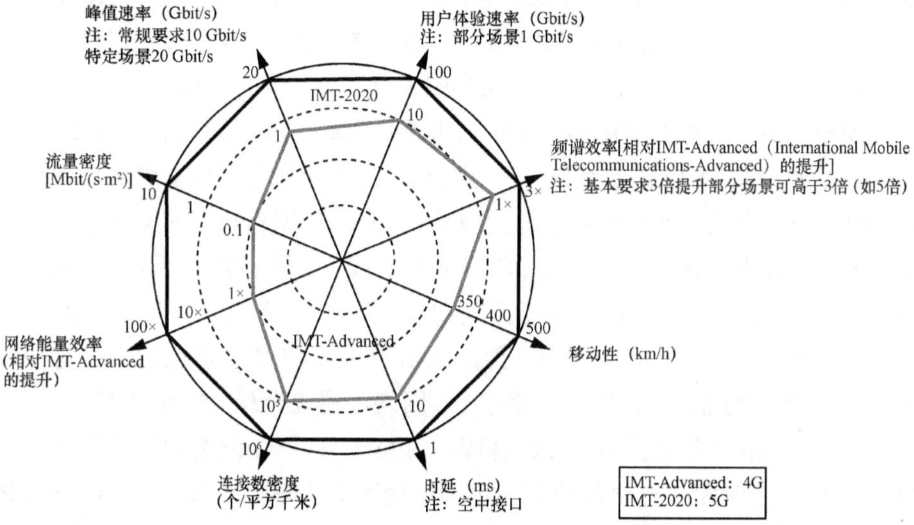

图 1-2 ITU 关于 5G 核心能力的要求

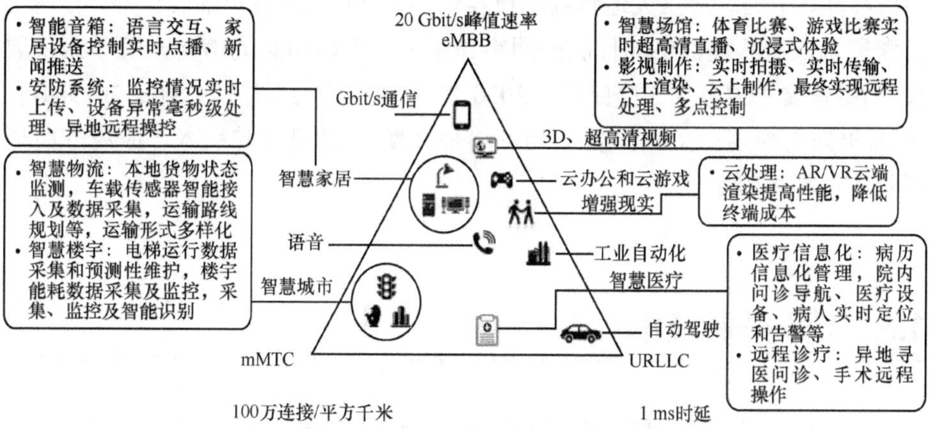

图 1-3 ITU 定义的 5G 三大应用场景

2018 年是 5G 技术 R15 标准冻结并且逐步进行试点实验的一年，2019 年多国宣布 5G 商用，这标志着 5G 时代正式开启。5G 正在全球范围内快速发展，众多电信运营商均已经宣布或即将宣布 5G 商用。美国在 5G 网络部署上率先实现毫米波领域规模商用，2018 年运营商威瑞森通信（Verizon）公司完成首个基于 3GPP 标准毫米波频段 5G 呼叫。美国电话电报（AT&T）公司推出了世界上第一个毫米波标准型商用 5G 移动设备，目前该公司拟在全美实现 5G 覆盖，完成企业用户和个人用户的共同接入。韩国在平昌冬奥会上已提供 5G 通信服务，并于 2019 年 4 月实现 5G 商用。韩国运营商是全球第一个大规模部署 5G 的运营商，2020 年年底，韩国科学技术信息通信部发布的最新统计数据显示，韩国三大运营商已建成约 17 万个 5G 基站，支持 5G 用户数超过 1 000 万，覆盖全国 85%的城市与 95%的人口。2021 年，韩国首次实现 5G 网络流量超越 4G。日本在 2019 年 4 月正式将 5G 频谱分配给运营商，截至 2020 年年底，基站总数为 3～4 万个，用户总数约 500 万。据全球移动供应商协会最新报告显示，截至 2021 年 9 月底，全球有 139 个国家和地区的 465 家运营商正在投资 5G 网络服务，包括对 5G 网络的测试、试验、试点、计划和实际部署。同时，全球 5G 商用网络数量已达 180 张，分布在 72 个国家和地区。全球 5G 网络建设将持续至 2025 年，预计 2021 年—2025 年全球运营商将有 55%的资本支出（约 8 900 亿美元）用于 5G 网络，覆盖全球 45%的人口。

中国于 2019 年正式发放 5G 牌照，时至今日，5G 创造的社会价值不断提升。根据工业和信息化部数据，中国已经建成全球最大规模的 5G 商用移动网络。截至 2021 年 6 月底，我国建成 5G 基站 96.1 万个，约占全球的 70%，覆盖全国所有地级以上城市，并且 5G 手机终端连接数达 3.92 亿。中国电信、中国移动、中国联通三大运营商均已实现 5G 独立组网规模部署，面对行业市场和需求，能够提供更加优质的网络和服务。中国信息通信研究院预测我国 5G 网络发展主要分为 3 个阶段：2020 年—2024 年为规模建设期；2025 年—2028 年为完善期；2029 年左右为网络替换期，6G 开始被引入，应用方面呈现阶段性推进特征。

1.2 5G 关键技术

为了应对爆炸性的移动数据流量增长、海量的设备连接以及不断涌现的各类新业务和新应用场景，满足多样化的垂直行业终端互联，5G 在无线传输技术和网络技术方面都有新的突破。5G 关键技术总体框架如图 1-4 所示。在无线传输技术方面，引入 5G 能进一步挖掘提具有升频谱效率潜力的技术，如新型多址接入、超密集网络、全双工（Full Duplex，FD）、大规模多输入多输出（Multiple-Input Multiple-Output，MIMO）等[4]以及增强带宽拓展频谱的潜力技术，如设备到设备（Device-to-Device，D2D）通信、毫米波通信等；在无线网络方面，5G 采用更灵活、更智能的网络架构和组网技术，如采用控制与转发分离的软件定义网络（Software Defined Networking，SDN）的架构、网络功能虚拟化（Network Functions Virtualization，NFV）和网络切片等。

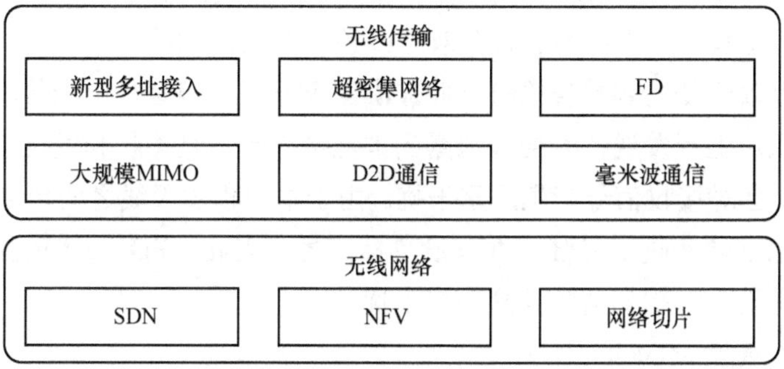

图 1-4　5G 关键技术总体框架

1.2.1　无线传输关键技术

（1）新型多址接入

新型多址接入能够在有限的通信资源下实现海量用户的接入，更好地满足 5G 海量连接、低时延及低功耗等业务场景。非正交多址接入（Non-Orthogonal Multiple Access，NOMA）作为一种新型多址接入技术，采用非正交方式将发送端的多用户信号在时域、空间域、频域、码域、功率域等进行叠加传输，打破了传统正交多址接入（Orthogonal Multiple Access，OMA）的正交资源分配方式，在相同资源上复用多个用户，能够提升系统的频谱效率。此外，NOMA 技术可以通过免调度传输有效简化信令流程，降低空口传输时延。相对于 OMA，NOMA 技术能够更逼近多用户容量界，支持系统过载传输，实现可靠的低时延免调度传输，灵活地支持多服务复用等[5]。

（2）超密集网络

超密集网络是指无线架构中包含大量功率较低、覆盖范围有限的站点[6]，它可以有效地提升频谱复用效率，实现数百倍的系统容量提升，并且能够对业务进行分流，因此，被认为是满足移动数据流量需求的关键技术之一[7-8]。超密集网络技术可以根据用户需求灵活地将无线接入点部署在室内、街道和热点区域，缩短用户与接入点之间的距离，不仅能够有效改善链路传输质量，还能提升用户所在区域的吞吐量。此外，超密集网络结合 NOMA、边缘计算、多点协作传输等关键技术，可以有效满足 Gbit/s 以上的数据包传输速率以及毫秒级的端到端时延要求，并应用于 eMBB 场景。同时，超密集网络部署的接入点也带来许多新的挑战，如干扰环境复杂、信令开销大、回传资源有限等[9]。

（3）FD 技术

FD 技术可以使通信终端设备占用相同的时频资源发送和接收信号[10]，理论上，FD 技术可以比传统的时分双工或频分双工模式提高一倍的频谱效率，同时还能有效降低端到端传输时延并减小信令开销。但是，由于传输使用相同的时频资源，上行发送信号会被泄露到本地接收端，且接收和发送信号间功率差异较大，会对接收信号产生严重干扰。由于本地收发天线之间距离较近，FD 自干扰会比远端接收信号强，并淹没目标信号。因此，FD 技术的关键技术问题是如何有效地抑制和消除强烈的自干扰。

（4）大规模 MIMO

大规模 MIMO 在基站端采用大规模天线阵列，天线数超过几十根甚至上百根，并在同一时频资源内向多个用户提供高质量通信服务，大规模 MIMO 是 5G 无线通信领域具有潜力的研究方向之一[11-12]。与传统 MIMO 相比，当大规模 MIMO 天线趋于无穷时，信道之间趋于正交，此时小尺度衰落、噪声以及干扰的影响逐渐减小，信道质量更加稳定。此外，大规模 MIMO 还可以有效利用空间域资源，在相同的时频资源下，同时传输更多的独立数据流，提升系统的频谱效率、数据传输速率和信道容量。此外，大规模 MIMO 的基站端波束具有极高的波束赋形增益和方向选择性，可以保障基站与用户间的信号在目标范围内被集中辐射到正确的位置，从而降低了不必要的能量消耗，提升了系统的能量效率。

（5）D2D 通信

随着无线多媒体业务不断增长，以基站为中心的传统业务已无法满足海量用户在不同环境下的多样业务需求，D2D 技术可以更好地适用于本地通信服务、应急通信和物联网功能增强等场景。D2D 技术无须借助基站就能够实现通信终端之间的直接通信，极大地拓展了网络连接和接入方式。由于短距离直接通信的信道质量高，D2D 技术能够保障较高的数据速率以及较低的时延和功耗。通过广泛分布的终端，D2D 技术可有效解决覆盖问题，实现频谱资源的高效利用，并进一步提升吞吐量和能源效率。此外，D2D 技术通过支持更灵活的网络架构和连接方法，可以提升链路灵活性和网络可靠性。

（6）毫米波通信

毫米波频段通常指 30～300 GHz 这一频域，即波长为 1～10 mm 的电磁波。毫米波具有极短的波长、连续且极宽的带宽，并且灵活可控，为 5G 通信提供了丰富的空闲频谱资源。由于毫米波对应的天线元件尺寸较小，因此可以在有限的物理空间内部署更多的天线，以获得更高的天线增益。基于上述优点，毫米波通信技术可以有效地解决高速宽带无线接入等问题，并保障低时延传输，在短距离无线通信中有着广阔的应用前景。尽管如此，毫米波仍然面临大气衰减、路径损耗以及阴影衰落带来的严重影响。由于毫米波的绕射能力较差，当基站与用户间的传输受到阻挡时，传输性能将显著下降。目前，高频段器件的制作技术难度较大，相关工艺尚未成熟。

1.2.2　无线网络关键技术

（1）SDN

SDN 是一种新型的网络架构，其核心是将网络设备的控制面与转发面分离，通过集中控制器实现对底层硬件设备控制的可编程化。在 SDN 中，网络设备只进行数据转发，而原来负责控制的操作系统将演进为独立的网络操作系统，根据业务特性的差异进行适配，网络操作系统和业务特性以及硬件设备之间的通信都可以通过编程实现。由此，SDN 可以灵活地按需调配网络资源、实现控制面的可编程化和集中化、简化网络运维以及高效调度全网资源，使网络变得更加智能且灵活，并降低网络投资成本。目前，SDN 集中管理需要解决安全风险高、控制器的软件开发难度高、计算压力大、接口标准未统一等问题。

（2）NFV

NFV 是利用虚拟化技术，虚拟连接所有的网络节点，采用业界标准的大容量服务器、存储和交换机承载各种各样的网络软件功能。NFV 可以通过软件编程实现网络智能化与网络能力的灵活配置，提高网络设备的统一性、通用性以及适配性，并随时向网络功能动态分配硬件资源，加快网络部署和调整的速度，以此降低业务部署的复杂度。运营商可基于 NFV 的可扩展性控制网络容量以满足不同时段的多样用户需求。SDN 和 NFV 结合可实现软件控制平面转移至更优化的层面。虽然 NFV 不依赖 SDN，但 SDN 中控制和数据转发的分离可以改善 NFV 网络性能。因此，在实现网络自动化过程中两者是相辅相成的，SDN 突出的是网络架构上的变化，NFV 突出的是增值服务产品形态的变化。

（3）网络切片

5G 定义的 eMBB、URLLC 及 mMTC 三大应用场景对网络性能的要求各不相同。eMBB 场景对速率、容量、频谱效率、移动性和网络能量效率的指标要求高，URLLC 场景对可靠性及时延的要求高，而 mMTC 场景对连接数要求高。网络切片可根据三大应用场景的需求将 5G 的无线接入网、承载网及核心网完全隔离成 3 个子网络。每个子网络内部又可以按照服务质量（Quality of Service，QoS）给各细分应用场景分配不同的资源。基于 NFV 与 SDN 的网络切片将构成一个端到端的逻辑网络，按切片需求方的需求灵活提供一种或多种网络服务。3GPP 定义的网络切片管理功能包括通信业务管理、网络切片管理、网络切片子网管理[13]。其中通信业务管理功能将业务需求与网络切片需求进行映射；网络切片管理功能实现对切片的编排管理，并将整个网络切片的服务等级协议分解为不同切片子网的服务等级协议。

1.3 NOMA 技术

在无线接入网覆盖范围内，多址接入技术能够支持多个用户信息在同一无线信道内同时传输。从 1G 到 4G，多址接入技术衍生出了多种形式，包括频分多址、时分多址（Time Division Multiple Access，TDMA）、码分多址、正交频分多址等。由于未来移动通信需满足广域覆盖范围、海量接入设备、更低时延以及更高可靠性等需求，5G 相较于前几代移动通信系统需要提供更高的系统频谱效率、更大的容量，容纳更多的接入用户数等。为了满足 5G 需求，5G 新型多址接入技术要求更加灵活高效地利用通信资源[14]。

NOMA 技术作为新型多址接入技术中的一类，能够达到多用户容量界，被视为无线通信技术演进的趋势和潜在的突破方向，以支撑 5G 应用场景的超高数据速率、低时延、高可靠和大规模连接等。在这一背景下，学者们从多维角度出发展开对 5G NOMA 的研究与探索。

目前，业界为了提升系统的接入能力，有效支撑 5G 网络千亿设备连接需求[15]，提出了多种 NOMA 技术，主要包括功率域 NOMA（Power Domain Non-Orthogonal Multiple Access，PD-NOMA）、图样分割多址接入（Pattern Division Multiple Access，PDMA）、稀疏码分多址接入（Sparse Code Multiple Access，SCMA）、多用户共享接入等。以上 NOMA 技术首先在发送端通过非正交的方式从时域、空间域、频域、码域或功率域等不同维度将多用户信号在有限的通信资源上进行叠加，实现多个用户的同时接入。该方式打破了传统 OMA 的正交资源分配方式，在有限资源上复用更多的用户。然后在接收端使用先进的多用户检测（Multi-User Detection，MUD）技术将各用户的信号从叠加信号中区分出来。以下行 PD-NOMA 为例，其技术原理[16]如图 1-5 所示。NOMA 技术在相同资源上复用了多个用户，不仅能够有效提升系统频谱效率，还可以成倍增加系统容量，并且随着系统中接入用户的增加，系统整体吞吐量得到了提高。此外，采用 NOMA 技术可以更好地实现免调度接入，通过免调度传输，能够有效简化信令流程，降低空口传输时延，实现低时延通信，并降低设备功耗。相对于 OMA 技术，NOMA 技术能够更加逼近多用户容量界，支持系统过载传输和多服务复用，实现可靠的低时延免调度传输、开环的多用户复用和协作多点传输。可见，相比传统的 OMA 技术，NOMA 技术能够更好地满足 5G 海量连接、低时延及低功耗等的业务场景。

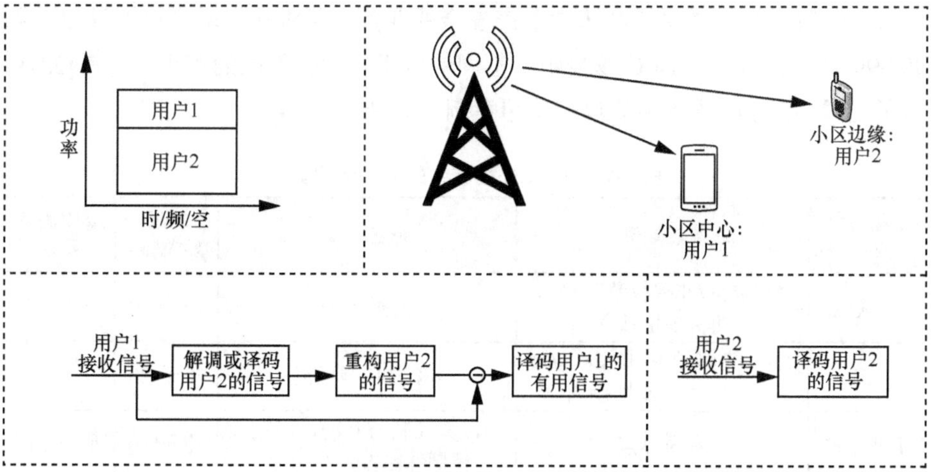

图 1-5 下行 PD-NOMA 技术原理

从主要国际组织发布的研究来看，频谱效率是 5G 重点关注的一个方向[2]。NOMA 技术既能够使系统在上行与下行方向上都趋近容量界，又能在提高频谱效率的同时满足低时延、低能耗、高可靠的通信需求[17-19]。NOMA 技术能够在同一个子载波、同一个正交频分复用（Orthogonal Frequency Division Multiplexing，OFDM）符号对应的同一个资源单元上，承载不同信号功率的多个用户，实现在相同时域、频域或空间域资源上传输，并采用例如串行干扰消除（Successive Interference Cancellation，SIC）接收机等先进的接收机分离用户信号，从而达到接入更多用户的目的。由于系统在频域和时域上仍然保持各子载波正交和在每个 OFDM 符号前插入循环前缀（Cyclic Prefix，

CP）的特点，NOMA 技术的基础仍是成熟的 OFDM 技术，实现难度相对较小。很多研究[20-22]已考虑将其应用在对吞吐量和连接数需求极高的场景中，并且 5G 的三大应用场景对通信时延和可靠性有着多样的需求，因此，对 NOMA 技术的时延和可靠性进行分析是十分必要的。

1.4 NOMA 技术在 5G 低时延通信中的应用

URLLC 作为 5G 低时延通信典型场景之一，对系统吞吐量、时延和可靠性等有较高的要求[2]。ITU、3GPP 推进组等国内外 5G 研究组织机构均提出了毫秒级的端到端时延要求，理想情况下端到端时延为 1 ms，典型端到端时延为 5～10 ms。其中，端到端时延包括空口时延、核心网时延以及公用数据网时延。同时，一些关系人类生命和重大财产安全的业务，要求端到端的可靠性提升到 99.999%以上。在 URLLC 场景中，不同的应用案例有不同的需求，文献[23]列举了几项 URLLC 场景中的典型使用案例，具体见表 1-1。

表 1-1　URLLC 场景中的典型使用案例

典型使用案例	部署场景	服务特点	时延要求/ms	错误概率要求
车联网	密集城区/非授权移动接入/随机多址接入	情报安全	小于 10	小于 10^{-5}
AR	室内、密集城区/非授权移动接入/随机多址接入	8K 立体视频流	小于 20	—
工业生产	室内热点	高保真控制与互动，周期性和事件触发，小/中包	小于 10	小于 10^{-9}
电子医疗	深度室内	高保真控制与互动，周期性和事件触发，小/中包	小于 10	小于 10^{-5}
智能电网	非授权移动接入/随机多址接入	监控与动态功率控制	小于 1	小于 10^{-5}

由于端到端时延由多段路径上的时延加和而成，仅单独优化某一部分的时延难以满足 1 ms 的极致时延要求，因此需要综合考虑多项因素，结合多种技术。根据文献[24]可知，5G NR 系统支持 URLLC 场景，该场景需考虑帧结构、混合自动重传请求、上行链路接入、信道编码和分集度。文献[25]介绍了 URLLC 场景主要通过缩短传输时间间隔（Transmission Time Interval，TTI）减少时延，通过减弱用户间的干扰来实现高可靠性，其中短 TTI 帧结构的设计在 3GPP

RAN1 #86 会议中有所介绍[26]。同时，通过引入 NOMA 技术的免调度传输方案，能够有效简化信令流程，降低空口传输时延，提高系统在用户接入发生碰撞时的鲁棒性。

比如当用户发送紧急数据包时，URLLC 启动上行传输方案，URLLC 场景中的上行免调度传输如图 1-6 所示[27]。与 mMTC 场景不同，URLLC 不能预设流量，且预留的上行资源效率不高。当随机接入信道（Random Access CHannel，RACH）没有预留上行免调度传输资源时，上行链路的用户会与其他用户发生碰撞，此时需要 NOMA 技术处理上行资源冲突。

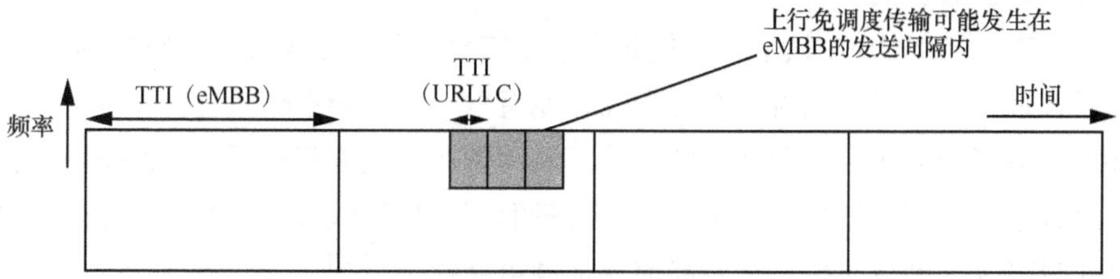

图 1-6　URLLC 场景中的上行免调度传输

为了支持此类传输，NOMA 技术需要静态保存 RACH 的上行资源，并半静态保存上行免调度传输资源，在保存的资源范围内执行上行免调度异步传输。文献[28]详细描述了这种传输方式下的数据包碰撞过程。使用 NOMA 技术处理这样的碰撞并不容易，可以采用的办法是定义相同时间和频率的资源组，其中每个资源组将与覆盖水平相关联。然后每个用户根据自己的度量结果选择上行资源，比如参考信号接收功率、路损大小等[29]。

当存在紧急上行数据时，用户能够立即启动上行传输，而不需要调度请求。对于免调度的 OMA，当用户选择相同的时频资源时，可能会发生碰撞。碰撞造成的重传使得时延更长，且严重时会导致传输失败，所以碰撞与 URLLC 场景中的需求相违背。对于基于免调度的 NOMA 传输，当用户选择相同的时/频域资源或编码、序列、交织器时，虽然也有可能发生碰撞，但借助先进的接收机可以保证系统的鲁棒性[30]。

由于 5G 同时要求低时延与高可靠性，在引入支持免调度的 NOMA 等技术的同时，还需要引入更先进的调制编码和 MIMO 技术，借助技术间的有机结合有望进一步提高传输的可靠性。例如，将 NOMA 技术与多用户多输入多输出（Multi-User-Multiple-Input Multiple-Output，MU-MIMO）技术相结合，能够可靠地提高无线信道较差用户的吞吐量，同时保证其他用户的性能不受严重影响[31]，并且按照文献[32]提出的传输方案，能够在保证时延的条件下逼近对称容量。NOMA 技术与大规模 MIMO 技术的结合能够进一步提高通信系统的可靠性，同时扩大系统覆盖范围，增加系统接入用户数，降低时延以及减少能耗[33-34]。

在编码技术与 NOMA 系统结合的研究中，文献[35-36]指出通过与编码技术结合，NOMA 系统能够在保证可靠性的基础上，降低检测器的复杂度，并进一步提高系统的负载能力。文献[37]提出的穿孔网格编码调制方案可以获得动态的编码率和低复杂度的解码，能够使 NOMA 系统在低时延应用中取得较高的频谱效率。不仅如此，文献[38]提出的预编码和检测方案能够使 NOMA 系统的可靠性显著提高。

所以，当 NOMA 技术与其他先进技术结合应用于时延敏感的应用场景时，能够在保证低时延的同时，对可靠性、能量效率等性能指标做进一步优化。比如在车联网场景中，基于 NOMA 的车联网资源优化方案能够使链路平均能量消耗最小化[37,39]；在物联网场景中，系统可使用基于 NOMA 的接入算法，即便是在时延受限的场景中，依然能够保证高可靠通信[38,40]。

1.5 全书结构

本书共 9 章，具体的结构如下。

第 1 章是 5G 概述，首先梳理了 5G 移动通信的发展历程与趋势，简要介绍了 5G 无线传输和无线网络的关键技术，然后针对新型多址接入技术之一的 NOMA 展开分析，并归纳总结其应用前景。

第 2 章详细阐述了 NOMA 技术，并以单载波和多载波对其分类，总结相关技术原理和现有研究进展，进一步介绍了能够有效支撑低时延通信且保障可靠性的一些关键技术。

第 3 章针对用户已配对的上行 NOMA 系统，对 NOMA 用户对的排队时延超标概率上界和有效容量性能进行分析，并基于此提出准静态功率分配方案。

第 4 章针对上行 NOMA 系统，以有效容量为统计时延 QoS 指标，以优化有效吞吐量和有效能量效率（Effective Energy Efficiency，EEE）为目标，提出了最大化强弱用户有效容量之和与最大化上行 NOMA 系统 EEE 的动态功率分配方案。

第 5 章针对下行 NOMA 系统，考虑强弱用户的 SIC 解码顺序以及干扰信道不同的特点，研究了下行 NOMA 的统计时延 QoS 性能，分别提出了最小化最大排队时延超标概率上界和最大化最小有效容量的准静态功率分配方案。

第 6 章针对具有统计时延 QoS 需求的下行认知无线电 NOMA 系统，以有效容量为统计 QoS 性能指标，假设弱用户为主用户，在保障弱用户最小有效容量需求的前提下，设计了最大化强用户有效容量的动态功率分配方案。

第 7 章针对上行多天线 NOMA 系统，将大规模 MIMO 技术与 NOMA 技术结合，主要考虑利用空间域分集增益来优化多用户的上行叠加传输，并基于速率分割和稳定 SIC 解调，提出了一种多层叠加传输方案，以降低短数据包传输的最大用户传输时延。

第 8 章将上行多天线 NOMA 系统应用于阴影衰落下的物联网场景中，考虑了短数据包、非完美信道状态信息（Channel State Information，CSI）、阴影衰落、用户随机部署等物联网特性，并量化其影响，进一步分析了时延约束下系统的错误概率及传输性能。

第 9 章对全书进行回顾，并探讨了移动通信网络、低时延通信和 NOMA 技术在未来 10 年的发展趋势。

参考文献

[1] SERIES M. IMT Vision–framework and overall objectives of the future development of IMT for 2020 and beyond[R]. Geneva: ITU-R, 2015.

[2] IMT-2020（5G）推进组. 5G 愿景与需求白皮书[R]. Geneva: ITU-R, 2014.

[3] YOU X H, WANG C X, HUANG J, et al. Towards 6G wireless communication networks: vision, enabling technologies, and new paradigm shifts[J]. Science China Information Sciences, 2020, 64(1): 1-74.

[4] 尤肖虎, 潘志文, 高西奇, 等. 5G移动通信发展趋势与若干关键技术[J]. 中国科学: 信息科学, 2014, 44(5): 551-563.

[5] SUTTON G J, ZENG J, LIU R P, et al. Enabling technologies for ultra-reliable and low latency communications: from PHY and MAC layer perspectives[J]. IEEE Communications Surveys and Tutorials, 2019, 21(3): 2488-2524.

[6] ZHANG T K, ZHAO J J, AN L, et al. Energy efficiency of base station deployment in ultra dense HetNets: a stochastic geometry analysis[J]. IEEE Wireless Communications Letters, 2016, 5(2): 184-187.

[7] AGIWAL M, ROY A, SAXENA N. Next generation 5G wireless networks: a comprehensive survey[J]. IEEE Communications Surveys and Tutorials, 2016, 18(3): 1617-1655.

[8] GOTSIS A, STEFANATOS S, ALEXIOU A. UltraDense networks: the new wireless frontier for enabling 5G access[J]. IEEE Vehicular Technology Magazine, 2016, 11(2): 71-78.

[9] CHEN S Z, QIN F, HU B, et al. User-centric ultra-dense networks for 5G: challenges, methodologies, and directions[J]. IEEE Wireless Communications, 2016, 23(2): 78-85.
[10] SABHARWAL A, SCHNITER P, GUO D N, et al. In-band full-duplex wireless: challenges and opportunities[J]. IEEE Journal on Selected Areas in Communications, 2014, 32(9): 1637-1652.
[11] LARSSON E G, EDFORS O, TUFVESSON F, et al. Massive MIMO for next generation wireless systems[J]. IEEE Communications Magazine, 2014, 52(2): 186-195.
[12] LU L, LI G Y, SWINDLEHURST A L, et al. An overview of massive MIMO: benefits and challenges[J]. IEEE Journal of Selected Topics in Signal Processing, 2014, 8(5): 742-758.
[13] 聂衡，赵慧玲，毛聪杰. 5G 核心网关键技术研究[J]. 移动通信, 2019, 43(1): 2-6, 14.
[14] FUTURE FORUM. 5G Whitepaper v2.0[R]. Beijing: Future Forum, 2015.
[15] 胡金泉. 5G 系统的关键技术及其国内外发展现状[J]. 电信快报, 2017(1): 10-14.
[16] 张长青. 面向 5G 的非正交多址接入技术（NOMA）浅析[J]. 邮电设计技术, 2015(11): 49-53.
[17] LIU G, WANG Z Q, HU J W, et al. Cooperative NOMA broadcasting/multicasting for low-latency and high-reliability 5G cellular V2X communications[J]. IEEE Internet of Things Journal, 2019, 6(5): 7828-7838.
[18] MOUNCHILI S, HAMOUDA S. Pairing distance resolution and power control for massive connectivity improvement in NOMA systems[J]. IEEE Transactions on Vehicular Technology, 2020, 69(4): 4093-4103.
[19] DING J F, CAI J. Two-side coalitional matching approach for joint MIMO-NOMA clustering and BS selection in multi-cell MIMO-NOMA systems[J]. IEEE Transactions on Wireless Communications, 2020, 19(3): 2006-2021.
[20] SHIRVANIMOGHADDAM M, DOHLER M, JOHNSON S J. Massive non-orthogonal multiple access for cellular IoT: potentials and limitations[J]. IEEE Communications Magazine, 2017, 55(9): 55-61.
[21] ABBAS R, SHIRVANIMOGHADDAM M, LI Y H, et al. On the performance of massive grant-free NOMA[C]//Proceedings of 2017 IEEE 28th Annual International Symposium on Personal, Indoor, and Mobile Radio Communications. Piscataway: IEEE Press, 2017: 1-6.
[22] DI B Y, SONG L Y, LI Y H, et al. V2X meets NOMA: non-orthogonal multiple access for 5G-enabled vehicular networks[J]. IEEE Wireless Communications, 2017, 24(6): 14-21.
[23] 3GPP. Discussion on multiple access schemes for URLLC[R]. [S.l.]: 3GPP, 2016.
[24] 3GPP. Ultra-reliability with low-latency support in 5G new radio interface[R]. [S.l.]: 3GPP, 2016.
[25] 3GPP. Overview of non-orthogonal multiple access for 5G[R]. [S.l.]: 3GPP, 2016.
[26] 3GPP. Ultra-low latency scheduling-based UL access[R]. [S.l.]: 3GPP, 2016.
[27] 3GPP. Uplink multiple access schemes for NR[R]. [S.l.]: 3GPP, 2016.
[28] 3GPP. Discussion on multiple access for UL mMTC[R]. [S.l.]: 3GPP, 2016.
[29] 3GPP. Initial views and evaluation results on non-orthogonal multiple access for NR[R]. [S.l.]: 3GPP, 2016.

[30] 3GPP. Usage scenarios of non-orthogonal multiple access[R]. [S.l.]: 3GPP, 2016.
[31] GEORGAKOPOULOS P, AKHTAR T, MAVROKEFALIDIS C, et al. Coalition formation games for improved cell-edge user service in downlink NOMA and MU-MIMO small cell systems[J]. IEEE Access, 2021, 9: 118484-118501.
[32] ZENG J, LYU T J, NI W, et al. Ensuring max–min fairness of UL SIMO-NOMA: a rate splitting approach[J]. IEEE Transactions on Vehicular Technology, 2019, 68(11): 11080-11093.
[33] ZHANG D, LIU Y W, DING Z G, et al. Performance analysis of non-regenerative massive-MIMO-NOMA relay systems for 5G[J]. IEEE Transactions on Communications, 2017, 65(11): 4777-4790.
[34] ZENG M, HAO W M, DOBRE O A, et al. Energy-efficient power allocation in uplink mmWave massive MIMO with NOMA[J]. IEEE Transactions on Vehicular Technology, 2019, 68(3): 3000-3004.
[35] MU H, MA Z, ALHAJI M, et al. A fixed low complexity message pass algorithm detector for up-link SCMA system[J]. IEEE Wireless Communications Letters, 2015, 4(6): 585-588.
[36] WU Y Q, ZHANG S Q, CHEN Y. Iterative multiuser receiver in sparse code multiple access systems[C]//Proceedings of 2015 IEEE International Conference on Communications. Piscataway: IEEE Press, 2015: 2918-2923.
[37] SCHUH F, HUBER J B. Punctured vs. multidimensional TCM—a comparison w.r.t. complexity[C]//Proceedings of 2014 IEEE Globecom Workshops. Piscataway: IEEE Press, 2014: 1408-1413.
[38] DING Z G, SCHOBER R, POOR H V. A general MIMO framework for NOMA downlink and uplink transmission based on signal alignment[J]. IEEE Transactions on Wireless Communications, 2016, 15(6): 4438-4454.
[39] 张海波，陶小方，刘开健. 面向非正交多址的车联网中资源优化方案[J]. 计算机工程与应用, 2022, 58(6): 103-109.
[40] 徐朝农，吴建雄，徐勇军. 时延有界的 PD-NOMA 物联网高可靠接入算法[J]. 通信学报, 2020, 41(9): 210-221.

第 2 章 NOMA 和低时延通信关键技术

第 1 章针对 5G 应用场景需求介绍了 5G 的关键技术，并描述了 NOMA 在低时延通信场景中的应用。为了能够更好地理解在该场景下 NOMA 的优越性，本章将进一步对 NOMA 以及低时延通信的关键技术展开叙述。

低时延通信具有数据包小、传输时延小、接收算法复杂度低、不需要或仅需少量重传便能可靠接收的特点。对于低时延的上行 NOMA 关键技术研究可以从两个方面展开：第一个是从降低时延角度出发，优化 NOMA 发送/接收端关键技术；第二个是结合保障低时延通信的关键技术，扩展 NOMA 在低时延方面的应用前景。本章主要介绍现有 NOMA 的研究进展，特别是在接收机复杂度降低方面。同时，指出分集、先进调制编码、FD 等技术能够有效地支撑低时延通信的可靠性。特别地，由于 NOMA 具有叠加传输的特点，可以通过先进的 MUD 来区分同时接收的用户信号，这样可以在上行传输中使用免调度 NOMA 来减少接入时延。

2.1 NOMA 关键技术

根据用户信号占用载波方式的不同，将 NOMA 分为单载波 NOMA 和多载波 NOMA。

2.1.1　单载波 NOMA 关键技术

单载波 NOMA 指两个或者两个以上用户信号叠加在单个载波上进行传输，它是目前研究最广泛的 NOMA 技术。其中，PD-NOMA 被认为是单载波 NOMA 关键技术的代表[1]。PD-NOMA 通过分配不同的功率区分承载在同一载波上不同用户设备（User Equipment，UE，以下简称用户）的信号。当前，PD-NOMA 已经被广泛深入地研究，本节从系统模型和接收机设计的角度对其进行简要概述。

PD-NOMA 首先在功率域上叠加多个用户的信号，然后采用先进的 MUD 接收机来区分不同用户，以支持在相同的时间和频率资源上进行可靠的多址接入。PD-NOMA 在下行和上行中使用不同的 SIC 接收机，并且利用了用户之间信道条件的差异，因此在频谱效率和用户公平性方面优于 OMA[2-3]。

下行 PD-NOMA 示意[4]如图 2-1 所示，基站（Base Station，BS）以发射功率 P_i^{DL} 将信号 x_i 发送给用户 $i\,(i=1,2)$，其中，$P_1^{\mathrm{DL}}+P_2^{\mathrm{DL}}\leqslant P$，$E[|x_i|^2]=1$。在下行 PD-NOMA 中，BS 发送的叠加信号可表示为 $x=\sqrt{P_1^{\mathrm{DL}}}x_1+\sqrt{P_2^{\mathrm{DL}}}x_2$，用户 i 收到的信号是 $y_i=h_ix+n_i$，其中 h_i 是用户 i 到 BS 的信道增益，n_i 表示用户 i 在接收机处的加性高斯白噪声（Additive White Gaussian Noise，AWGN），功率为 N_i。假设用户 1 是小区中心用户，用户 2 是小区边缘用户，$|h_1|>|h_2|$，这时用户 1 根据信道增益升序进行 SIC 解调。在没有错误传播的情况下，下行用户 1 和用户 2 的可达数据速率分别为

$$R_1^{\mathrm{DL}}=\mathrm{lb}\left(1+\frac{P_1^{\mathrm{DL}}|h_1|^2}{N_1}\right) \tag{2.1}$$

$$R_2^{\mathrm{DL}}=\mathrm{lb}\left(1+\frac{P_2^{\mathrm{DL}}|h_2|^2}{P_1^{\mathrm{DL}}|h_2|^2+N_2}\right) \tag{2.2}$$

上行 PD-NOMA 示意[4]如图 2-2 所示，用户 i 发送的信号记为 x_i，发射功率是 P_i^{UL}，$E[|x_i|^2]=1$（$i=1,2$）。BS 接收到的叠加信号可以表示为 $y=h_1\sqrt{P_1^{\mathrm{UL}}}x_1+h_2\sqrt{P_2^{\mathrm{UL}}}x_2+n_0$，其中 h_i 是用户 i 到 BS 的信道增益，n_0 是在基站接收机处功率为 N_0 的 AWGN。

对于上行 PD-NOMA，BS 根据信道增益降序进行 SIC 解调，从而减少错误传播，此时，上行用户 1 和用户 2 的可达数据速率分别为

$$R_1^{\mathrm{UL}}=\mathrm{lb}\left(1+\frac{P_1^{\mathrm{UL}}|h_1|^2}{P_2^{\mathrm{UL}}|h_2|^2+N_0}\right) \tag{2.3}$$

$$R_2^{UL} = \mathrm{lb}\left(1+\frac{P_2^{UL}\,|h_2|^2}{N_0}\right) \tag{2.4}$$

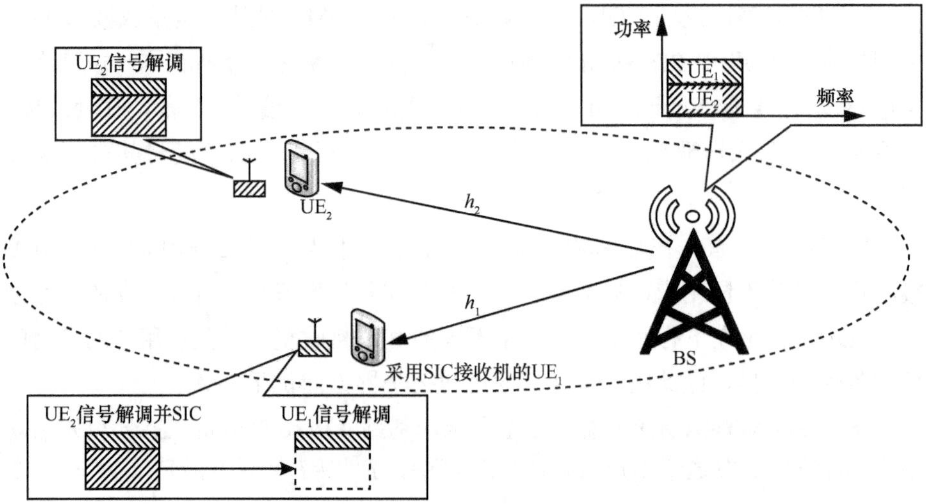

图 2-1　下行 PD-NOMA 示意

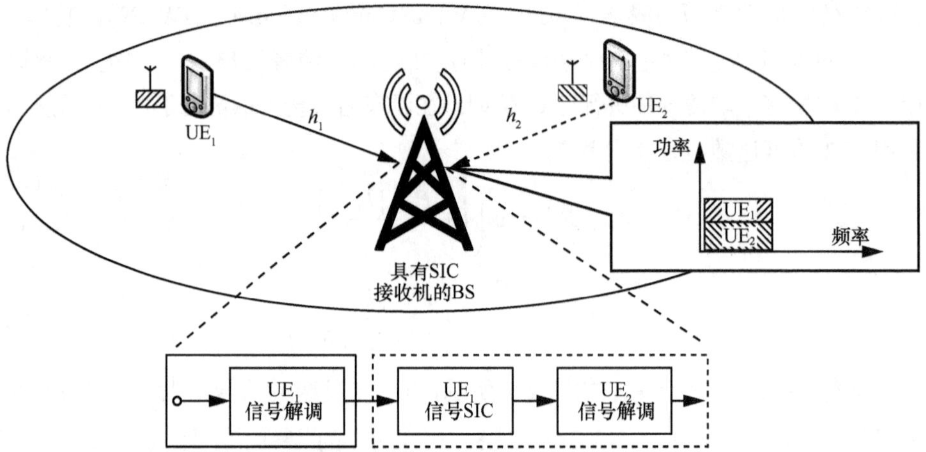

图 2-2　上行 PD-NOMA 示意

使用 SIC 接收机的 PD-NOMA 可以在下行总吞吐量和小区边缘用户的吞吐量方面得到 20%以上的增益[5]。

2.1.2　多载波 NOMA 关键技术

与单载波 NOMA 不同，多载波 NOMA 基于不同的码字和图样区分用户，例如 PDMA 和 SCMA。PDMA 通过采用多用户特征图样矩阵来实现非正交传输，并在接收机处采用置信传播（Belief Propagation，BP）和基于 BP 的联合检测译码（Belief Propagation Iterative Detection and Decoding，BP-IDD）等算法来区分用户信号。同时，SCMA 以稀疏扩展模式将用户的编码比特直接映射到多维码字，并在接收机处利用最大后验等算法来实现多个用户叠加信号的检测。单载波 NOMA 和多载波 NOMA 的对比示意如图 2-3 所示。

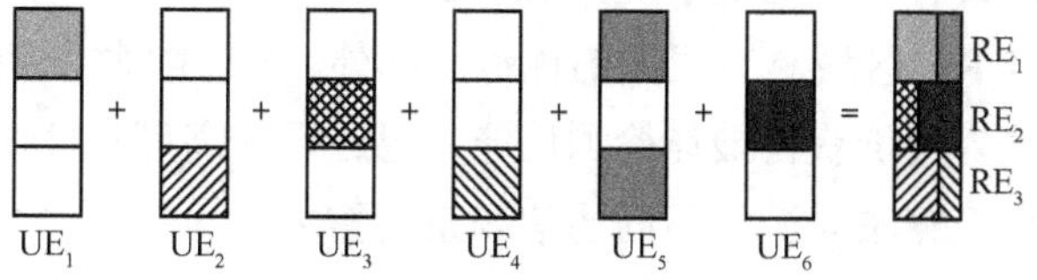

(a) 单载波NOMA（PD-NOMA）

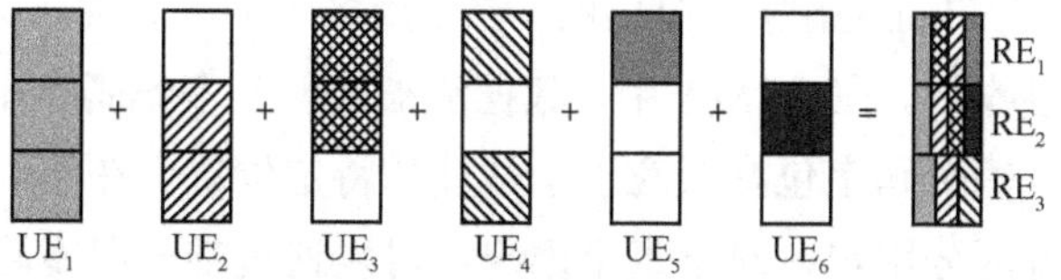

(b) 多载波NOMA（PDMA/SCMA）

图 2-3　单载波 NOMA 和多载波 NOMA 的对比示意

注：资源粒子（Resource Element，RE），即资源栅格中的最小单元。

（1）PDMA

利用时间、频率、空间域资源叠加传输多用户信号的 PDMA 可以有效地增加接入用户数量[6-7]。PDMA 是典型的多载波 NOMA 技术，用户信号可以通过分集的方式映射到不同数量的载波上，这样可以通过基于最大比合并（Maximal Ratio Combining，MRC）和 BP 的先进接收机来增加可靠性。为了降低系统复杂度，应将用户数据稀疏地映射到不同的载波上。

当一个用户具有的分集度越多时，数据传输越可靠，并且其信号应该优先被解码，以减少错误传播。因此，为了设计最优的 PDMA 图样矩阵，应该联合考虑过载因子、分集和检测的复杂度。

文献[8]研究了上行免调度 PDMA 的资源分配和传输机制，并验证了免调度 PDMA 方案可以有效地支持 mMTC 场景中的大规模连接。为了减轻 PDMA 中信号叠加引起的用户间干扰，可以在接收机处采用先进的 MUD，比如 BP 算法。一方面，PDMA 图样矩阵的稀疏性可以降低 BP 接收机的复杂度；另一方面，PDMA 的不同传输分集阶数可以加速 BP 的收敛[6]。接收机可以通过类似 SIC 的干扰消除（Interference Cancellation，IC）增强方案来获得更好的性能，例如最大似然（Maximum Likelihood，ML）-IC，最小均方误差（Minimum Mean Square Error，MMSE）-IC[9]和 BP-IDD-IC。此外，基于 BP 的改进算法（如 BP-IDD[10]）也被提出，并通过添加外部迭代器增加了其可靠性。

考虑到计算复杂度和检测算法的性能，BP 和 IC 算法更适用于具有稀疏 PDMA 模式和低过载因子的 PDMA。BP-IDD 和 MMSE-IC 具有良好的性能，并且在接收机处具有较低的复杂度，自适应的 BP-IDD-IC 在高信噪比（Signal to Noise Ratio，SNR）区域具有很大的优势。此外，ML-IC 算法可以在接收机处以高计算复杂度为代价获得最佳检测性能，更适用于高可靠性通信。通常可以选择合适的接收机算法来满足不同通信场景的需求。

（2）SCMA

SCMA 是由 Nikopour 等[11]提出的，它采用多维调制和稀疏码扩展，能支持较低复杂度的接收机。在 SCMA 中，数据流被映射到多维码本中，不同用户被分配唯一码字，每个码字包括对应于子载波的特定位置。在不同的码本中，可以通过映射位置区分用户，对于每个用户，可以通过唯一码本将数据流映射到相应的载波。

由因子图和多维星座组成的码本设计是 SCMA 非常重要的技术之一，能够决定传输的可靠性和解码时延。由于每个用户的码本是通过母星座旋转一定角度生成的，因此每个用户的信号都是伪正交的，BS 则可以通过不同的载波映射来区分多用户信号。系统级码本设计方法见文献[11-12]，从中可以了解到，目前各种能达到目标增益的 SCMA 码本设计已经相当成熟。

为了满足大规模连接的需求，SCMA 接收机采用了基于低密度签名序列的消息传递算法（Message Passing Algorithm，MPA）进行 MUD 设计。然而，由于 MPA 具有相对较高的计算复杂度，因此有必要寻找一种可以降低其复杂度，但又不会显著降低可靠性的解决方案。文献[13-14]提出了充分利用编码增益和分集增益的迭代 MUD，而 SCMA 码本的独特结构和特定因子图可被用于有效降低解调解码复杂度。此外，文献[15-16]针对 SCMA 提出了两种低复杂度的 MPA 检测算法，能够在保持可靠性的前提下降低计算复杂度。文献[17]提出了基于阈值的低复杂度 MPA，在迭代过程中通过特定阈值进行确定性检查，将正确解码的用户置于确定集中，这样可以减少不必要的迭代。目前，关于 SCMA 接收机的研究主要针对在不增加复杂度的情况下保持可靠性，对低复杂度接收机的研究尤其值得关注，因为它们更适合被部署在低时延物联网通信中。

2.1.3 研究展望

与传统 OMA 相比，NOMA 可以提供更高的频谱效率和可达数据速率。到目前为止，对单载波 NOMA 的研究已经比较成熟，但对多载波 NOMA 的研究还稍有欠缺，多载波 NOMA 与其他通信技术，尤其是与其他 5G 关键技术的结合仍处于起步阶段。协作多载波 NOMA、MIMO 增强型多载波 NOMA 以及在超密集网络中部署多载波 NOMA 都值得进一步探索，这些技术在 5G 时代都具有广阔的应用前景。

2.2 低时延通信关键技术

目前，有很多关于保障低时延通信中可靠性的物理层技术研究，本节利用有限编码块长度（Finite Block Length，FBL）信息理论来指导短数据包传输中的物理层设计。同时，利用分集技术通过在频率和空间域中增加分集度来保障可靠性。由于先进的调制和编码技术可以更好地支持短数据包检测，因此也可以通过控制复杂度来保障低处理时延。FD 技术可以通过上下行同时传输减少接入时延。

2.2.1 FBL 信息理论

一般假设香农容量可以通过具有无限编码块长度的随机编码获得，当传输信息数据包足够长时，香农容量能有效地近似用户可达数据速率。但在典型的物联网应用中，数据包较短，香农容量理论并不能准确地描述用户可达数据速率与错误概率的关系，因此需要使用 FBL 信息理论对错误概率进行建模和分析。

在给定的 FBL 和一定的错误概率下，Polyanskiy 等[18]率先推导出了 AWGN 信道中的近似可达数据速率，该 FBL 信息理论揭示了低时延的短数据包传输中可靠性与带宽和 SNR 之间的关系。同时，Yang 和 Durisi 等[19-20]将 FBL 信息理论扩展到多天线下的瑞利（Rayleigh）衰落信道，推导出给定错误概率约束下的 FBL 可达数据速率。之后，还有人提出了利用 FBL 信息理论来辅助分析具有多载波 MIMO 的 URLLC，并计算了在 FBL 假设下，给定 SNR 和在错误概率约束下的可达数据速率的上界和下界[21]。基于 FBL 信息理论，可以分析

NOMA 和中继技术结合时的错误概率和有效容量，从而利用基于单载波 NOMA 的中继系统来实现 URLLC[22]。

2.2.2 基于分集的技术

可靠性是无线通信的重要目标，分集技术在提高可靠性方面起着主导作用。从 MIMO 获得的空间分集可以将错误概率降到极低，并且不会明显地增加时延。多载波技术的加入可以实现频率分集，从而有效地对抗频率选择性衰落。

分集增益一般可以在频域、时域和空间域中实现。文献[23]采用 FBL 传输模型来研究空间和频率分集对可靠性和所需带宽的影响。大规模 MIMO 凭借其在空间分集的明显优势，已成为 5G 的核心技术。在文献[24]中，作者通过研究用户安装少量天线而 BS 安装大规模天线阵列的情况，验证了大规模 MIMO 可以保证超高可靠性，并进一步指出，单天线或双天线用户也能够通过大规模 MIMO 来获得超高可靠性。

2.2.3 短数据包调制和编码技术

调制和编码技术是减轻信道衰落影响、保障通信可靠性的重要方法。目前，迫切需要针对短数据包的低时延编码与解码以及调制与解调的方案，以满足严格的处理时延要求。

文献[25]提出了一种资源分配方案，能用于优化随机线性网络编码，可以在分层多播通信中减少高达 92%的平均解码操作次数。文献[26]研究了一种低复杂度的速率适配技术，能最小化传感器节点的并发传输时延和处理时延。文献[27]提出的穿孔网格编码调制方案可以获得动态的编码率和低复杂度的解码，能够在低时延应用中取得较高的频谱效率。

2.2.4 FD 技术

在信号处理和天线设计的最新研究中，允许设备在接收机中通过自干扰抑制（Self-Interference Suppression，SIS）来抑制或消除它们的发送信号。利用 SIS 可以在同一天线阵列上同时发送和接收信号，以实现 FD 通信[28]。

文献[29]在功率和负载的约束下对 FD 资源分配优化问题进行建模，然后提出了一种利用波束赋形、调度和资源分配来最小化用户数据排队时延的方法。在文献[30]中，作者研究了超密集网络中的 FD，验证了结合 FD 的 NOMA 可以取得比半双工的 OMA 和 NOMA 高很多的和数据速率。

FD 具有通过其同时发送和接收信号来提升频谱效率的巨大潜力。尽管如此，不完全 SIS 仍会给 FD 接收机残留部分造成自干扰，因此在低时延通信中应用 FD 时，有必要考虑此因素对错误概率的影响。

2.3 低时延的上行免调度 NOMA

免调度 NOMA 可以省去授权请求和调度过程，通过配置免调度资源，用户可以在没有调度的情况下发送数据，从而显著减少信令开销和空口时延。用于上行免调度传输的时间和频率资源被半静态地预先配置给用户，而用户预先配置可被用于上行免调度传输的专用导频。

文献[31]研究了免调度 NOMA，避免在负载较重时发生随机接入冲突，从而减少时延，并保障可靠性。同时，作者指出结合 NOMA 和模拟喷泉码可以进一步减小时延。在文献[32]中，作者提出了基于动态压缩感知的 MUD，通过将当前时隙估计的激活用户集作为下一时隙的先验信息，来充分利用激活用户的时间相关性。在文献[33]中，作者介绍了一种先验信息辅助自适应子空间追踪算法，该算法提高了 NOMA 中的 MUD 可靠性，此外，作者还进一步提出了一种增进算法鲁棒性的方法。

虽然免调度 NOMA 具有巨大的潜力，但目前免调度 NOMA 中的 MUD 计算复杂，需要大量迭代，如果要广泛部署，仍需要减少处理时间。此外，在支持免调度 NOMA 的网络中，干扰变得更加明显，因此，需要进一步管理各种潜在的带内和带外干扰。与空分复用和多用户波束赋形相比，在免调度 NOMA 中并不总是需要准确的 CSI。因此，在上行中，尤其是在短数据包传输时，可以采用免调度 NOMA 来减少接入时延。另外，当利用空分复用和多用户波束赋形方案时，通常具有大量发送天线，因此，CSI 的估计和反馈可能具有高复杂度，从而导致估计和反馈过程中的时延明显增加，在时延受限的情况下，用户采用不超过两根天线的免调度 NOMA 更合适。

2.4 本章小结

本章主要总结了 NOMA 和低时延通信的关键技术。其中，本章将 NOMA

划分为单载波 NOMA 和多载波 NOMA，分别介绍了它们的技术原理，并针对 PDMA 和 SCMA 这两种典型的多载波 NOMA 关键技术总结了它们在上行发送图样和接收机设计方面的进展。同时，为了实现低时延通信，需要借助 FBL 信息理论来分析错误概率，并利用分集、先进调制编码技术和 FD 技术等来保障在极短的时延内完成高可靠的传输和 MUD。特别地，上行免调度 NOMA 能够简化接入流程，是在物联网中实现低时延海量用户短数据包接入的重要支撑技术。

参考文献

[1] DING Z G, LIU Y W, CHOI J, et al. Application of non-orthogonal multiple access in LTE and 5G networks[J]. IEEE Communications Magazine, 2017, 55(2): 185-191.

[2] HIGUCHI K, BENJEBBOUR A. Non-orthogonal multiple access (NOMA) with successive interference cancellation for future radio access[J]. IEICE Transactions on Communications, 2015, 98(3): 403-414.

[3] HIGUCHI K. NOMA for future cellular systems[C]//Proceedings of 2016 IEEE 84th Vehicular Technology Conference. Piscataway: IEEE Press, 2016: 1-5.

[4] FA-LONG LUO F, CHARLIE ZHANG F. Non-orthogonal multiple access (NOMA): concept and design[C]//Proceedings of Signal Processing for 5G: Algorithms and Implementations. Piscataway: IEEE Press, 2016: 143-168.

[5] SAITO Y, KISHIYAMA Y, BENJEBBOUR A, et al. Non-orthogonal multiple access (NOMA) for cellular future radio access[C]//Proceedings of 2013 IEEE 77th Vehicular Technology Conference. Piscataway: IEEE Press, 2013: 1-5.

[6] CHEN S Z, REN B, GAO Q B, et al. Pattern division multiple access—a novel nonorthogonal multiple access for fifth-generation radio networks[J]. IEEE Transactions on Vehicular Technology, 2017, 66(4): 3185-3196.

[7] DAI L L, WANG B C, DING Z G, et al. A survey of non-orthogonal multiple access for 5G[J]. IEEE Communications Surveys and Tutorials, 2018, 20(3): 2294-2323.

[8] TANG W W, KANG S L, REN B, et al. Uplink grant-free pattern division multiple access (GF-PDMA) for 5G radio access[J]. China Communications, 2018, 15(4): 153-163.

[9] KONG D, ZENG J, SU X, et al. Multiuser detection algorithm for PDMA uplink system based on SIC and MMSE[C]//Proceedings of 2016 IEEE/CIC International Conference on Communications in China. Piscataway: IEEE Press, 2016: 1-5.

[10] REN B, YUE X W, TANG W W, et al. Advanced IDD receiver for PDMA uplink system[C]//Proceedings of 2016 IEEE/CIC International Conference on Communications in China. Piscataway: IEEE Press, 2016: 1-6.

[11] NIKOPOUR H, YI E, BAYESTEH A, et al. SCMA for downlink multiple access of 5G

wireless networks[C]//Proceedings of 2014 IEEE Global Communications Conference. Piscataway: IEEE Press, 2014: 3940-3945.

[12] TAHERZADEH M, NIKOPOUR H, BAYESTEH A, et al. SCMA codebook design[C]//Proceedings of 2014 IEEE 80th Vehicular Technology Conference. Piscataway: IEEE Press, 2014: 1-5.

[13] MU H, MA Z, ALHAJI M, et al. A fixed low complexity message pass algorithm detector for up-link SCMA system[J]. IEEE Wireless Communications Letters, 2015, 4(6): 585-588.

[14] WU Y Q, ZHANG S Q, CHEN Y. Iterative multiuser receiver in sparse code multiple access systems[C]//Proceedings of 2015 IEEE International Conference on Communications. Piscataway: IEEE Press, 2015: 2918-2923.

[15] ZHANG C C, LUO Y, CHEN Y. A low-complexity SCMA detector based on discretization[J]. IEEE Transactions on Wireless Communications, 2018, 17(4): 2333-2345.

[16] JIA M, WANG L F, GUO Q, et al. A low complexity detection algorithm for fixed up-link SCMA system in mission critical scenario[J]. IEEE Internet of Things Journal, 2018, 5(5): 3289-3297.

[17] YANG L, LIU Y Y, SIU Y. Low complexity message passing algorithm for SCMA system[J]. IEEE Communications Letters, 2016, 20(12): 2466-2469.

[18] POLYANSKIY Y, POOR H V, VERDU S. Channel coding rate in the finite blocklength regime[J]. IEEE Transactions on Information Theory, 2010, 56(5): 2307-2359.

[19] YANG W, DURISI G, KOCH T, et al. Quasi-static multiple-antenna fading channels at finite blocklength[J]. IEEE Transactions on Information Theory, 2014, 60(7): 4232-4265.

[20] DURISI G, KOCH T, ÖSTMAN J, et al. Short-packet communications over multiple-antenna Rayleigh-fading channels[J]. IEEE Transactions on Communications, 2016, 64(2): 618-629.

[21] DURISI G, KOCH T, POPOVSKI P. Toward massive, ultrareliable, and low-latency wireless communication with short packets[J]. Proceedings of the IEEE, 2016, 104(9): 1711-1726.

[22] HU Y L, GURSOY M C, SCHMEINK A. Relaying-enabled ultra-reliable low-latency communications in 5G[J]. IEEE Network, 2018, 32(2): 62-68.

[23] SHE C Y, YANG C Y, QUEK T Q S. Uplink transmission design with massive machine type devices in tactile Internet[C]//Proceedings of 2016 IEEE Globecom Workshops. Piscataway: IEEE Press, 2016: 1-6.

[24] PANIGRAHI S R, BJORSELL N, BENGTSSON M. Feasibility of large antenna arrays towards low latency ultra reliable communication[C]//Proceedings of 2017 IEEE International Conference on Industrial Technology. Piscataway: IEEE Press, 2017: 1289-1294.

[25] TASSI A, CHATZIGEORGIOU I, LUCANI D E. Analysis and optimization of sparse random linear network coding for reliable multicast services[J]. IEEE Transactions on Communications, 2016, 64(1): 285-299.

[26] FARAYEV B, SADI Y, ERGEN S C. Optimal power control and rate adaptation for ultra-reliable M2M control applications[C]//Proceedings of 2015 IEEE Globecom Workshops. Piscataway: IEEE Press, 2015: 1-6.

[27] SCHUH F, HUBER J B. Punctured vs. multidimensional TCM—a comparison w.r.t.

complexity[C]//Proceedings of 2014 IEEE Globecom Workshops. Piscataway: IEEE Press, 2014: 1408-1413.

[28] ELBAMBY M S, BENNIS M, SAAD W, et al. Resource optimization and power allocation in in-band full duplex-enabled non-orthogonal multiple access networks[J]. IEEE Journal on Selected Areas in Communications, 2017, 35(12): 2860-2873.

[29] YADAV A, DOBRE O A, ANSARI N. Energy and traffic aware full-duplex communications for 5G systems[J]. IEEE Access, 2017, 5: 11278-11290.

[30] YADAV A, DOBRE O A. All technologies work together for good: a glance at future mobile networks[J]. IEEE Wireless Communications, 2018, 25(4): 10-16.

[31] CHEN H, ABBAS R, CHENG P, et al. Ultra-reliable low latency cellular networks: use cases, challenges and approaches[J]. IEEE Communications Magazine, 2018, 56(12): 119-125.

[32] WANG B C, DAI L L, ZHANG Y, et al. Dynamic compressive sensing-based multi-user detection for uplink grant-free NOMA[J]. IEEE Communications Letters, 2016, 20(11): 2320-2323.

[33] DU Y, DONG B H, CHEN Z, et al. Efficient multi-user detection for uplink grant-free NOMA: prior-information aided adaptive compressive sensing perspective[J]. IEEE Journal on Selected Areas in Communications, 2017, 35(12): 2812-2828.

第 3 章

保障上行 NOMA 统计时延 QoS 的静态功率分配

从第 2 章对 NOMA 和低时延通信的关键技术介绍中能够了解，这两类技术的结合可作为 5G 海量用户低时延通信场景的重要支撑。但是目前关于 NOMA 的统计时延性能分析和时延敏感的资源分配大多只考虑了下行 NOMA 传输。对于上行 NOMA 和下行 NOMA 系统，SIC 解码顺序和干扰信道各不相同，导致它们的信道服务速率的统计特性各不相同，因而有效容量以及排队时延超标概率的特性也不相同。因此，针对下行 NOMA 系统的统计时延性能分析以及资源分配方案不能直接应用于上行 NOMA 系统，对上行 NOMA 系统的统计时延性能分析以及资源分配方案研究仍有待深入。本章以作者前期研究为基础[1]，展开对保障上行 NOMA 统计时延 QoS 的静态功率分配研究。

3.1 上行 NOMA 系统模型

考虑一个上行 NOMA 系统，如图 3-1 所示，一个单天线基站通过 N 个正交的子载波接收来自 $2N$ 个单天线用户发送的不同信息。通过对这 $2N$ 个用户进行配对，可以将这 $2N$ 个用户分成 N 组，每组两个用户。由于子载波之间相互正交，因此，一个 NOMA 用户对不会对其他的 NOMA 用户对产生共信道干扰。在 OMA 中，每个子载波只能被分配给一个用户。因此，在给定子载波数目的情况下，NOMA 可以支持比 OMA 更多的连接设备。

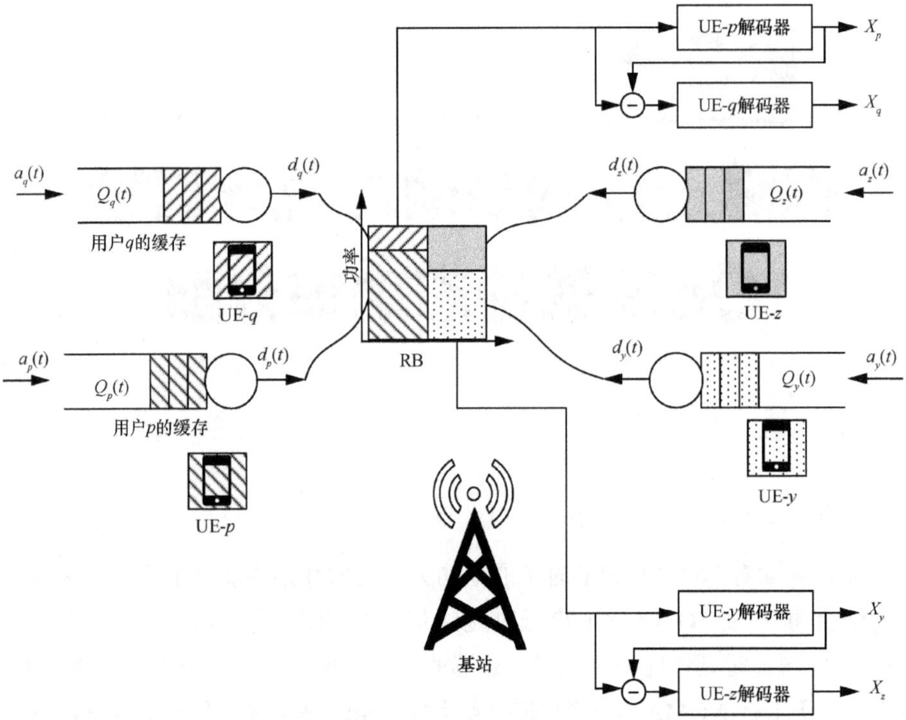

图 3-1　上行 NOMA 系统

注：资源块（Resource Block，RB）。

为了不失一般性，我们关注 N 个 NOMA 用户对中的某一对，并将这两个用户分别表示为用户 p 和用户 q，X_p、X_q、X_y、X_z 均为解码后的用户信号。假设用户 p 比用户 q 离基站更近，其经历的路径损耗比用户 q 更小。因此，将用户 p 称为强用户，将用户 q 称为弱用户。用 l_k 表示用户 k（$k \in \{p,q\}$）到基站的距离，则用户 k 到基站的复信道系数可以被建模为

$$g_k(t) = \sqrt{L_k(t)\varsigma_k(t)}h_k(t) \tag{3.1}$$

其中，$L_k(t)$、$\varsigma_k(t)$ 和 $h_k(t)$ 分别表示时隙 t 用户 k 与基站之间的路径损耗、阴影衰落和小尺度衰落系数。具体地，$L_k(t) = \alpha_0 \min\{l_0^{-d}, l_k^{-d}(t)\}$，其中，$l_0$ 是用户和基站之间的最小距离，$l_k(t)$ 是时隙 t 用户 k 与基站之间的距离，d 是路径损耗因子，α_0 为与距离无关的常数。

定义$\kappa_k(t) \triangleq L_k(t)\varsigma_k(t)$，则$\kappa_k(t)$表示时隙 t 用户 k 与基站之间的大尺度衰落。一般来说，大尺度衰落变化的时间周期远长于小尺度衰落变化的时间周期，因此，在所考虑的时间尺度内，可以假设大尺度衰落不变。故在这里省略大尺度衰落中的时间标度，将用户 k 与基站之间的大尺度衰落记为κ_k。假设信道是无色散的块衰落信道，即对于$\forall k$，小尺度衰落系数 $h_k(t)$在第 t 个时隙内保持不变，而不同时隙之间的小尺度衰落独立同分布。这种假设常用于小尺度衰落的性能分析。此外，可以利用跳频技术使得等效信道系数是块衰落的。

令$x_k(t)$表示用户 k 在时隙 t 发送的零均值单位功率的数据符号，则在静态功率控制下，基站在时隙 t 接收到的信号可以表示为

$$y(t) = \sum_{k\in\{p,q\}} \sqrt{\rho_k}\, g_k(t) x_k(t) + n(t) \tag{3.2}$$

其中，ρ_k是用户 k 的上行发射功率，$n(t)$是基站侧的 AWGN。$n(t)$独立同分布于复高斯分布$\mathrm{CN}(0,\sigma^2)$，其中σ^2是噪声功率。在上行 NOMA 系统中，由于用户之间的信号相互干扰，因此，每个 NOMA 用户的上行发射功率需要由所有用户的 CSI 共同确定。本节考虑在基站侧收集所有用户的 CSI，由基站进行集中式的功率控制，然后通过信令将功率控制的结果通知给用户。为了减少上行功率控制的信令开销，本节考虑基于统计 CSI 的准静态功率分配，即基站基于用户信道的大尺度衰落信息和分布信息进行功率控制，只有当用户的大尺度衰落发生变化时，才更新功率控制结果。与小尺度衰落相比，大尺度衰落的变化更缓慢，且更容易被准确估计，因此准静态功率分配可以节省大量功率控制的信令开销。

在上行 NOMA 系统中，由于强用户 p 比弱用户 q 具有更好的信道条件，一般来说，在基站接收到的信号中，强用户的信号功率大于弱用户的信号功率。根据 SIC 检测的原则，先对功率较大的强用户信号进行检测，再对功率较小的弱用户信号进行检测。本节采用基于大尺度衰落的 SIC 解码顺序，即基站始终先将用户 q 的信号视为加性噪声，对用户 p 的信号进行解码，然后将用户 p 的信号重构，并从接收到的叠加信号 $y(t)$ 中删除，再对用户 q 的信号进行解码。因此，用户 p 和用户 q 在时隙 t 的可达数据速率可以分别表示为

$$r_p(t) = T_{\mathrm{f}} B \mathrm{lb}\left(1 + \frac{\rho_p \mu_p(t)}{\rho_q \mu_q(t) + \sigma^2}\right) \tag{3.3}$$

$$r_q(t) = T_{\mathrm{f}} B \mathrm{lb}\left(1 + \frac{\rho_q \mu_q(t)}{\sigma^2}\right) \tag{3.4}$$

其中，T_f 是一个时隙的长度，B 是每个子载波的带宽，$\mu_p(t)=\kappa_p|h_p(t)|^2$ 和 $\mu_q(t)=\kappa_q|h_q(t)|^2$ 分别是用户 p 和用户 q 在时隙 t 的信道增益。

令 $a_k(t)$ 表示用户 k 在时隙 t 的业务到达量（以 bit 计量）。由于业务生成和无线衰落信道的随机性，用户 k 的到达过程 $a_k(t)$ 和服务过程 $r_k(t)$ 本质上是随机的。因此，业务可能在用户的缓存中经历排队过程[2]。将图 3-1 所示的上行 NOMA 系统建模为一个离散时间流体流动排队系统，并假设每个用户的缓存足够大，在此基础上，可以将用户 k 从时隙 τ 到时隙 $t-1$ 的累积到达量、累积服务量和累积离开量分别定义为如下的双变量随机过程，即 $A_k(\tau,t)=\sum_{i=\tau}^{t-1}a_k(i)$、$R_k(\tau,t)=\sum_{i=\tau}^{t-1}r_k(i)$ 和 $D_k(\tau,t)=\sum_{i=\tau}^{t-1}d_k(i)$。其中，$a_k(i)$、$r_k(i)$ 和 $d_k(i)$ 分别表示用户 k 在时隙 i（$\tau\leqslant i\leqslant t-1$）的瞬时业务到达量、可达服务速率以及对应的业务离开量，可达服务速率即可达数据速率。对于用户 k，用 $Q_k(t)$ 表示其在时隙 t 的队列长度，则从时隙 i 到时隙 $i+1$，其队列长度的动态变化可以表示为

$$Q_k(i+1)=Q_k(i)+a_k(i)-d_k(i) \tag{3.5}$$

其中，$d_k(i)=\min\{Q_k(i)+a_k(i),r_k(i)\}$。

假设所有的队列都是工作保存队列，并且以先到达先服务的方式工作，则用户 k 在时隙 t 的排队时延可以定义为在时隙 t 到达的比特成功传输所需经历的时隙数，其表达式如下。

$$w_k(t)=\inf\{u\geqslant 0: A_k(0,t)\leqslant D_k(0,t+u)\} \tag{3.6}$$

其中，$\inf\{\cdot\}$ 表示取下确界。

3.2 随机网络演算基础

3.2.1 随机网络演算背景介绍

在无线网络中，由于时变信道的随机特性，用户的服务过程通常具有很复杂的分布。在本章考虑的上行 NOMA 系统中，由于受到用户 q 的干扰，用户 p 服务过程的分布更加复杂。因此，$w_k(t)$ 一般具有十分复杂的分布，难以显式地给出 NOMA 用户的排队时延超标概率。无线网络中的排队时延如图 3-2 所示，

展示了到达过程为泊松过程、服务信道为无干扰 Rayleigh 信道所产生的累积到达过程、累积离开过程以及排队时延。从图 3-2 中可以看出，排队时延的统计特性取决于到达过程和服务过程的统计特性。到达过程和服务过程的统计特性越复杂，排队时延的统计特性也越复杂。

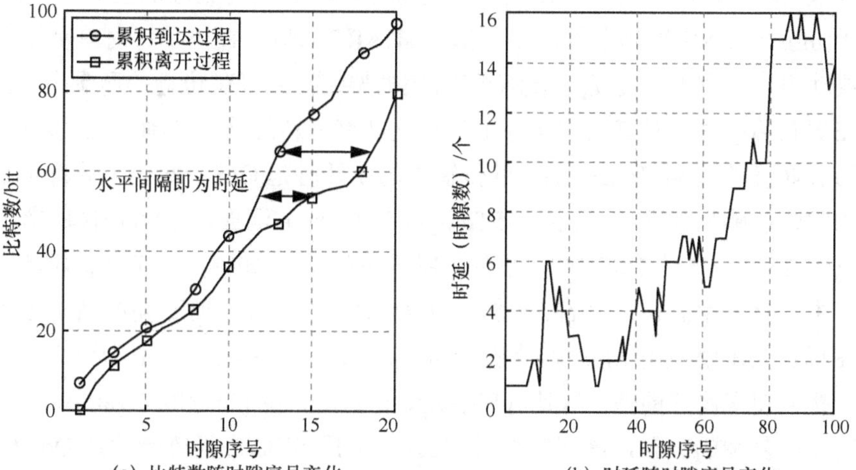

(a) 比特数随时隙序号变化　　(b) 时延随时隙序号变化

图 3-2　无线网络中的排队时延

为了对上行 NOMA 系统中的排队时延超标概率进行定量分析，本节利用近年来发展起来的(min,×)随机网络演算（Stochastic Network Calculus，SNC）[3]理论来给出无色散的块衰落信道中 NOMA 用户对在静态功率分配下的排队时延超标概率的上界。本节将对(min,×) SNC 的主要思想和结论进行简要介绍。

近年来，随着移动互联网和物联网的飞速发展，各种新的业务类型和应用场景不断涌现，通信业务的统计时延 QoS 保障受到了更多的重视，SNC 也越来越多地被用来刻画和分析无线网络中排队时延或队列长度的统计上界。网络演算最开始是为了分析计算机网络排队系统中的性能保障，而在(min,+)代数域上发展起来的理论工具。网络演算可以分为确定性网络演算和 SNC[4]。确定性网络演算将服务过程和到达过程建模为具有确定性包络的函数（也称为到达曲线和服务曲线），无法体现到达和服务的随机特性。SNC 引入包络超标概率[5]的概念，将确定性包络松弛为统计包络。文献[6-7]将(min,+) SNC 用于衰落信道的统计时延性能分析中，然而(min,+) SNC 在比特域中对到达过程和服务过程进行操作，服务过程的对数运算符使我们很难得到排队时延超标概率上界的解析表达式。为了克服这一困难，文献[3]和文献[8]通过对到达过程和服务过程取指数运算，发展了(min,×) SNC，将到达过程和服务过程从比特域变换到 SNR 域，消除了对数运算符，使得对服务过程的统计特性分析更方便。

(min,×) SNC 利用到达过程和衰落信道的分布表示排队系统的非渐近统计性能界[3]，将难以处理的排队时延超标概率松弛为可处理的上界。文献[9]基于(min,×) SNC 得到上界，在 WirelessHART 系统中提出了针对单个设备的跨层功率控制框架。文献[10]进一步将该框架拓展到多跳传输的场景中，提出了在端到端的统计时延约束条件下最小化功率消耗的功率控制方案。文献[11]利用 SNC 分析了全双工多跳中继传输中的统计时延 QoS。此外，随着越来越多的时延敏感物联网（Internet of Things，IoT）业务涌现，文献[12]和文献[13]建议用 SNC 来描述 URLLC 传输的“尾分布行为”，如排队时延超标概率。因此，本节考虑用(min,×) SNC 分析 NOMA 系统中的排队时延超标概率上界。与在正交系统中应用 SNC 的分析不同，在 NOMA 系统中，由于用户之间存在干扰，使得用户的信干噪比（Signal to Interference plus Noise Ratio，SINR）具有相当复杂的分布，进而使得对 NOMA 应用 SNC 进行统计时延 QoS 分析非常具有挑战性。

3.2.2 随机网络演算框架

为了用(min,×) SNC 对 NOMA 系统的排队时延超标概率上界进行分析，需要将用户 p 和用户 q 在比特域的累积到达过程、累积服务过程和累积离开过程利用指数转换到 SNR 域。SNR 域的累积到达过程、累积服务过程和累积离开过程分别定义为 $\mathcal{A}_k(\tau,t)=\mathrm{e}^{A_k(\tau,t)}$、$\mathcal{R}_k(\tau,t)=\mathrm{e}^{R_k(\tau,t)}$ 和 $\mathcal{D}_k(\tau,t)=\mathrm{e}^{D_k(\tau,t)}$。对于一个比特域的过程 $X(\tau,t)$，称 $\mathcal{X}(\tau,t)=\mathrm{e}^{X(\tau,t)}$ 为其对应的 SNR 域过程，这是因为 $\left(\mathcal{X}(\tau,t)\right)^{\ln 2}-1$ 表示在单位时间和单位带宽内要传输 $X(\tau,t)$ 比特所需的最小 SNR。

(min,×) SNC 可以在 SNR 域通过对 $\mathcal{A}_k(\tau,t)$ 和 $\mathcal{R}_k(\tau,t)$ 进行简单的(min,×)代数线性运算来描述排队系统的队列长度和排队时延[3]。在(min,×)代数域上最重要的两个线性运算是卷积运算和解卷积运算[3]，它们的定义分别如下。

$$\mathcal{U}\otimes\mathcal{V}(\tau,t)=\inf_{\tau\leqslant u\leqslant t}\left\{\mathcal{U}(\tau,u)\cdot\mathcal{V}(u,t)\right\} \tag{3.7}$$

$$\mathcal{U}\oslash\mathcal{V}(\tau,t)=\sup_{u\leqslant\tau}\left\{\frac{\mathcal{U}(u,t)}{\mathcal{V}(u,\tau)}\right\} \tag{3.8}$$

其中，$\sup\{\cdot\}$ 表示取上确界。

根据上述定义，式（3.6）中用户 k 在时隙 t 的排队时延可以重新表达为

$$
\begin{aligned}
w_k(t) = \inf\left\{u \geqslant 0: \frac{\mathcal{A}_k(0,t)}{\mathcal{D}_k(0,t+u)} \leqslant 1\right\} \leqslant \\
\inf\left\{u \geqslant 0: \sup_{0\leqslant v\leqslant t}\left\{\frac{\mathcal{A}_k(0,t)}{\mathcal{A}_k(0,v)\mathcal{R}_k(v,t+u)}\right\} \leqslant 1\right\} = \\
\inf\left\{u \geqslant 0: \sup_{0\leqslant v\leqslant t}\left\{\frac{\mathcal{A}_k(v,t)}{\mathcal{R}_k(v,t+u)}\right\} \leqslant 1\right\} = \\
\inf\left\{u \geqslant 0: \mathcal{A}_k \oslash \mathcal{R}_k(t+u,t) \leqslant 1\right\}
\end{aligned}
\tag{3.9}
$$

其中，不等号可以通过代入动态服务器属性[3] $\mathcal{D}_k(0,t+u) \geqslant \mathcal{A}_k \oslash \mathcal{R}_k(0,t+u)$ 得到；最后一个等号后的公式可以根据卷积运算得到。

根据式（3.9）可以将排队时延超标概率的一个上界表示为

$$
\Pr\{w_k(t) > w\} \leqslant \Pr\{\mathcal{A}_k \oslash \mathcal{R}_k(t+w,t) > 1\} \tag{3.10}
$$

对式（3.10）应用切尔诺夫（Chernoff）界（即对任意的双变量随机过程 $X(\tau,t)$，有 $\Pr\{X(\tau,t) \geqslant a\} \leqslant a^{-s}\mathcal{M}_X(1+s,\tau,t)\ \forall a>0, s>0$），可得

$$
\Pr\{w_k(t) > w\} \leqslant \mathcal{M}_{\mathcal{A}_k \oslash \mathcal{R}_k}(1+s,t+w,t) \tag{3.11}
$$

其中，$\mathcal{M}_X(s,\tau,t) = E\left[(X(\tau,t))^{s-1}\right]$ 表示任意非负的双变量随机过程 $X(\tau,t)$ 的参数为 s（$s \in \mathbf{R}$）的梅林（Mellin）变换。这里 $E[\cdot]$ 表示随机变量的期望。

式（3.11）中的上界是 SNR 域累积到达过程与累积服务过程解卷积运算的 Mellin 变换。将解卷积运算的定义代入式（3.11），可以将排队时延超标概率上界进一步表示为

$$
\Pr\{w_k(t) > w\} \leqslant \inf_{s>0}\{\mathcal{K}_k(s,-w)\} \tag{3.12}
$$

其中，$\mathcal{K}_k(s,-w)$ 为用户 k 的稳态核，其定义如下。

$$
\mathcal{K}_k(s,-w) = \lim_{t\to\infty}\sum_{u=0}^{t}\mathcal{M}_{\mathcal{A}_k}(1+s,u,t)\mathcal{M}_{\mathcal{R}_k}(1-s,u,t+w) \tag{3.13}
$$

可以假设 $A_k(\tau,t)$ 和 $R_k(\tau,t)$ 分别都是独立同分布增量过程，即它们在每个时隙各自的增量都分别独立同分布。这个假设是合理的，对于用户 k，在时隙 i，其比特域的累积到达增量和服务过程增量分别为 $a_k(i)$ 和 $r_k(i)$。假设每个用户的信道都是无色散的块衰落信道，则不同时隙的 $r_k(i)$ 彼此相互独立且具有相同的分布。正如文献[2,9-10]中所广泛假设的，尤其是在工业测量和控制应用相关的场景下[9]，即 $a_k(i)$ 在不同的时隙间独立同分布。因此，在统计意义上，可以用

两个与时间无关的随机变量 a_k 和 r_k 分别表示 $A_k(\tau,t)$ 和 $R_k(\tau,t)$ 的增量。由于 $A_k(\tau,t)$ 在不同时隙的增量独立同分布，因此，$\mathcal{A}_k(\tau,t)$ 的 Mellin 变换可以表示为 $a_k(i)$（$\forall\tau\leqslant i\leqslant t-1$）的 Mellin 变换的乘积。

$$\mathcal{M}_{\mathcal{A}_k}(s,\tau,t)=\left(E\left[\mathrm{e}^{a_k(s-1)}\right]\right)^{t-\tau}=\left(\mathcal{M}_{\varphi_k}(s)\right)^{t-\tau} \tag{3.14}$$

其中，$\varphi_k=\mathrm{e}^{a_k}$。同理，SNR 域累积服务过程的 Mellin 变换由式（3.15）给出。

$$\mathcal{M}_{\mathcal{R}_k}(s,\tau,t)=\left(E\left[\mathrm{e}^{r_k(s-1)}\right]\right)^{t-\tau}=\left(\mathcal{M}_{\phi_k}(s)\right)^{t-\tau} \tag{3.15}$$

其中，$\phi_k=\mathrm{e}^{r_k}$。将式（3.14）和式（3.15）代入式（3.13）中，可将式（3.13）的稳态核化简为

$$\mathcal{K}_k(s,-w)=\frac{\mathcal{M}_{\phi_k}^{w}(1-s)}{1-\mathcal{M}_{\varphi_k}(1+s)\mathcal{M}_{\phi_k}(1-s)} \tag{3.16}$$

值得注意的是，当且仅当 $\mathcal{M}_{\varphi_k}(1+s)\mathcal{M}_{\phi_k}(1-s)<1$ 时，式（3.13）收敛到式(3.16)成立。这是排队系统的队列稳定性条件[3-14]。将式(3.16)代入式(3.12)，最终得到用户 k 的排队时延超标概率上界如下。

$$\Pr\{w_k>w\}\leqslant\inf_{s>0}\left\{\frac{\mathcal{M}_{\phi_k}^{w}(1-s)}{1-\mathcal{M}_{\varphi_k}(1+s)\mathcal{M}_{\phi_k}(1-s)}\right\} \tag{3.17}$$

根据式（3.17），排队时延超标概率上界取决于 SNR 域到达过程和服务过程的 Mellin 变换。因此，对上界进行评估就变成对 φ_k 和 ϕ_k 的 Mellin 变换进行分析。对于到达过程，考虑最常见的到达过程具有 $(\delta(s),\lambda(s))$ 包络[4]（许多常见的到达过程，比如泊松到达，都具有 $(\delta(s),\lambda(s))$ 包络）。其中，$\lambda(s)\equiv\lambda$，$\delta(s)=0$。则 $\mathcal{M}_{\varphi_k}(1+s)$ 的上界是 $\mathrm{e}^{\lambda s}$。将 $\mathcal{M}_{\varphi_k}(1+s)\leqslant\mathrm{e}^{\lambda s}$ 代入式（3.17）中，得到 $\Pr\{w_k>w\}$ 的上界。

在本章的后续内容中，为了得到排队时延超标概率上界，将在无色散的 Rayleigh 块衰落信道下对上行 NOMA 用户 SNR 域服务过程的 Mellin 变换解析表达式进行推导。在下文中，为了表述简便，将省略式（3.3）和式（3.4）中的时隙标度。

3.3 SNR 域服务过程 Mellin 变换

根据 Mellin 变换的定义，式（3.17）中 $\mathcal{M}_{\phi_k}(1-s)$ 取决于用户 k（$k\in\{p,q\}$）SINR 的分布。SINR_p 和 SINR_q 分别表示用户 p 和用户 q 的 SINR。在本章所考

虑的上行 NOMA 系统中，根据 SIC 解码顺序，用户 q 的信号后于用户 p 的信号解码，即基站能够通过 SIC 消除用户 p 对用户 q 的干扰。因此，用户 q 的等效信道是一个无干扰的信道。假设信道的小尺度衰落服从 Rayleigh 分布，则根据式（3.4），SINR_q 服从均值为 $\frac{\rho_q\kappa_q}{\sigma^2}$ 的指数分布，其概率密度函数（Probability Density Function，PDF）为

$$f_{\mathrm{SINR}_q}(x)=\frac{\sigma^2}{\rho_q\kappa_q}\mathrm{e}^{-\frac{\sigma^2}{\rho_q\kappa_q}x} \tag{3.18}$$

对于用户 p，由于其信号先于用户 q 的信号解码，根据式（3.3），用户 p 会受到来自用户 q 的干扰，且干扰信道与有用信道相互独立，因此 SINR_p 具有十分复杂的分布。在 Rayleigh 信道下，SINR_p 的 PDF 由引理 3.1 给出。

引理 3.1　在上行 NOMA 系统中，若用户 p 和用户 q 的发射功率分别为 ρ_p 和 ρ_q，则在 Rayleigh 信道下，SINR_p 的 PDF 为

$$f_{\mathrm{SINR}_p}(x)=\frac{\mathrm{e}^{-x/\overline{\gamma}_p}}{\overline{\gamma}_p\overline{\gamma}_q}\left(\frac{1}{\frac{x}{\overline{\gamma}_p}+\frac{1}{\overline{\gamma}_q}}+\frac{1}{\left(\frac{x}{\overline{\gamma}_p}+\frac{1}{\overline{\gamma}_q}\right)^2}\right) \tag{3.19}$$

其中，$\overline{\gamma}_k=\frac{\rho_k\kappa_k}{\sigma^2}$ 表示用户 k（$k\in\{p,q\}$）在基站端的平均接收信噪比。

证明　根据式（3.3），用户 p 的 SINR 可以表示为

$$\mathrm{SINR}_p=\frac{\rho_p\mu_p}{\rho_q\mu_q+\sigma^2}=\frac{\rho_p\kappa_p|h_p|^2/\sigma^2}{1+\rho_q\kappa_q|h_q|^2/\sigma^2}=\frac{\overline{\gamma}_p|h_p|^2}{1+\overline{\gamma}_q|h_q|^2}\overset{\mathrm{def}}{=}\frac{Y}{1+X} \tag{3.20}$$

其中，$X=\overline{\gamma}_q|h_q|^2$，$Y=\overline{\gamma}_p|h_p|^2$。在 Rayleigh 信道下，小尺度信道增益 $|h_p|^2$ 和 $|h_q|^2$ 服从均值为 1 的指数分布，因此，X 和 Y 分别服从均值为 $\overline{\gamma}_q$ 和 $\overline{\gamma}_p$ 的指数分布。为了得到 SINR_p 的 PDF，首先分析其累积分布函数（Cumulative Distribution Function，CDF）$F_{\mathrm{SINR}_p}(z), z\in\mathbf{R}$。根据 CDF 的定义可得

$$F_{\mathrm{SINR}_p}(z)=\Pr\left\{\frac{Y}{1+X}\leqslant z\right\}=\Pr\{Y\leqslant z(1+X)\}=$$

$$\int_0^{+\infty}\left(\int_0^{z(1+x)}f_Y(y)\,\mathrm{d}y\right)f_X(x)\mathrm{d}x=\int_0^{+\infty}F_Y(z+zx)f_X(x)\mathrm{d}x \tag{3.21}$$

对式（3.21）进行微分，可得 SINR_p 的 PDF 为

$$f_{\mathrm{SINR}_p}(z)=\int_0^{+\infty}(1+x)f_Y(z+zx)f_X(x)\mathrm{d}x \tag{3.22}$$

将 $f_X(x)=\frac{1}{\overline{\gamma}_q}\mathrm{e}^{-x/\overline{\gamma}_q}$ 和 $f_Y(y)=\frac{1}{\overline{\gamma}_p}\mathrm{e}^{-y/\overline{\gamma}_p}$ 代入式（3.22），即可得到式（3.19）中的结果。

接下来针对用户 k 推导 SNR 域服务过程的 Mellin 变换。根据前述 SNR 域服务过程的定义可得

$$\phi_k=\mathrm{e}^{r_k}=\left(1+\mathrm{SINR}_k\right)^{\frac{T_{\mathrm{f}}B}{\ln 2}},\forall k\in\{p,q\} \tag{3.23}$$

对式（3.23）进行参数为 $1-s$ 的 Mellin 变换，根据 Mellin 变换的定义可得 $\forall k\in\{p,q\}$，

$$\mathcal{M}_{\phi_k}(1-s)=E\left[\phi_k^{-s}\right]=E\left[\left(1+\mathrm{SINR}_k\right)^{-\frac{T_{\mathrm{f}}Bs}{\ln 2}}\right]=\int_0^{+\infty}(1+x)^{-\frac{T_{\mathrm{f}}Bs}{\ln 2}}f_{\mathrm{SINR}_k}(x)\mathrm{d}x \tag{3.24}$$

结合式（3.18）和式（3.19）中用户 q 和用户 p 的 SINR 的 PDF 的表达式，$\mathcal{M}_{\phi_q}(1-s)$ 和 $\mathcal{M}_{\phi_p}(1-s)$ 可由定理 3.1 给出。

定理 3.1 在上行 NOMA 系统中，若用户 p 和用户 q 的发射功率分别为 ρ_p 和 ρ_q，则在 Rayleigh 信道下，用户 q 和用户 p 的 SNR 域服务过程的 Mellin 变换分别为

$$\mathcal{M}_{\phi_q}(1-s)=\mathrm{e}^{1/\overline{\gamma}_q}\,\overline{\gamma}_q^{-\frac{T_{\mathrm{f}}Bs}{\ln 2}}\Gamma\left(1-\frac{T_{\mathrm{f}}Bs}{\ln 2},\frac{1}{\overline{\gamma}_q}\right) \tag{3.25}$$

$$\mathcal{M}_{\phi_p}(1-s)=\begin{cases}\mathcal{I}_l(s)+\mathcal{I}_r(s,\varDelta), & 1/\overline{\gamma}_p<\varDelta\\ \mathcal{I}_r\left(s,1/\overline{\gamma}_p\right), & 1/\overline{\gamma}_p\geqslant\varDelta\end{cases} \tag{3.26}$$

其中，$\Gamma(x,a)=\int_a^{+\infty}t^{x-1}\mathrm{e}^{-t}\mathrm{d}t$ 是上不完全伽马（Gamma）函数，$\varDelta=1/\overline{\gamma}_q-1/\overline{\gamma}_p>0$，$\mathcal{I}_l(s)$ 和 $\mathcal{I}_r(s,c)$ 的定义分别如下。

$$\mathcal{I}_l(s)=\frac{\mathrm{e}^{1/\overline{\gamma}_p}}{\overline{\gamma}_q}\overline{\gamma}_p^{-\frac{T_{\mathrm{f}}Bs}{\ln 2}}\sum_{i=0}^{+\infty}\left(\frac{(-1)^i(\varDelta+i+1)}{\varDelta^{i+2}}\right)\left[\Gamma\left(i+1-\frac{T_{\mathrm{f}}Bs}{\ln 2},\frac{1}{\overline{\gamma}_p}\right)-\Gamma\left(i+1-\frac{T_{\mathrm{f}}Bs}{\ln 2},\varDelta\right)\right] \tag{3.27}$$

$$\mathcal{I}_r(s,c)=\frac{\mathrm{e}^{1/\overline{\gamma}_p}}{\overline{\gamma}_q}\overline{\gamma}_p^{-\frac{T_\mathrm{f}Bs}{\ln 2}}\sum_{i=0}^{+\infty}(-\varDelta)^i\left[\Gamma\left(-\frac{T_\mathrm{f}Bs}{\ln 2}-i,c\right)+(i+1)\Gamma\left(-\frac{T_\mathrm{f}Bs}{\ln 2}-i-1,c\right)\right] \tag{3.28}$$

证明　对于用户 q，将式（3.18）代入式（3.24）可得

$$\mathcal{M}_{\phi_q}(1-s)=\int_0^{+\infty}(1+x)^{-\frac{T_\mathrm{f}Bs}{\ln 2}}\frac{1}{\overline{\gamma}_q}\mathrm{e}^{-x/\overline{\gamma}_q}\,\mathrm{d}x\overset{(a)}{=}$$

$$\mathrm{e}^{\frac{1}{\overline{\gamma}_q}}\overline{\gamma}_q^{-\frac{T_\mathrm{f}Bs}{\ln 2}}\int_{\frac{1}{\overline{\gamma}_q}}^{+\infty}u^{-\frac{T_\mathrm{f}Bs}{\ln 2}}\mathrm{e}^{-u}\mathrm{d}u\overset{(b)}{=}\mathrm{e}^{\frac{1}{\overline{\gamma}_q}}\overline{\gamma}_q^{-\frac{T_\mathrm{f}Bs}{\ln 2}}\Gamma\left(1-\frac{T_\mathrm{f}Bs}{\ln 2},\frac{1}{\overline{\gamma}_q}\right) \tag{3.29}$$

其中，等号(a)通过进行变量替换 $u=(x+1)/\overline{\gamma}_q$ 得到，等号(b)根据上不完全 Gamma 函数的定义直接得到。

对于用户 p，将式（3.19）代入式（3.24），并进行变量替换 $u=(x+1)/\overline{\gamma}_p$，可得

$$\mathcal{M}_{\phi_p}(1-s)=\int_0^{+\infty}(1+x)^{-\frac{T_\mathrm{f}Bs}{\ln 2}}\frac{\mathrm{e}^{-\frac{x}{\overline{\gamma}_p}}}{\overline{\gamma}_1\overline{\gamma}_q}\left(\frac{1}{\frac{x}{\overline{\gamma}_p}+\frac{1}{\overline{\gamma}_q}}+\frac{1}{\left(\frac{x}{\overline{\gamma}_p}+\frac{1}{\overline{\gamma}_q}\right)^2}\right)\mathrm{d}x=$$

$$\frac{\mathrm{e}^{\frac{1}{\overline{\gamma}_p}}}{\overline{\gamma}_q}\overline{\gamma}_p^{-\frac{T_\mathrm{f}Bs}{\ln 2}}\int_{\frac{1}{\overline{\gamma}_p}}^{+\infty}u^{-\frac{T_\mathrm{f}Bs}{\ln 2}}\mathrm{e}^{-u}\left(\frac{1}{u+\varDelta}+\frac{1}{(u+\varDelta)^2}\right)\mathrm{d}u \tag{3.30}$$

为了给出式（3.30）的闭式表达式，考虑将积分项中的 $\frac{1}{u+\varDelta}$ 和 $\frac{1}{(u+\varDelta)^2}$ 展开为级数。由于 $u>\varDelta$ 和 $u<\varDelta$ 是 $\frac{1}{u+\varDelta}$ 和 $\frac{1}{(u+\varDelta)^2}$ 的不同收敛域，因此 $\frac{1}{u+\varDelta}$ 和 $\frac{1}{(u+\varDelta)^2}$ 在 $u>\varDelta$ 和 $u<\varDelta$ 上分别具有不同的级数展开形式。而式（3.30）中的积分下限 $\frac{1}{\overline{\gamma}_p}$ 可能落在收敛域临界点 $\varDelta$ 的左侧，也可能落在收敛域临界点 $\varDelta$ 的右侧。因此，有必要按照 $\frac{1}{\overline{\gamma}_p}$ 与 $\varDelta$ 的大小关系在不同情况下对 $\mathcal{M}_{\phi_p}(1-s)$ 的闭式表达式进行推导。

首先来看 $\frac{1}{\overline{\gamma}_p}>\varDelta$ 的情况。此时，对于式（3.30）中的任意积分变量 u，一

定有 $\Delta/u<1$。因此，可以将 $\frac{1}{u+\Delta}$ 和 $\frac{1}{(u+\Delta)^2}$ 分别表示为如下的级数形式。

$$\frac{1}{u+\Delta}=\frac{1}{u}\frac{1}{1+\Delta/u}=\frac{1}{u}\sum_{i=0}^{+\infty}\left(-\frac{\Delta}{u}\right)^i \tag{3.31}$$

$$\frac{1}{(u+\Delta)^2}=\frac{1}{u^2}\frac{1}{(1+\Delta/u)^2}=\frac{1}{u^2}\sum_{i=0}^{+\infty}(i+1)\left(-\frac{\Delta}{u}\right)^i \tag{3.32}$$

将式（3.31）和式（3.32）代入式（3.30），并应用富比尼定理交换求和与积分次序可得

$$\mathcal{M}_{\phi_p}(1-s)=\frac{\mathrm{e}^{\frac{1}{\overline{\gamma}_p}}}{\overline{\gamma}_q}\overline{\gamma}_p^{-\frac{T_\mathrm{f}Bs}{\ln 2}}\sum_{i=0}^{+\infty}(-\Delta)^i\int_{\frac{1}{\overline{\gamma}_p}}^{+\infty}\mathrm{e}^{-u}\left(u^{-\frac{T_\mathrm{f}Bs}{\ln 2}-i-1}+(i+1)u^{-\frac{T_\mathrm{f}Bs}{\ln 2}-i-2}\right)\mathrm{d}u\overset{\text{(a)}}{=}$$

$$\frac{\mathrm{e}^{\frac{1}{\overline{\gamma}_p}}}{\overline{\gamma}_q}\overline{\gamma}_p^{-\frac{T_\mathrm{f}Bs}{\ln 2}}\sum_{i=0}^{+\infty}(-\Delta)^i\left[\Gamma\left(-\frac{T_\mathrm{f}Bs}{\ln 2}-i,\frac{1}{\overline{\gamma}_p}\right)+(i+1)\Gamma\left(-\frac{T_\mathrm{f}Bs}{\ln 2}-i-1,\frac{1}{\overline{\gamma}_p}\right)\right]=\mathcal{I}_r\left(s,\frac{1}{\overline{\gamma}_p}\right) \tag{3.33}$$

其中，等号(a)根据上不完全 Gamma 函数的定义得到。

接下来处理 $\frac{1}{\overline{\gamma}_p}<\Delta$ 的情况。此时，基于前述关于不同收敛域的分析，根据积分变量 u 与收敛域临界点 Δ 的关系，将式（3.30）划分为如下 3 个部分。

$$\mathcal{M}_{\phi_p}(1-s)=\frac{\mathrm{e}^{\frac{1}{\overline{\gamma}_p}}}{\overline{\gamma}_q}\overline{\gamma}_p^{-\frac{T_\mathrm{f}Bs}{\ln 2}}\int_{\frac{1}{\overline{\gamma}_p}}^{+\infty}u^{-\frac{T_\mathrm{f}Bs}{\ln 2}}\mathrm{e}^{-u}\left(\frac{1}{u+\Delta}+\frac{1}{(u+\Delta)^2}\right)\mathrm{d}u=$$

$$\frac{\mathrm{e}^{\frac{1}{\overline{\gamma}_p}}}{\overline{\gamma}_q}\overline{\gamma}_p^{-\frac{T_\mathrm{f}Bs}{\ln 2}}\left(\int_{\frac{1}{\overline{\gamma}_p}}^{\Delta-\delta}+\int_{\Delta-\delta}^{\Delta+\delta}+\int_{\Delta+\delta}^{+\infty}\right)u^{-\frac{T_\mathrm{f}Bs}{\ln 2}}\mathrm{e}^{-u}\left(\frac{1}{u+\Delta}+\frac{1}{(u+\Delta)^2}\right)\mathrm{d}u \tag{3.34}$$

其中，$\delta>0$ 为任意小的正实数。注意到式（3.34）中最右侧的积分对应的项与式（3.30）具有几乎相同的形式，不同之处在于积分下限从 $\frac{1}{\overline{\gamma}_p}$ 变为了 $\Delta+\delta$。因此，对该项重复式（3.31）～式（3.33）的过程（即对于 $u\in[\Delta+\delta,+\infty)$，应用式（3.31）和式（3.32）中的级数展开），最右侧积分对应的项可以表示为

$$\mathcal{I}_r(s,\Delta+\delta)=\frac{\mathrm{e}^{\frac{1}{\overline{\gamma}_p}}}{\overline{\gamma}_q}\overline{\gamma}_p^{-\frac{T_\mathrm{f}Bs}{\ln 2}}\sum_{i=0}^{+\infty}(-\Delta)^i\left[\Gamma\left(-\frac{T_\mathrm{f}Bs}{\ln 2}-i,\Delta+\delta\right)(i+1)\Gamma\left(-\frac{T_\mathrm{f}Bs}{\ln 2}-i-1,\Delta+\delta\right)\right] \tag{3.35}$$

式（3.34）中最左侧的积分对应的项对应于 $u\in[\frac{1}{\overline{\gamma}_p},\Delta-\delta)$ 的情况。此时有

$\frac{u}{\varDelta}<1$。因此，可以将$\frac{1}{u+\varDelta}$和$\frac{1}{(u+\varDelta)^2}$分别表示为如下的级数形式。

$$\frac{1}{u+\varDelta}=\frac{1}{\varDelta}\frac{1}{1+\frac{u}{\varDelta}}=\frac{1}{\varDelta}\sum_{i=0}^{+\infty}\left(-\frac{u}{\varDelta}\right)^i \tag{3.36}$$

$$\frac{1}{(u+\varDelta)^2}=\frac{1}{\varDelta^2}\frac{1}{\left(1+\frac{u}{\varDelta}\right)^2}=\frac{1}{\varDelta^2}\sum_{i=0}^{+\infty}(i+1)\left(-\frac{u}{\varDelta}\right)^i \tag{3.37}$$

将式（3.36）和式（3.37）代入式（3.34）中最左侧的积分中，并应用富比尼定理交换求和与积分次序，可以将式（3.34）中最左侧的积分对应的项表示为

$$\mathcal{T}_l(s,\delta)=\frac{\mathrm{e}^{\frac{1}{\overline{\gamma}_p}}}{\overline{\gamma}_q}\overline{\gamma}_p^{-\frac{T_\mathrm{f}Bs}{\ln 2}}\int_{\frac{1}{\overline{\gamma}_p}}^{\varDelta-\delta}u^{-\frac{T_\mathrm{f}Bs}{\ln 2}}\mathrm{e}^{-u}\left(\frac{1}{u+\varDelta}+\frac{1}{(u+\varDelta)^2}\right)\mathrm{d}u=$$

$$\frac{\mathrm{e}^{\frac{1}{\overline{\gamma}_p}}}{\overline{\gamma}_q}\overline{\gamma}_p^{-\frac{T_\mathrm{f}Bs}{\ln 2}}\sum_{i=0}^{+\infty}\int_{\frac{1}{\overline{\gamma}_p}}^{\varDelta-\delta}u^{i-\frac{T_\mathrm{f}Bs}{\ln 2}}\mathrm{e}^{-u}\left(\frac{(-1)^i(\varDelta+i+1)}{\varDelta^{i+2}}\right)\mathrm{d}u=$$

$$\frac{\mathrm{e}^{\frac{1}{\overline{\gamma}_p}}}{\overline{\gamma}_q}\overline{\gamma}_p^{-\frac{T_\mathrm{f}Bs}{\ln 2}}\sum_{i=0}^{+\infty}\left(\frac{(-1)^i(\varDelta+i+1)}{\varDelta^{i+2}}\right)\left[\Gamma\left(i+1-\frac{T_\mathrm{f}Bs}{\ln 2},\frac{1}{\overline{\gamma}_1}\right)-\Gamma\left(i+1-\frac{T_\mathrm{f}Bs}{\ln 2},\varDelta-\delta\right)\right] \tag{3.38}$$

当$\delta\to 0$时，对于式（3.34）中间的积分，其积分区间无穷小，并且积分项非奇异。因此，式（3.34）中间的积分对应的项趋于 0，可以忽略不计。对式（3.34）取$\delta\to 0$的极限值，有

$$\mathcal{M}_{\phi_p}(1-s)=\frac{\mathrm{e}^{\frac{1}{\overline{\gamma}_p}}}{\overline{\gamma}_q}\overline{\gamma}_p^{-\frac{T_\mathrm{f}Bs}{\ln 2}}\lim_{\delta\to 0}\left(\mathcal{T}_l(s,\delta)+\mathcal{I}_r(s,\varDelta+\delta)\right)=\mathcal{I}_l(s)+\mathcal{I}_r(s,\varDelta) \tag{3.39}$$

综合式（3.29）、式（3.33）和式（3.39），即可得到定理 3.1 中的结论。

注意到，定理 3.1 通过上不完全 Gamma 函数的无穷级数形式给出了用户ρ（受干扰的用户）SNR 域服务过程的 Mellin 变换解析表达式。为了方便对$\mathcal{M}_{\phi_p}(1-s)$进行数值计算，在下面的推论中给出了通过对无穷级数进行截断来近似计算$\mathcal{M}_{\phi_p}(1-s)$的方法。

推论 3.1　$\exists M>0$，$\forall m>M$且m为偶数，有

$$\Psi_{m+1}(s) \leqslant \mathcal{M}_{\phi_p}(1-s) \leqslant \Psi_m(s) \tag{3.40}$$

其中，$i \in \mathbf{N}$。

$$\Psi_i(s) = \begin{cases} \mathcal{I}_l^{(i)}(s) + \mathcal{I}_r^{(i)}(s,\Delta), & 1/\overline{\gamma}_p < \Delta \\ \mathcal{I}_r^{(i)}(s,1/\overline{\gamma}_p), & 1/\overline{\gamma}_p \geqslant \Delta \end{cases} \tag{3.41}$$

$\mathcal{I}_l^{(i)}(s)$ 和 $\mathcal{I}_r^{(i)}(s,c)$ 分别表示无穷级数 $\mathcal{I}_l(s)$ 和 $\mathcal{I}_r(s,c)$ 的前 $i+1$ 项截断。用 $\Psi_{m+1}(s)$ 或 $\Psi_m(s)$ 来近似 $\mathcal{M}_{\phi_p}(1-s)$ 的误差小于 $|\Psi_{m+1}(s)-\Psi_m(s)|$。

证明　$\mathcal{M}_{\phi_p}(1-s)$ 的无穷级数形式主要是由式（3.31）、式（3.32）、式（3.36）和式（3.37）中的级数展开导致的。因此，只要证明 $\exists M>0$，使得级数展开 M 项之后的各项绝对值随着项数增加单调递减即可。对于式（3.31）和式（3.36）中的级数展开，这个结论是显然的。而对于式（3.32）和式（3.37）中的级数展开，以式（3.32）中的级数展开为例进行证明。在式（3.32）中，令

$$b_i = (i+1)\left(-\frac{\Delta}{u}\right)^i \tag{3.42}$$

则有

$$\left|\frac{b_{i+1}}{b_i}\right| = \frac{(i+2)\Delta}{(i+1)u} \tag{3.43}$$

由于 $\frac{\Delta}{u}<1$，所以 $\exists M>0$，使得 $\forall i>M$，$\left|\frac{b_{i+1}}{b_i}\right|<1$，故推论得证。

定理 3.1 给出了在上行 NOMA 系统中，当采用静态功率分配方式时，NOMA 用户对 SNR 域服务过程的 Mellin 变换解析表达式，其中强用户 ρ 的 Mellin 变换以无穷级数的形式给出。推论 3.1 从级数的收敛性角度出发，证明了该无穷级数可以由其有限项截断来任意逼近。事实上，只用少数几项（例如前 10 项）之和就可以取得足够高的近似精度，由此可以高效地对式（3.17）给出的 NOMA 用户对的排队时延超标概率上界进行评估，进而基于该上界来优化满足给定统计时延 QoS 的功率控制方案。

3.4 基于排队时延超标概率上界的静态功率控制

3.4.1 功率最小化问题建模

对于时延敏感的 IoT 业务，考虑用目标时延和目标时延超标概率来描述业

务的统计时延 QoS 需求[15-16]。时延敏感的 IoT 业务一般发生在近距离通信场景或者局域网通信场景中，与可忽略不计的路由时延和传播时延相比，排队时延的动态范围极大[12]。因此，本节主要考虑功率控制对排队时延统计性能的影响。现有的上行 NOMA 功率控制方案主要考虑优化系统的可达和速率[17-20]或能量效率[21-22]，而没有考虑业务的统计时延 QoS 需求。在 IoT 上行传输中，发射机仅依靠电池工作，而许多 IoT 应用除了希望保障业务的统计时延 QoS 需求，还要求尽量降低 IoT 设备的功率消耗，以减少电池充能或更换的次数，同时降低网络中的上行干扰水平。

因此，本节考虑在上行 NOMA 系统功率控制中引入对 NOMA 用户排队时延的统计时延 QoS 需求 (w_k^*,ϵ_k) $(k\in\{p,q\})$，其中 w_k^* 表示用户 k 的目标排队时延（单位为时隙个数），ϵ_k 表示用户 k 可以容忍排队时延超过 w_k^* 的概率阈值。功率控制的目标是在满足 NOMA 用户排队时延超标概率不超过各自给定阈值（即 ϵ_k ）的同时，最小化用户的发射功率。这个功率控制问题可以建模为

$$\min\ \rho_k\ \ \forall k\in\{p,q\} \tag{3.44}$$

$$\text{s.t.}\quad \Pr\{w_k > w_k^*\} < \epsilon_k\ \ \forall k\in\{p,q\} \tag{3.44a}$$

$$\rho_k < \rho_{\max}\ \ \forall k\in\{p,q\} \tag{3.44b}$$

其中，$\rho_{\max}$ 为用户设备最大发射功率。

然而，由于无线信道衰落的随机性，即便是对于静态功率分配，也很难给出排队时延超标概率的解析表达式。这里考虑对问题进行松弛，即通过 SNC 得到的 NOMA 用户排队时延超标概率上界进行约束，从而得到满足 NOMA 用户统计时延 QoS 需求 (w_k^*,ϵ_k) 的保守功率分配。将基于排队时延超标概率上界的功率控制称为“保守”的，是因为这样的功率控制策略给出的发射功率会略高于实际所需的最小发射功率。尽管不是最优的，但是基于上界功率控制的保守性使得系统统计时延 QoS 对于网络中的干扰（如小区间干扰）具有一定鲁棒性。对基于排队时延超标概率上界的最小化 NOMA 用户上行发射功率的功率控制问题建模如下。

$$\min\ \ \rho_k, \forall k\in\{p,q\} \tag{3.45}$$

$$\text{s.t.}\quad \inf_{s>0}\left\{\frac{\mathcal{M}_{\phi_k}^{w_k^*}(1-s)}{1-\mathcal{M}_{\varphi_k}(1+s)\mathcal{M}_{\phi_k}(1-s)}\right\}<\epsilon_k, \forall k\in\{p,q\} \tag{3.45a}$$

$$\mathcal{M}_{\varphi_k}(1+s)\mathcal{M}_{\phi_k}(1-s)<1, \forall k\in\{p,q\} \tag{3.45b}$$

$$\rho_k<\rho_{\max}, \forall k\in\{p,q\} \tag{3.45c}$$

其中，第一个约束条件表示对用户 k 排队时延超标概率上界的约束，即用户 k 的排队时延超过 w_k^* 的概率的上界不超过 ϵ_k。第二个约束条件是队列稳定性条件，即分配给每个用户的功率应当足够大，以实现服务过程可以支持相应的到达过程，从而队列长度不会无限增长。

由于优化问题（式（3.45））的约束条件具有比较复杂的形式，无法给出最优功率分配的解析解。为此，本节提出了求解式（3.45）的低复杂度一维搜索算法。

3.4.2 问题求解

将通过 SNC 得到的用户 k 排队时延超标概率上界记为 $B_k(w_k^*,\boldsymbol{\rho})$，即

$$B_k(w_k^*,\boldsymbol{\rho}) = \inf_{s>0}\left\{\frac{\mathcal{M}_{\phi_k}^{w_k^*}(1-s)}{1-\mathcal{M}_{\varphi_k}(1+s)\mathcal{M}_{\phi_k}(1-s)}\right\} \tag{3.46}$$

其中，$\boldsymbol{\rho}=[\rho_p,\rho_q]$ 为 NOMA 用户对发射功率构成的向量。从式(3.25)和式(3.26)可以看出，用户 q 的 SNR 域服务过程的 Mellin 变换仅取决于其自身的发射功率 ρ_q，而用户 p 的 SNR 域服务过程的 Mellin 变换同时取决于 ρ_q 和 ρ_p。这是因为在上行 NOMA 系统中，根据 SIC 解码顺序，弱用户的信号后于强用户的信号解码，因而强用户受到弱用户的干扰，而弱用户不受强用户干扰。另外，在满足队列稳定性条件的前提下，$\forall k \in \{p,q\}$，根据下确界函数 $\inf\{\cdot\}$ 的单调性可知，$B_k(w_k^*,\boldsymbol{\rho})$ 随 $\mathcal{M}_{\phi_k}(1-s)$ 单调递增，而根据 Mellin 变换的定义不难发现，$\mathcal{M}_{\phi_k}(1-s)$ 随 ρ_k 单调递减，并且 $\mathcal{M}_{\phi_p}(1-s)$ 随 ρ_q 单调递增。

基于以上观察，可以得到如下结论。

- 当满足队列稳定性条件时，$B_p(w_p^*,\boldsymbol{\rho})$ 是 ρ_p 的单调减函数，同时也是 ρ_q 的单调增函数。
- 当满足队列稳定性条件时，$B_q(w_q^*,\boldsymbol{\rho})$ 是 ρ_q 的单调减函数。

记优化问题式（3.45）的最优解为 $\boldsymbol{\rho}^*=[\rho_p^*,\rho_q^*]$。上面的两个结论表明，$\rho_p^*$ 依赖于 ρ_q^*，并且随 ρ_q^* 的增加而增加。因此，优化问题式（3.45）可以被拆解为两个顺序求解的子问题，即先求解 ρ_q^*，再求解 ρ_p^*。

在求解两个子问题时，由于 $\forall k \in \{p,q\}$，$B_k(w_k^*,\boldsymbol{\rho})$ 是 ρ_k 的单调增函数，因此可以通过二分搜索算法来求解使得 $B_k(w_k^*,\boldsymbol{\rho})<\epsilon_k$ 成立的最小 ρ_k。具体过程如下。

对于每一个给定的发射功率 ρ_k，通过一维搜索确定队列稳定性条件

$\mathcal{M}_{\varphi_k}(1+s)\mathcal{M}_{\phi_k}(1-s)<1$ 成立的区间 $[0,s_k^{\max}(\rho_k)]$。Petreska 等[10]证明了 $Z(s)\stackrel{\text{def}}{=}\mathcal{M}_{\varphi_k}(1+s)\mathcal{M}_{\phi_k}(1-s)$ 是 s 的凸函数，而 $Z(0)=1$，因此 $\exists s_k^{\max}(\rho_k)>0$ 使得 $\forall s\in(0,s_k^{\max}(\rho_k))$ 有 $Z(s)<1$，并且 $\forall\varepsilon>0$ 有 $Z(s_k^{\max}(\rho_k)+\varepsilon)\geqslant 1$。本节使用具有收缩步长的一维搜索算法来确定 $s_k^{\max}(\rho_k)$。从 0 开始按步长 Ω_s 对 $s_k^{\max}(\rho_k)$ 进行调整。若 $Z(s_k^{\max}(\rho_k)+\Omega_s)<1$，即队列稳定性条件在 $s_k^{\max}(\rho_k)+\Omega_s$ 处成立，则接受调整，并令 $s_k^{\max}(\rho_k)=s_k^{\max}(\rho_k)+\Omega_s$；否则步长减半，即 $\Omega_s=\Omega_s/2$，搜索过程迭代进行直至步长小于给定阈值 Ω_{th}。确定队列稳定区间的步长一维搜索算法见算法 3.1。

算法 3.1　确定队列稳定区间的步长收缩一维搜索算法

输入　用户对的发射功率 $\boldsymbol{\rho}=[\rho_p,\rho_q]$，步长阈值 Ω_{th}，业务到达率 λ_k

1：初始化：$s_k^{\max}(\rho_k)=0$，$s_k^{\max}(\rho_k)=0$ 的步长因子 $\Omega_s=1$

2：**while** $\Omega_s>\Omega_{\text{th}}$ **do**

3：　　**if** $Z(s_k^{\max}(\rho_k)+\Omega_s)<1$ **then**

4：　　　　$s_k^{\max}(\rho_k)=s_k^{\max}(\rho_k)+\Omega_s$

5：　　**else**

6：　　　　$\Omega_s=\dfrac{1}{2}\Omega_s$

7：　　**end if**

8：**end while**

输出　$s_k^{\max}(\rho_k)$

在队列稳定区间 $(0,s_k^{\max}(\rho_k))$ 内，用户 k 的稳态核 $\mathcal{K}_k(s,-w_k^*)=\dfrac{\mathcal{M}_{\phi_k}^{w_k^*}(1-s)}{1-\mathcal{M}_{\varphi_k}(1+s)\mathcal{M}_{\phi_k}(1-s)}$ 是关于 s 的凸函数[9]。因此，可以通过梯度下降法来求解使 $\mathcal{K}_k(s,-w_k^*)$ 最小的 s_k^*，在 s_k^* 处，用户 k 的稳态核取值即其排队时延超标概率上界。确定 $\mathcal{K}_k(s,-w_k^*)$ 最小值的梯度下降法见算法 3.2。

算法 3.2　确定 $\mathcal{K}_k(s,-w_k^*)$ 最小值的梯度下降法

输入　用户对的发射功率 $\boldsymbol{\rho}=[\rho_p,\rho_q]$，目标时延 w_k^*，队列稳定区间 $(0,s_k^{\max}(\rho_k))$，收敛精度 δ_{th}，步长因子 Δ_s，业务到达率 λ_k

1：初始化：$s_k^*=\dfrac{1}{2}s_k^{\max}(\rho_k)$

2：计算 $\mathcal{K}_k(s,-w_k^*)$ 在 $s=s_k^*$ 处的梯度：$\nabla\mathcal{K}_k(s_k^*,-w_k^*)=(\mathcal{K}_k(s_k^*+\delta_{\text{th}},-w_k^*)-\mathcal{K}_k(s_k^*,-w_k^*))/\delta_{\text{th}}$

3：**while** $\left|\nabla\mathcal{K}_k(s^*,-w_k^*)\Delta_s\right|>\delta_{\text{th}}$ **do**

4：　　$s_k^*=s_k^*-\nabla\mathcal{K}_k(s_k^*,-w_k^*)\Delta_s$

根据 $\nabla\mathcal{K}_k(s_k^*,-w_k^*)=(\mathcal{K}_k(s_k^*+\delta_{\text{th}},-w_k^*)-\mathcal{K}_k(s_k^*,-w_k^*))/\delta_{\text{th}}$ 更新梯度值 $\nabla\mathcal{K}_k(s^*,-w_k^*)$

end while

输出 s_k^*

算法 3.1 和算法 3.2 给出了在给定目标时延 w_k^* 以及 NOMA 用户对的发射功率 $\boldsymbol{\rho}=[\rho_p,\rho_q]$ 的条件下，高效计算 NOMA 用户对的排队时延超标概率上界 $B_k(w_k^*,\boldsymbol{\rho})$ 的方法。而 $B_k(w_k^*,\boldsymbol{\rho})$ 随 ρ_k 单调递减，因此可以通过二分搜索来高效地求解满足排队时延超标概率上界约束的最小发射功率。具体地，可以根据在当前发射功率配置下计算得到的 $B_k(w_k^*,\boldsymbol{\rho})$ 与时延超标概率阈值 ϵ_k 的大小关系来选择搜索区间。若 $B_k(w_k^*,\boldsymbol{\rho})<\epsilon_k$，表明当前发射功率偏大，应当选择左侧搜索区间，反之则选择右侧搜索区间。确定使得 $\inf\limits_{s>0}\left\{\mathcal{K}_k(s,-w_k^*)\right\}<\epsilon_k$ 的最小发射功率 ρ_k^* 的二分搜索算法在算法 3.3 中详细列出。

算法 3.3 统计时延 QoS 需求下最小化发射功率的二分搜索算法

输入 业务到达率 λ_k，目标时延 w_k^*，时延超标概率阈值 ϵ_k，一维搜索步长阈值 Ω_{th}，梯度下降收敛精度 δ_{th}，梯度下降步长因子 Δ_s，二分搜索精度 $\delta_{\text{th}}^{\text{bisec}}$，最大迭代次数 $I_{\max}$

初始化：发射功率下界 $\rho_{\text{l}}=0$，发射功率上界 $\rho_{\text{u}}=\rho_{\max}$，当前迭代次数 $i=1$，时延超标概率上界 $\epsilon_{k'}=0$

while $\left|\dfrac{\epsilon_{k'}}{\epsilon_k}-1\right|>\delta_{\text{th}}^{\text{bisec}}$ and $i<I_{\max}$ **do**

$\rho_k=(\rho_{\text{l}}+\rho_{\text{u}})/2$

使用算法 3.1 确定队列稳定区间 $(0,s_k^{\max}(\rho_k))$

使用算法 3.2 在区间 $(0,s_k^{\max}(\rho_k))$ 上确定使得 $\mathcal{K}_k(s,-w_k^*)$ 最小的 s_k^*

更新时延超标概率上界 $\epsilon_{k'}=\mathcal{K}_k(s_{k'}^*-w_k^*)$

if $\dfrac{\epsilon_{k'}}{\epsilon_k}>1$ **then**

$\rho_{\text{l}}=(\rho_{\text{l}}+\rho_{\text{u}})/2$

else

$\rho_{\text{u}}=(\rho_{\text{l}}+\rho_{\text{u}})/2$

end if

$i=i+1$

end while

输出 $\rho_k^*=\rho_k$

3.4.3　算法复杂度分析

算法 3.3 搜索满足$\left|\frac{\epsilon_{k'}}{\epsilon_k}-1\right|<\delta_{\text{th}}^{\text{bisec}}$的发射功率$\rho_k$，其中，$\epsilon_{k'}=\mathcal{K}_k(s_{k'}^*-w_k^*)$，并且$\delta_{\text{th}}^{\text{bisec}}$是算法的预定精度。令$\rho_k^\#$表示满足给定统计时延约束的最小发射功率，则由$\mathcal{K}_k(s_k^*,-w_k^*)$对$\rho_k$的连续性可知，存在$\Lambda_{\delta_{\text{th}}^{\text{bisec}}}>0$，使得$\forall\rho_k\in\{x\,|\,x\geqslant 0,|x-\rho_k^\#|\leqslant\Lambda_{\delta_{\text{th}}^{\text{bisec}}}$，都有$\left|\frac{\epsilon_{k'}}{\epsilon_k}-1\right|\leqslant\delta_{\text{th}}^{\text{bisec}}$。根据$\left|\frac{\epsilon_{k'}}{\epsilon_k}-1\right|$对$\rho_k$的连续性可知，$\Lambda_{\delta_{\text{th}}^{\text{bisec}}}$的上确界存在且唯一，记为$\Lambda_{\delta_{\text{th}}^{\text{bisec}}}^{\text{alg3.3}}$。则算法 3.3 在搜索$\rho_k$时所需的总迭代次数小于$\text{lb}(\rho_{\max}/\Lambda_{\delta_{\text{th}}^{\text{bisec}}}^{\text{alg3.3}})$，因此，以迭代次数为度量的算法 3.3 的计算复杂度为$O\left(\text{lb}(\rho_{\max}/\Lambda_{\delta_{\text{th}}^{\text{bisec}}}^{\text{alg3.3}})\right)$，同时表明所提算法能在计算复杂度与搜索精度之间取得较好的折中。

3.4.4　仿真结果和分析

本节通过数值仿真对所给出的排队时延超标概率上界有效性进行了验证。同时，在不同的统计时延 QoS 需求(w_k^*,ϵ_k)和不同的业务到达率λ_k下，对基于排队时延超标概率上界的静态功率控制方案进行了验证。

（1）仿真参数设置

考虑一个单天线基站在一个蜂窝小区中通过 NOMA 为已配对的多对用户提供上行通信，每对 NOMA 用户彼此之间相互正交，不会对其他的 NOMA 用户对产生共信道干扰，即一个典型的混合 NOMA 场景[17]。在这种场景下，仅针对其中一对 NOMA 用户进行仿真，不同用户可以具有不同的业务到达率和统计时延 QoS 需求。主要仿真参数见表 3-1。

（2）排队时延超标概率上界验证

不同业务到达率下的排队时延超标概率及其上界如图 3-3 所示，分别在不同业务到达率下对比了 NOMA 用户p与用户q的实际排队时延和通过 SNC 得到的排队时延超标概率上界。其中，用户p与用户q到基站的距离分别为l_p=200 m，l_q=500 m，上行发射功率为ρ_p=ρ_q=10 dBm。为了方便仿真展示，假设用户p与用户q的业务到达率相等，并且均为泊松到达。图 3-3 分别给出了当业务到达率为λ_p=λ_q=200 kbit/s（图 3-3（a））和λ_p=λ_q=500 kbit/s（图 3-3（b））时的仿真和所推导上界。从图 3-3 中可以看出，NOMA 用户的实际排队时延超标概率曲线（通过蒙特卡洛（Monte Carlo）仿真得到）与其对应的排队时延超标概率上界（由式（3.17）计算得到）在对数域上具有几乎相同的斜率，时延超标概率及其上界的对数域斜率及水平向间隔见表 3-2。这表明，通过 SNC 计算得到的上界能够很好地跟踪实际时延超标概率随时间阈值下降的趋势。斜率绝对值越大，表示时延超标概率随目标时延下降越快，统计时延性能越好。

表 3-1　主要仿真参数

参数名称	参数设置
小区半径/m	500
时隙长度 T_f /ms	1
子载波带宽 B /kHz	200
噪声功率谱密度/（dBm·Hz^{-1}）	−169
路损模型	$L_k = 15.3 + 37.6\,\text{lb}(l_k)$
阴影衰落 κ_k 标准差 σ_s /dB	8
目标时延/ms	1～10
时延超标概率阈值	10^{-6} ～10^{-1}

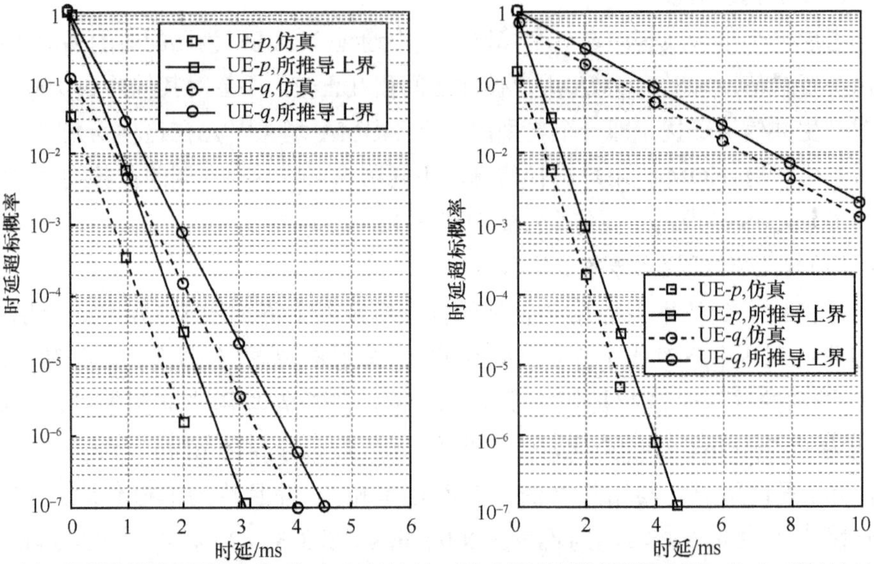

(a) 时延超标概率随时延变化（λ_p=λ_q=200 kbit/s）　(b) 时延超标概率随时延变化（λ_p=λ_q=500 kbit/s）

图 3-3　不同业务到达率下的排队时延超标概率及其上界

表 3-2　时延超标概率及其上界的对数域斜率及水平向间隔

参数	$\lambda_p=\lambda_q=200$ kbit/s		$\lambda_p=\lambda_q=500$ kbit/s	
	用户 p	用户 q	用户 p	用户 q
仿真斜率	−5.33	−3.51	−3.63	−0.64
SNC 斜率	−5.22	−3.58	−3.50	−0.62
水平间隔	0.56 时隙	0.47 时隙	0.48 时隙	0.43 时隙

此外，在水平方向上，仿真曲线与上界曲线之间的间隔在 0.5 个时隙左右，这表明本节所给出的排队时延超标概率上界是实际排队时延超标概率的一个较好估计。这也为接下来进行基于排队时延超标概率上界的静态功率分配奠定了基础。另外，以排队时延超标概率上界为统计时延 QoS 指标进行功率分配，即保证排队时延超标概率上界不超过给定阈值，因此，基于上界的功率分配是保守的。在这样的功率分配下，NOMA 系统对于网络中的复杂干扰具有一定鲁棒性。

从图 3-3 和表 3-2 中还可以看出，随着业务到达率增加，时延超标概率的对数域斜率绝对值变小，系统统计时延性能变差。这是因为在 NOMA 用户发射功率不变的情况下，信道的服务能力不变，更高到达率的业务有可能经历更大的时延。要在业务到达率增加的情况下保持统计时延性能不变，需要增加发射功率。然而，过多地增加发射功率又会导致上行用户设备能耗增加，同时还会增加网络中的干扰。本节提出的基于排队时延超标概率上界的上行功率控制方案的目标是在不同的业务到达率下，保障用户统计时延性能，并且尽量减少设备的功耗。

（3）功率控制仿真结果与分析

在验证了排队时延超标概率上界的有效性之后，通过仿真来验证基于上述上界的上行功率控制算法的性能。

不同统计时延 QoS 需求下 NOMA 用户与 OMA 用户所需的最小发射功率如图 3-4 所示。图 3-4 展示了在不同统计时延 QoS 需求(w_k^*,ϵ_k)约束下，根据算法 3.3 给出的 NOMA 用户对最小上行发射功率，并与 OMA 用户所需的最小上行发射功率进行了对比。其中，用户 p 与用户 q 到基站的距离分别设置为 l_p=250 m、l_q=500 m，业务到达分别为平均到达率为 λ_p=200 kbit/s 和 λ_q=50 kbit/s 的泊松过程。分别在 $w_p^*=w_q^*=5$ ms（图 3-4（a））和 $w_p^*=w_q^*=2$ ms（图 3-4（b））的目标时延下，给出了满足不同时延超标概率上界阈值所需的最小上行发射功率。从图 3-4 可以看出，无论是对于 NOMA 用户还是对于 OMA 用户（在 OMA 中，用户 p 和用户 q 各占时隙的一半，因此，在对比 NOMA 与 OMA 的发射功率时，将 OMA 的发射功率减去 3 dB，以反映能量消耗的情况），在不同的目标时延下，随着时延超标概率上界阈值 ϵ_k 的减小，统计时延 QoS 需求增加，所需最小发射功率增加。此外，还可以看出，目标时延越小，排队时延超标概率上界降低一个量级所需的额外功率越多。以 NOMA 用户 q 为例，当目标时延为 $w_q^*=5$ ms 时，将时延超标概率从 10^{-1} 降低到 10^{-2} 需要发射功率增加 1.01 dB；而当目标时延为 $w_q^*=2$ ms 时，同样将时延超标概率从 10^{-1} 降低到 10^{-2}，却需要发射功率增加 3.03 dB。这个现象可以结合图 3-3 中对排队时延超标概率上界的观察进行解释。从图 3-3 中可以看出，排队时延超标概率上界在对数域上具有一定斜率。在小时延处使得排队时延超标概率上界降低一个量级相当于增加了斜率的绝对值，也就相当于在大时延处使排队时延超标概率上界降低更多的量级，从而需要增加更多的发射功率。

另外，从图 3-4 中可以看出，在不同统计时延 QoS 需求下，NOMA 用户对所需的最小发射功率具有较大差异。传统的上行 NOMA 静态功率分配为满功率发送，即 $\rho_p=\rho_q=\rho_{\max}$，这样虽然可以最大化系统吞吐量，但是并未考虑用户的统计时延 QoS 需求。可能对统计时延 QoS 需求较低的用户造成发射功率浪费，并增加其配对用户的干扰。而本节所提的基于排队时延超标概率上界的上行 NOMA 准静态功率控制方案能够在保障用户统计时延 QoS 需求的同时，降低用户设备的发射功率，提高能量效率。

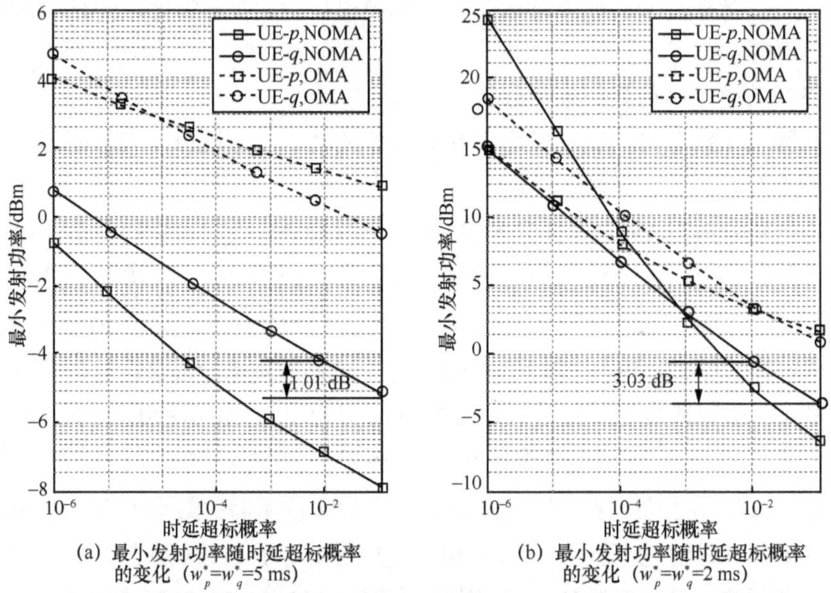

(a) 最小发射功率随时延超标概率的变化（$w_p^*=w_q^*=5$ ms）　　(b) 最小发射功率随时延超标概率的变化（$w_p^*=w_q^*=2$ ms）

图 3-4　不同统计时延 QoS 需求下 NOMA 用户与 OMA 用户所需的最小发射功率

对比 NOMA 与 OMA 所需的最小发射功率可以发现，NOMA 用户 q 所需的发射功率始终低于 OMA 用户 q，随着统计时延 QoS 需求的增加，它们的发射功率同步增加，并且增加的幅度大致相当。而对于 NOMA 用户 p 和 OMA 用户 p，不难发现，当 NOMA 用户 q 的发射功率较低时，NOMA 用户 p 的发射功率低于 OMA 用户 p，而随着统计时延约束变紧，用户 q 的发射功率增加，此时，NOMA 用户 p 的发射功率增加受如下两个因素驱动：① 统计时延 QoS 需求的增加；② 来自 NOMA 用户 q 干扰的增加。因此，随着统计时延 QoS 需求的增加，NOMA 用户 p 的发射功率以比 OMA 用户 p 更快的速度增长，在给定的目标时延下，当时延超标概率阈值低到一定程度时，NOMA 用户 p 的发射功率便会超过 OMA 用户 p。这表明，NOMA 用户 q 对 NOMA 用户 p 的干扰水平能在很大程度上影响后者的统计时延性能。根据式（3.25）和式（3.26），NOMA 用户 q 对 NOMA 用户 p 的干扰由其在基站端的接收信噪比 $\overline{\gamma}_q$ 决定，而 $\overline{\gamma}_q$ 则由用户 q 的业务到达率和统计时延 QoS 需求决定。因此，在基于排队时延超标概率上界的功率控制方案下，NOMA 用户 q 对 NOMA 用户 p 的干扰水平取决于用户 q 的业务到达率和统计时延 QoS 需求 (w_q^*,ϵ_q)，而与用户 q 离基站的距离无关，即与用户 q 与用户 p 之间信道条件的差异无关。因此，在上行 NOMA 用户配对中，为了降低 NOMA 用户 q 对 NOMA 用户 p 的干扰，避免强用户的发射功率过高，应当将业务到达率和统计时延 QoS 需求较低的用户作为弱用户，而不管其信道条件如何。

用户 p 所需的最小发射功率随用户 q 的统计时延 QoS 需求的变化如图 3-5 所示，其中，用户到基站的距离以及业务到达率的设置与图 3-4 中相同，即 $l_p=250$ m，$l_q=500$ m，$\lambda_p=200$ kbit/s，$\lambda_q=50$ kbit/s，并且用户 p 的统计时延 QoS 需求为 $(w_p^*,\epsilon_p)=(2\ \text{ms},10^{-5})$。在图 3-5 中，用户 q 的目标时延设置为 2 ms，时延超标概率阈值设置为 10^{-5}。可以看出，随着用户 q 的统计时延 QoS 需求的增加，即随着用户 q 目标时延或时延超标概率阈值的降低，用户 p 所需满足 (w_p^*,ϵ_p) 的最小发射功率显著增加。而在 OMA 中，用户 p 由于不受用户 q 的干扰，其所需的最小发射功率不随用户 q 的统计时延 QoS 需求而变。这表明，在上行 NOMA 系统中，为了在满足用户统计时延 QoS 需求的同时尽量降低用户设备能量消耗，应当按照用户的实际业务需求（包括业务到达率以及对统计时延性能的需求）进行用户配对。具体地，可以将实际业务需求具有较大差异的用户进行配对，而不是将信道条件具有较大差距[23]的用户进行配对。

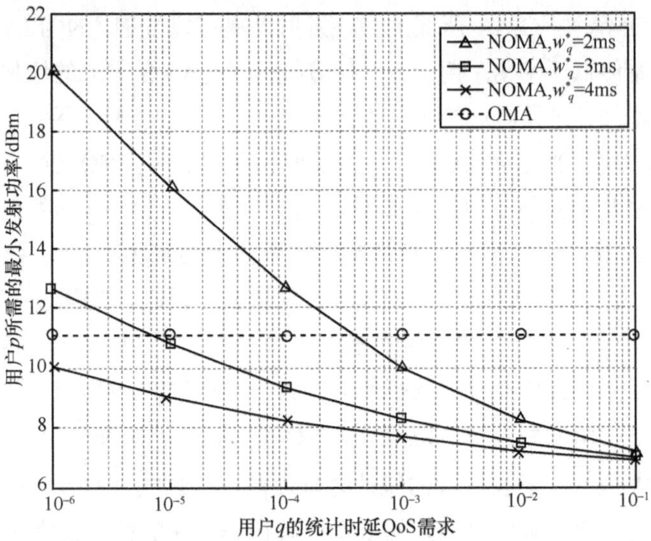

图 3-5　用户 p 所需的最小发射功率随用户 q 的统计时延 QoS 需求的变化

3.5　基于有效容量的功率控制

SNC 理论能够在给定的业务到达过程以及功率控制下对业务的排队时延超标概率上界进行刻画，其给出的上界能够被用来指导以满足给定统计时延 QoS 需求（用目标时延和时延超标概率阈值描述）为指标的功率控制方案设计，却不能定量描述系统在给定统计时延 QoS 需求下的容量。为了方便对时变无线信道中服务过程的统计时延 QoS 性能（如队列长度分布、缓存溢出概率等）和在给定统计时延 QoS 性能需求下的系统容量进行描述，进而指导具有统计时延 QoS 需求的系统设计，Chang 在有效带宽[24]理论的启发下，将网络层排队理论与物理层信息理论相结合，提出了有效容量理论[25]。

3.5.1　有效容量理论概述

有效容量将系统吞吐量与数据链路层的统计时延 QoS 度量相结合，其含义是时变信道中的服务过程在给定的统计时延 QoS 需求下所能支持的最大常数到达率[25]。第 3.1 节将上行 NOMA 系统建模为一个动态排队系统。对于用户 $k(k\in\{p,q\})$，若其到达过程和服务过程都是平稳的各态历经随机过程，并且满足 $E[a_k(t)]<E[r_k(t)]$、$E[a_k(t)]<E[r_k(t)]$，则根据大偏差准则[24]，用户 k 的

队列长度过程 $Q_k(t)$ 依分布收敛到其稳态队列长度 Q_k^∞，并且 Q_k^∞ 满足

$$-\lim_{x\to\infty}\frac{\ln\Pr\{Q_k^\infty > x\}}{x}=\theta_k \tag{3.47}$$

这表明，用户 k 的队列长度超过阈值 x 的概率随 x 增加以指数速率衰减。参数 θ_k 代表统计时延 QoS 超标概率的指数衰减因子，也被称为统计时延 QoS 因子。θ_k 越小，则队列长度随阈值衰减得越慢，表示系统仅能提供较松的统计时延 QoS 保障；θ_k 越大，队列长度随阈值衰减得越快，此时系统可以支持更大的统计时延 QoS 需求。特别地，当 $\theta_k \to 0$ 时，表示用户 k 没有时延需求，可以容忍任意大的时延。而当 $\theta_k \to \infty$ 时，表示用户 k 具有极其严苛的时延需求，不能容忍任意时延。

对于一个给定的统计时延 QoS 因子 θ_k，要使用户 k 的队列长度满足式(3.47)，则到达过程和服务过程必须满足如下关系式[25]。

$$\Lambda_{a_k}(\theta_k)+\Lambda_{r_k}(-\theta_k)=0 \tag{3.48}$$

其中，$\Lambda_{a_k}(\theta_k)$ 和 $\Lambda_{r_k}(-\theta_k)$ 分别是到达过程和服务过程的 Gärtner-Ellis 极限，其定义分别如下。

$$\Lambda_{a_k}(\theta_k)=\lim_{T\to\infty}\frac{1}{T}\ln E\left[\mathrm{e}^{\theta_k A_k(0,t)}\right] \tag{3.49}$$

$$\Lambda_{r_k}(\theta_k)=\lim_{T\to\infty}\frac{1}{T}\ln E\left[\mathrm{e}^{\theta_k R_k(0,t)}\right] \tag{3.50}$$

其中，$A(0,t)$ 和 $R(0,t)$ 分别是第 3.1 节中定义的累积到达量和累积服务量。

对于一个常数到达过程，有 $a_k(t)\equiv a_k$，将其代入式（3.48）中可得

$$a_k=-\frac{\Lambda_{r_k}(-\theta_k)}{\theta_k}\overset{\text{def}}{=}C_k(\theta_k) \tag{3.51}$$

其中，$C_k(\theta_k)$ 是服务过程 r_k 的有效容量，其表示 r_k 在式（3.47）的约束下所能支持的最大到达率。可以看出，$C_k(\theta_k)$ 是 θ_k 的单调减函数，即有效容量随着用户对统计时延 QoS 需求的增加而减少。特别地，当 $\theta_k\to 0$ 时，有效容量退化为信息论中的信道容量。当 $\theta_k\to\infty$ 时，有效容量退化为最小瞬时服务速率。

3.5.2　上行 NOMA 系统中的有效容量

假设用户 k 服务过程的 Gärtner-Ellis 极限存在，则在块衰落信道中，由于

各个时隙的服务量 $a_k(t)$ 独立同分布，根据式（3.5），有效容量的表达式可以简化为

$$\mathcal{C}_k(\theta_k) = -\frac{1}{\theta_k T_f B} \ln E\left[e^{-\theta_k r_k} \right] \tag{3.52}$$

其中，$E[\cdot]$ 表示对服务过程的有用信道和干扰信道取期望。注意，式（3.52）中的有效容量在式（3.51）的基础上进行了带宽和时间的归一化，其单位为 bit/(s·Hz)。

将式（3.3）和式（3.4）分别代入式（3.52）中，可得用户 p 和用户 q 在各自统计时延 QoS 因子 θ_p 和 θ_q 约束下的有效容量（即可达链路层数据率）为

$$\mathcal{C}_p(\theta_p) = -\frac{1}{\theta_p T_f B} \ln\left(E\left[\left(1 + \frac{\rho_p \mu_p}{\rho_q \mu_q + \sigma^2} \right)^{-\frac{\theta_p T_f B}{\ln 2}} \right] \right) \tag{3.53}$$

$$\mathcal{C}_q(\theta_q) = -\frac{1}{\theta_q T_f B} \ln\left(E\left[\left(1 + \frac{\rho_q \mu_q}{\sigma^2} \right)^{-\frac{\theta_q T_f B}{\ln 2}} \right] \right) \tag{3.54}$$

可以看出，式（3.53）和式（3.54）与式（3.24）中 SNR 域服务过程的 Mellin 变换具有相似形式。通过对比用户 k 的有效容量与 SNR 域服务过程的 Mellin 变换的表达式发现，它们之间具有如下关系。

$$\mathcal{C}_k(\theta_k) = -\frac{1}{\theta_k T_f B} \ln\left(\mathcal{M}_{\phi_k}(1-\theta_k) \right) \tag{3.55}$$

注意，在第3.3节中已经给出了静态功率分配下 $\mathcal{M}_{\phi_p}(1-\theta_p)$ 和 $\mathcal{M}_{\phi_q}(1-\theta_q)$ 的闭式表达式，结合式（3.55），可以直接得到有效容量 $\mathcal{C}_p(\theta_p)$ 和 $\mathcal{C}_q(\theta_q)$ 的闭式表达式。

虽然有效容量已经被广泛用于分析和保障无线网络的统计时延 QoS 性能[26-27]，但是在 NOMA 系统中，SIC 顺序靠后的用户会受到其他用户的干扰，其 SINR 具有十分复杂的分布，因此分析 NOMA 系统中的有效容量十分困难。目前，关于 NOMA 系统中有效容量的研究较少，只有文献[28]和文献[29]分析了下行 NOMA 系统的有效容量。本节首次给出了无色散的块衰落信道中静态功率分配下上行 NOMA 系统中用户的有效容量的闭式表达式。

3.6　保障有效容量公平性的静态功率控制

保障用户吞吐量的公平性是 NOMA 功率分配的重要目标[30]。目前已经有许多文献[31-34]在不同公平性准则下研究了下行 NOMA 系统中的功率分配策略。然而，这些研究中的优化目标都是系统吞吐量，用户之间的公平性也是吞吐量方面的公平性，并没有考虑用户对于统计时延 QoS 的需求。有效容量提供了一种将物理层吞吐量与数据链路层统计时延 QoS 结合起来的有效吞吐量度量，能够很好地描述系统在队列长度由统计时延 QoS 因子 θ_k 在式（3.47）约束下的容量。因此，本节考虑在保障用户有效容量公平性的前提下，将有效容量作为 NOMA 系统功率控制的优化目标。

从式（3.53）和式（3.54）可以看出，在上行 NOMA 系统中，增加用户 q 的发射功率可以提升用户 q 的有效容量 $C_q(\theta_q)$，但同时也会增加对用户 p 的干扰，导致用户 p 的有效容量 $C_p(\theta_p)$ 降低。因此，需要对上行 NOMA 系统的功率控制进行设计，以优化带有用户公平性约束的有效容量。

3.6.1　α 公平问题建模

为了对用户在有效容量上的公平性进行建模，考虑采用 α 公平度量[35-36]，将有效容量与 α 效用函数[37]相结合。α 效用函数的定义如下。

$$u_\alpha(x)=\begin{cases}\ln(x), & \alpha=1\\ \dfrac{x^{1-\alpha}}{1-\alpha}, & \alpha\neq 1\end{cases} \tag{3.56}$$

其中，$x>0$ 是与公平性相结合的系统性能指标，可以是吞吐量或瞬时速率，在本节中 x 代表有效容量。通过 α 效用函数中的参数 α，可以在不同用户之间取得灵活可变的公平性等级。α 越大，表示公平性等级越高，反之越低。特别地，当 $\alpha=0$ 时，表示不考虑用户之间的公平性；$\alpha\to\infty$ 代表最大最小公平（Max-Min Fairness，MMF），即绝对公平；而当 $\alpha=1$ 时，α 公平退化为比例公平（Proportional Fairness，PF）。可见，α 公平度量是一种通用的公平度量，这也是本节考虑将其与有效容量结合的原因。

结合 α 公平度量的有效容量最大化功率控制可以建模为如下优化问题。

$$\max_{\{\rho_k\}} \sum_{k\in\{p,q\}} u_\alpha(\mathcal{C}_k(\theta_k))$$
$$\text{s.t.}\quad 0\leqslant\rho_k\leqslant\rho_{\max}\ \forall k\in\{p,q\} \tag{3.57}$$

α 效用函数的二阶导数为 $-\alpha x^{-\alpha-1}<0$，因此，α 效用函数是凹函数。但是，由于 $\mathcal{C}_k(\theta_k)$ 既不是凸函数，也不是凹函数。因此，式（3.57）中的优化问题非凸，另外由于有效容量 $\mathcal{C}_k(\theta_k)$ 形式复杂，因此难以用一般的优化手段求解。

3.6.2 问题求解

由于 α 效用函数的一阶导数 $x^{-\alpha}>0$，因此，$u_\alpha(\mathcal{C}_k(\theta_k))$ 是 $\mathcal{C}_k(\theta_k)$ 的单调增函数。而用户 p 的有效容量 $\mathcal{C}_p(\theta_p)$ 是其发射功率 ρ_p 的单调增函数，并且用户 q 的有效容量 $\mathcal{C}_q(\theta_q)$ 与 ρ_p 无关，因此，式（3.57）中的目标函数关于 ρ_p 单调递增。因此，当式（3.57）取得最优解时，一定有 $\rho_p=\rho_{\max}$。因此，式（3.57）可以简化为

$$\min_{\rho_q} \frac{\left[\ln\left(E\left[\left(1+\dfrac{\rho_{\max}\mu_p}{\rho_q\mu_q+\sigma^2}\right)^{-\frac{\theta_p T_\mathrm{f} B}{\ln 2}}\right]\right)\right]^{1-\alpha}}{\theta_p^{1-\alpha}}+\frac{\left[\ln\left(E\left[\left(1+\dfrac{\rho_q\mu_q}{\sigma^2}\right)^{-\frac{\theta_q T_\mathrm{f} B}{\ln 2}}\right]\right)\right]^{1-\alpha}}{\theta_q^{1-\alpha}}$$
$$\text{s.t.}\quad 0\leqslant\rho_q\leqslant\rho_{\max} \tag{3.58}$$

这是一个一维搜索问题，虽然仍旧是非凸的，但是可以通过简单的一维搜索过程来求解。记式（3.58）中的目标函数为 $f(\rho_q)$。$f(\rho_q)$可以用 NOMA 用户对 SNR 域服务过程的 Mellin 变换来表示。

$$f(\rho_q)=\sum_{k\in\{p,q\}}\frac{1}{\theta_k^{1-\alpha}}\Big[\ln\Big(\mathcal{M}_{\phi_k}(1-\theta_k)\Big)\Big]^{1-\alpha} \tag{3.59}$$

其中，ϕ_k 由发射功率对 $\boldsymbol{\rho}=[\rho_{\max},\rho_q]$ 决定。本节采用多次重启的梯度下降法（见算法 3.4）来搜索最小化 $f(\rho_q)$的 ρ_q^*。该算法从多个初始点开始进行梯度下降搜索，并将多次梯度下降搜索中的最小值作为最优目标函数值。进行重启的梯度下降搜索是因为目标函数非凸，多个初始搜索点可以避免算法陷入局部最优解。在算法 3.4 中，梯度的计算以及目标函数值的评估都需要用到式（3.25）和式（3.26）给出的 SNR 域服务过程的 Mellin 变换闭式表达式。求解式（3.58）的详细步骤在算法 3.4 中列出。

算法 3.4 求解 α 公平问题的多次重启梯度下降法

输入 目标函数 $f(x)$，均匀分布在 $[0,\rho_{\max}]$ 上的 M 个初始功率 $\{\rho_1,\rho_2,\cdots,\rho_M\}$，用户 p 和用户 q 的统计时延 QoS 因子 θ_p 和 θ_q，公平性因子 α，收敛精度 δ_{th}，步长因子 $\varDelta_\rho$，单次最大搜索次数 $I_{\max}$

1：初始化：最小目标函数值 $F = +\infty$，用户 q 的最优发射功率 $\rho_q^* = 0$，当前搜索次数 $N_{\text{iter}} = 0$

2：**for** $i = 1, 2, \cdots, M$ **do**

3：　　　$\rho_q^{**} \leftarrow \rho_i$，$\rho_q^{**} \leftarrow 0$

4：　　　计算 $f(x)$ 在 $x = \rho_i$ 处的梯度：$\nabla f(\rho_i) = (f(\rho_i + \delta_{\text{th}}) - f(\rho_i)) / \delta_{\text{th}}$

5：　　　**while** $\left| \nabla f(\rho_q^{**}) \Delta_\rho \right| > \delta_{\text{th}}$ **do**

6：　　　　　$\rho_q^{**} = \rho_q^{**} - \nabla f(\rho_q^{**}) \Delta_\rho$

7：　　　　　**if** $\rho_q^{**} < 0$ **then**

8：　　　　　　　$\rho_q^{**} = 0$；**break**

9：　　　　　**end if**

10：　　　　**if** $\rho_q^{**} > \rho_{\max}$ **then**

11：　　　　　　$\rho_q^{**} = \rho_{\max}$；**break**

12：　　　　**end if**

13：　　　　根据 $\nabla f(\rho_i) = (f(\rho_i + \delta_{\text{th}}) - f(\rho_i)) / \delta_{\text{th}}$，更新梯度值 $\nabla f(\rho_q^{**})$；
　　　　　　$N_{\text{iter}} = N_{\text{iter}} + 1$

14：　　　**end while**

15：　　　**if** $f(\rho_q^{**}) < F$ **then**

16：　　　　　$F = f(\rho_q^{**})$；$\rho_q^* = \rho_q^{**}$

17：　　　**end if**

18：**end for**

输出　　ρ_q^*

3.6.3　算法复杂度分析

在算法 3.4 中，外层循环次数为 M，内层的梯度下降搜索迭代次数最大为 $I_{\max}$，并且梯度下降搜索迭代次数可由收敛精度 δ_{th} 有效调节。因此以迭代次数为度量的算法 3.4 的计算复杂度为 $O(MI_{\max})$，并且所提算法能在收敛精度与计算复杂度之间取得较好的折中。

3.6.4　仿真结果与分析

本节在不同统计时延 QoS 因子 θ_k 和公平性因子 α 下对所提算法进行了计算机仿真，并与 OMA 进行了对比。在仿真中，小区半径、时隙长度、子载波带宽、噪声功率谱密度和路损模型等系统参数设置与第3.4.4节中的表3-1相同。

图3-6展示了用户q统计时延QoS因子θ_q的变化对于系统有效容量之和以及用户公平性的影响。其中，用户到基站的距离设置为$l_p=200$ m，$l_q=500$ m，用户p的统计时延QoS因子固定为10^{-3}，用户q的统计时延QoS因子在10^{-4}～10^{-1}变化，每个用户的最大上行发射功率为15 dBm。图3-6分别给出了NOMA用户在公平性因子为$\alpha=0$、$\alpha=1$和$\alpha=100$时的有效容量之和以及杰恩（Jain）公平指数[37]（Fairness Index，FI）。其中，$\alpha=0$、$\alpha=1$和$\alpha=100$分别对应于最大化有效容量之和、PF和MMF的功率控制。FI是一种被广泛用于对公平性进行定量评估的度量，其定义如下。

$$\mathrm{FI}(\{x_k\})=\frac{\left(\sum_{i=0}^{K}x_k\right)^2}{K\sum_{i=0}^{K}x_k^2} \tag{3.60}$$

其中，K为参与公平性比较的用户数，x_k为公平性所考虑的性能指标。FI的取值范围为$[1/K,1]$。通常，FI越大，表示用户之间的公平性等级越高。在本节中，$K=2$，x_k为有效容量。

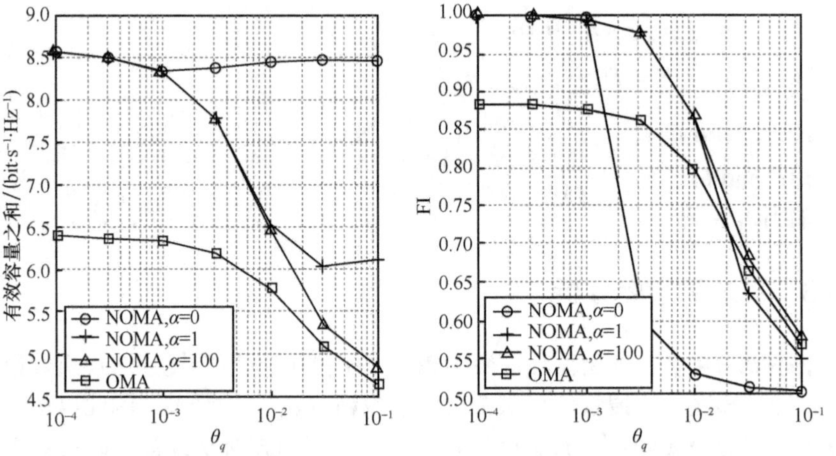

(a) NOMA用户对的有效容量之和随用户的统计时延QoS因子的变化

(b) Jain FI随用户的统计时延QoS因子的变化

图3-6 当$\theta_p=10^{-3}$时，NOMA用户对的有效容量之和以及Jain FI随用户q的统计时延QoS因子θ_q的变化

从图3-6中可以看出，用户q的统计时延QoS因子θ_q对于系统有效容量之和以及FI都有重大影响。当θ_q比θ_p小时，用户q对统计时延QoS的需求更低，

此时系统更倾向于为用户 q 分配较大的发射功率，因为在较大的统计时延 QoS 需求下更易通过增加发射功率获得有效容量的增长，而且由于用户 p 的统计时延 QoS 需求较大，增加用户 q 的发射功率造成的干扰对于用户 p 有效容量影响不大，或者说增加用户 q 的发射功率为用户 q 带来的 α 效用函数的增益大于其干扰造成的 α 效用函数的损失，此时系统的最佳工作点为 $\rho_q = \rho_{\max}$。

注意到，有效容量是统计时延 QoS 因子 θ_k 的单调减函数，因此当 θ_q 增加到某个临界点时，用户 q 过大的发射功率对 α 效用函数的正面影响（增加 $\mathcal{C}_q(\theta_q)$）大于负面影响（降低 $\mathcal{C}_p(\theta_p)$），此时应当降低用户 q 的发射功率，这会使得用户 q 的有效容量 $\mathcal{C}_q(\theta_q)$ 降低，而用户 p 的有效容量 $\mathcal{C}_p(\theta_p)$ 增加，但 $\mathcal{C}_p(\theta_p)$ 的增加对 α 效用函数的贡献大于 $\mathcal{C}_q(\theta_q)$ 降低对 α 效用函数造成的损失。此时，系统的有效容量之和可能会随 θ_q 的增加而增加，也可能继续随 θ_q 的增加而降低，但降低的趋势会有所缓和。上述 θ_q 的临界点以及临界点之后有效容量之和的变化趋势具体取决于公平性因子 α 以及系统工作状态（包括用户 p 和用户 q 的大尺度衰落状态以及用户 p 的统计时延 QoS 因子 θ_p 等）。从图 3-6 中呈现的结果来看，α 越大，θ_q 的临界点也越大。

从图 3-6 中还可以看出，随着 θ_q 的增加，在各种功率控制方案下都有 $\mathcal{C}_q(\theta_q)$ 递减，并且 $\mathcal{C}_p(\theta_p)$ 递增。而由于在这组参数设置下，当 $\theta_q = 10^{-4}$ 时，就已经有 $\mathcal{C}_p(\theta_p) > \mathcal{C}_q(\theta_q)$，因此，$\mathcal{C}_p(\theta_p)$ 和 $\mathcal{C}_q(\theta_q)$ 之间的差距随 θ_q 的增加越来越大，从而 FI 越来越小。

此外，在图 3-6 中还比较了 NOMA 和 OMA 在有效容量和用户公平性上的差异。在这组参数设置下，由于用户 p 的统计时延 QoS 需求较小，有利于 NOMA 用户 p 在有效容量上与 OMA 用户 p 拉开差距，因此，NOMA 在不同的公平性因子 α 下的有效容量之和都要大于 OMA。另外，在 θ_q 达到各自的临界点之前，NOMA 的 3 种功率控制方案（即最大化有效容量、PF 和 MMF）的 FI 高于 OMA，其中在 $\alpha = 100$ 的情况下，NOMA 的 FI 始终高于 OMA。

为了研究当用户 p 统计时延 QoS 需求较大时用户 q 统计时延 QoS 因子 θ_q 对系统有效容量之和以及 FI 的影响，将图 3-6 中的参数 θ_p 调整为 10^{-2}，当 $\theta = 10^{-2}$ 时，NOMA 用户对的有效容量之和以及 Jain FI 随用户 q 的统计时延 QoS 因子 θ_q 的变化如图 3-7 所示。从图 3-7 中也可以观察到有效容量之和以及 FI 随 θ_q 变化的类似规律。与 θ_p=10^{-3} 相比，在 θ_p=10^{-2} 的情况下，当 θ_q 较小时，系统会为用户 q 分配较大的发射功率，但此时由于用户 p 的统计时延 QoS 需求较大，来自用户 q 的干扰会显著降低用户 p 的有效容量，此时 NOMA 相对于 OMA 在有效容量之和上的优势来自 NOMA 用户 q 较大的有效容量。然而，随着 θ_q 增加到与 θ_p 相等的大小时，NOMA 用户 q 的有效容量相对于 OMA 用户 q 的优势不再明显，此时 NOMA 的有效容量之和低于 OMA。而随着 θ_q 进一步增加到远超过 θ_p 时，为用户 q 分配较大的发射功率会导致较低的效用函数，此时系统会降低 ρ_q，从而用户 p 受到的干扰降低，$C_p(\theta_p)$ 开始增加，减缓有效容量之和随 θ_q 下降的趋势。在 $\alpha=0$ 的情况下，NOMA 的有效容量之和将再度超越 OMA。

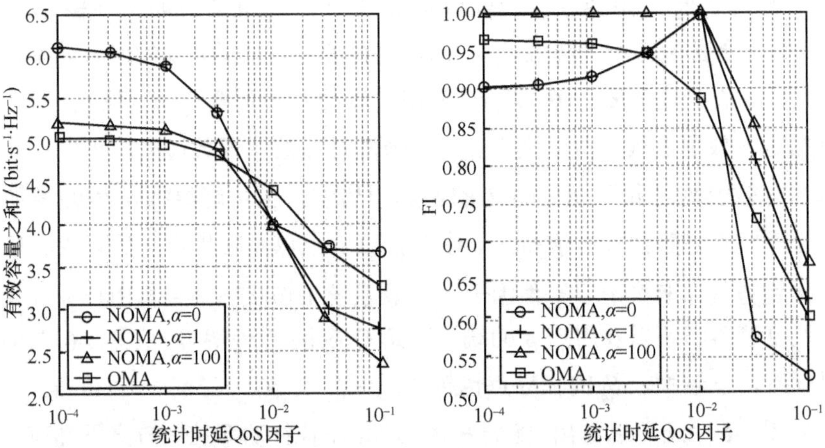

(a) NOMA用户对的有效容量之和随用户的统计时延QoS因子的变化

(b) Jain FI随用户的统计时延QoS因子的变化

图 3-7 当 $\theta_p=10^{-2}$ 时，NOMA 用户对的有效容量之和以及 Jain FI 随用户 q 的统计时延 QoS 因子 θ_q 的变化

在图 3-7（b）中，NOMA 的 FI 会随着 θ_p 增加而先增后减，这是因为用户 p 的统计时延 QoS 需求较大，而用户 q 的统计时延 QoS 需求较小，此时系统更倾向于为用户 q 提供较大的有效容量，即 $C_q(\theta_q)>C_p(\theta_p)$。随着 θ_q 的增加，$C_q(\theta_q)$ 降低，而 $C_p(\theta_p)$ 却不会降低，因此，$C_q(\theta_q)$ 首先从高于 $C_p(\theta_p)$ 的值接近 $C_p(\theta_p)$，然后随着 θ_q 变得更加严格而低于 $C_p(\theta_p)$，并开始远离 $C_p(\theta_p)$。这一过程导致了 NOMA 的 FI 先增后减。

图 3-6 和图 3-7 中的仿真结果表明，当弱用户 q 与强用户 p 具有相近的统计时延 QoS 需求时，会对强用户 p 造成较强的干扰。而当强用户 p 的统计时延 QoS 需求较大时，这种干扰会严重影响其有效容量。而当 $\theta_q \gg \theta_p$，即当弱用户 q 的统计时延 QoS 需求比强用户 p 更大时，虽然 NOMA 的有效容量之和高于 OMA，但是不能很好地保障用户公平性。因此，在对统计时延 QoS 保障有需求的 NOMA 系统中，宜将统计时延 QoS 需求有较大差距的用户配对，其中

统计时延 QoS 需求较大的用户为强用户，统计时延 QoS 需求较小的用户为弱用户。而当无法避免强弱用户有相近的统计时延 QoS 需求时，应当选择大尺度具有较大差距的用户进行配对，以减少弱用户对强用户的干扰。

在将用户 q 的统计时延 QoS 因子固定为 $\theta_q = 10^{-2}$，$l_p = 200$ m，$l_q = 500$ m，$\rho_{\max} = 15$ dBm 的条件下，图 3-8 展示了用户 p 统计时延 QoS 因子 θ_p 的变化对系统有效容量之和以及用户公平性的影响。从图 3-8 中可以看出，与前面的分析结果相符，当 $\theta_p \ll \theta_q$ 或者 $\theta_p \gg \theta_q$ 时，$\alpha = 0$ 的 NOMA 功率控制（记为 NOMA-MaxEC）能够获得比 OMA 更高的有效容量之和，但是在 $\theta_p \ll \theta_q$ 时（即 θ_p 在区间$[10^{-4},10^{-3}]$及附近取值时），弱用户 q 的有效容量远小于强用户 p，此时，NOMA-MaxEC 的 Jain FI 接近 0.5，表示强弱用户之间的有效容量极不公平。而当 $\theta_p \gg \theta_q$ 时（即 θ_p 在10^{-1}附近取值时），$\alpha = 0$ 的 NOMA 功率控制在有效容量和用户公平性上都要优于 OMA。这进一步验证了上述将统计时延 QoS 需求有差异的用户进行 NOMA 配对策略的有效性。

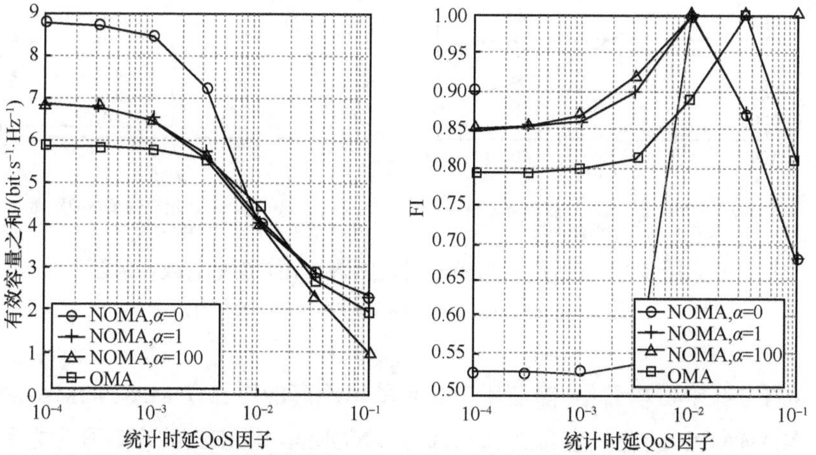

(a) NOMA用户对的有效容量之和随用户的统计时延QoS因子的变化

(b) Jain FI随用户的统计时延QoS因子的变化

图 3-8 当 θ_q 固定为10^{-2}时，NOMA 用户对的有效容量之和以及 Jain FI 随用户 p 的统计时延 QoS 因子 θ_p 的变化

另外，从图 3-8 中还可以看出，可以通过增加公平性因子 α，以牺牲部分有效容量为代价来换取用户之间的公平性。特别地，当 $\theta_p<\theta_q$ 时，$\alpha = 1$ 的 NOMA 功率控制（记为 NOMA-PF）接近于 $\alpha = 100$ 的 NOMA 功率控制（记为 NOMA-MMF），而当 $\theta_p>\theta_q$ 时，PF 功率控制接近于最大化有效容量之和的功率

控制。此外，通过调节公平性因子 α 还可以在系统性能和用户公平性之间取得折中。

图 3-9 展示了 NOMA 用户对与基站之间的大尺度衰落差异对系统有效容量之和以及用户公平性的影响。通过将用户 p 与基站之间的距离固定为 l_p=50 m，令用户 q 与基站之间的距离 l_q 在 100 m 到 500 m 之间变化，改变用户 p 和用户 q 与基站之间的大尺度衰落差异。另外，考虑到从图 3-6 到图 3-8 的结果中所总结出来的 NOMA 用户配对规则，假设用户 p 具有相对较大的统计时延 QoS 需求 $\theta_p=10^{-2}$，而用户 q 具有相对较小的统计时延 QoS 需求 $\theta_q=10^{-3}$。

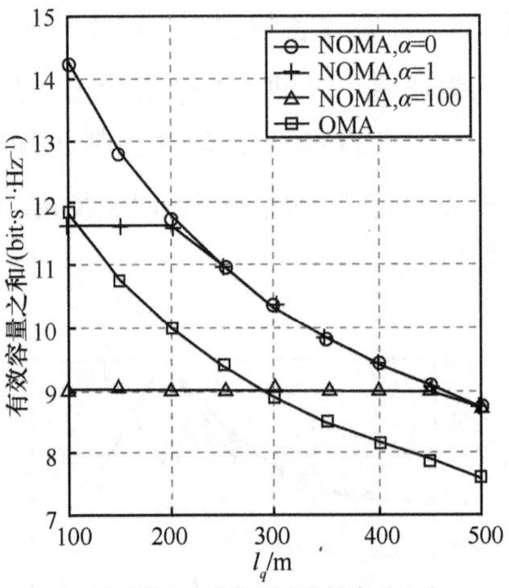

(a) NOMA用户对的有效容量之和随用户到基站的距离变化

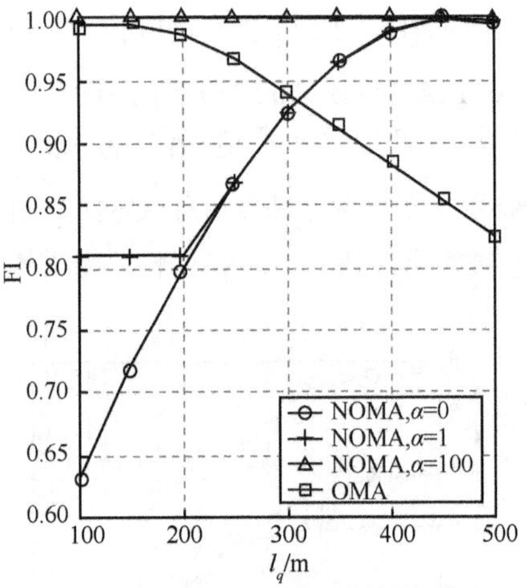

(b) Jain FI随用户到基站的距离的变化

图 3-9 当 l_p 固定为 50 m 时，NOMA 用户对的有效容量之和以及 Jain FI 随用户 q 到基站的距离 l_q 的变化

从图 3-9 中可以看出，随着用户 q 到基站距离的增加，OMA、NOMA-MaxEC 以及 NOMA-PF 的有效容量之和都降低，NOMA-MaxEC 的有效容量之和始终比 OMA 高出 15%～18%。对于 NOMA-MaxEC，由于用户 q 的统计时延 QoS 较小，为用户 q 分配更多的功率所提升的 $\mathcal{C}_q(\theta_q)$ 要大于为用户 p 降低干扰所提升的 $\mathcal{C}_p(\theta_p)$。因此，此时的功率控制方案为满功率发送，即 $\rho_q=\rho_{\max}$。而对于 NOMA-PF 和 NOMA-MMF，当用户 q 离基站较近时，使各自的效用函数最大化时的 ρ_q 小于 $\rho_{\max}$，此时，随着 l_q 的增加，ρ_q 也同步增加，若仍有 $\rho_q<\rho_{\max}$，则使得 $\sum\limits_{k\in\{p,q\}} u_\alpha\left(\mathcal{C}_k(\theta_k)\right)$ 最大化的工作点 $(\mathcal{C}_p(\theta_p),\mathcal{C}_q(\theta_q))$ 保持不变（这是因为若将 $\sum\limits_{k\in\{p,q\}} u_\alpha\left(\mathcal{C}_k(\theta_k)\right)$ 视为关于 $\mathcal{C}_p(\theta_p)$ 和 $\mathcal{C}_q(\theta_q)$ 的函数，则 $\sum\limits_{k\in\{p,q\}} u_\alpha\left(\mathcal{C}_k(\theta_k)\right)$ 的定义域随

着 l_q 的增加而缩小，但只要最佳工作点在定义域内仍可取到，则最佳工作点不变）。因此，在 ρ_q 不超过 $\rho_{\max}$ 的条件下，只需要使得 ρ_q 的增加量正好抵消路径损耗的增加量，使得 $\rho_q\kappa_q$ 保持不变，即可最大化效用函数。此时，由于用户 p 的 SINR 和用户 q 的 SNR 均不变，因此，有效容量之和也不变。随着 l_q 的增加，使得 $\rho_q\kappa_q$ 保持不变的 ρ_q 最终会超过 $\rho_{\max}$，因此，NOMA-PF 和 NOMA-MMF 最终会在 l_q 超过某个阈值时退化为满功率发送。

另外，注意到，随着 l_q 的增加，OMA 的 FI 快速下降，而 NOMA-MaxEC 和 NOMA-PF 的 FI 则在 NOMA-MMF 退化为满功率发送的临界点之前快速上升，在临界点处达到绝对公平，然后才开始下降。这是因为，在达到该临界点之前，对于 NOMA-MaxEC 和 NOMA-PF，都有 $\mathcal{C}_q(\theta_q)>\mathcal{C}_p(\theta_p)$，而随着 l_q 的增加，$\mathcal{C}_q(\theta_q)$ 降低，$\mathcal{C}_p(\theta_p)$ 增加，二者之间差距缩小，从而 FI 增加；而在临界点之后，$\mathcal{C}_q(\theta_q)$ 继续降低，$\mathcal{C}_q(\theta_q)$ 与 $\mathcal{C}_p(\theta_p)$ 之间差距再次变大，从而 FI 下降，但由于此时 l_q 已经具有较大的值，l_q 的增加对 $\mathcal{C}_q(\theta_q)$ 的影响没有在 l_q 较小时那么显著，因而这里的 FI 是缓慢下降。

通过对图 3-9 中仿真结果的分析可以得出如下结论，在上行 NOMA 系统中，选择统计时延 QoS 需求和大尺度衰落具有显著差异的用户进行配对，可以极大提升系统的有效容量之和，同时保障用户公平性。

3.7 本章小结

本章在上行 NOMA 系统中推导了静态功率分配下无色散 Rayleigh 块衰落信道中 NOMA 用户对排队时延超标概率上界和有效容量的闭式表达式，并分别以排队时延超标概率上界和有效容量为统计时延 QoS 指标，设计了保障时延超标概率的功率最小化传输方案以及在 α 公平性约束下最大化系统有效吞吐量的传输方案。其中，基于排队时延超标概率上界的功率控制方案适用于给定业务到达过程的统计时延 QoS 性能优化，而基于有效容量的功率控制方案适用于不具有固定业务到达过程的统计时延 QoS 性能优化。仿真结果表明，与 OMA 相比，所提方案能有效降低上行发射功率、提升有效容量，并更好地保障用户公平性，此外，将统计时延 QoS 需求具有显著差异的用户进行配对有助于挖掘准静态功率分配的上行 NOMA 相对于 OMA 的优势。

参考文献

[1] ZENG J, XIAO C Y, LI Z, et al. Dynamic power allocation for uplink NOMA with statistical delay QoS guarantee[J]. IEEE Transactions on Wireless Communications, 2021, 20(12): 8191-8203.

[2] SHORTLE J F, THOMPSON J M, GROSS D, et al. Fundamentals of queueing theory[M]. Hoboken: John Wiley and Sons, Inc., 2018.

[3] AL Z H, LIEBEHERR J, BURCHARD A. Network-layer performance analysis of multihop fading channels[J]. IEEE/ACM Transactions on Networking, 2016, 24(1): 204-217.

[4] LIU Y, JIANG Y M. Stochastic network calculus[M]. London: Springer, 2008.

[5] FIDLER M, RIZK A. A guide to the stochastic network calculus[J]. IEEE Communications Surveys and Tutorials, 2015, 17(1): 92-105.

[6] LEI L, LU J H, JIANG Y M, et al. Stochastic delay analysis for train control services in next-generation high-speed railway communications system[J]. IEEE Transactions on Intelligent Transportation Systems, 2016, 17(1): 48-64.

[7] YANG G, XIAO M, PANG Z B. Delay analysis of traffic dispersion with Nakagami-m fading in millimeter-wave bands[C]//Proceedings of 2018 IEEE Wireless Communications and Networking Conference. Piscataway: IEEE Press, 2018: 1-6.

[8] AL Z H, LIEBEHERR J, BURCHARD A. A (Min, ×) network calculus for multi-hop fading channels[C]//Proceedings of 2013 Proceedings IEEE INFOCOM. Piscataway: IEEE Press, 2013: 1833-1841.

[9] PETRESKA N, AL Z H, GROSS J. Power minimization for industrial wireless networks under statistical delay constraints[C]//Proceedings of 2014 26th International Teletraffic Congress. Piscataway: IEEE Press, 2014: 1-9.

[10] PETRESKA N, AL Z H, KNORR R, et al. Bound-based power optimization for multi-hop heterogeneous wireless industrial networks under statistical delay constraints[J]. Computer Networks, 2019, 148: 262-279.

[11] YANG G, XIAO M, AL Z H, et al. Analysis of millimeter-wave multi-hop networks with full-duplex buffered relays[J]. IEEE/ACM Transactions on Networking, 2018, 26(1): 576-590.

[12] SHE C Y, YANG C Y, QUEK T Q S. Radio resource management for ultra-reliable and low-latency communications[J]. IEEE Communications Magazine, 2017, 55(6): 72-78.

[13]BENNIS M, DEBBAH M, POOR H V. Ultrareliable and low-latency wireless communication: tail, risk, and scale[J]. Proceedings of the IEEE, 2018, 106(10): 1834-1853.

[14] SCHIESSL S, GROSS J, AL Z H. Delay analysis for wireless fading channels with finite blocklength channel coding[C]//Proceedings of the 18th ACM International Conference on Modeling, Analysis and Simulation of Wireless and Mobile Systems. New York: ACM Press, 2015: 13-22.

[15] POPOVSKI P, NIELSEN J J, STEFANOVIC C, et al. Wireless access for ultra-reliable low-latency communication: principles and building blocks[J]. IEEE Network, 2018, 32(2): 16-23.
[16] GURSOY M C, QIAO D L, VELIPASALAR S. Analysis of energy efficiency in fading channels under QoS constraints[J]. IEEE Transactions on Wireless Communications, 2009, 8(8): 4252-4263.
[17] CHOI J, SEO J B. Evolutionary game for hybrid uplink NOMA with truncated channel inversion power control[J]. IEEE Transactions on Communications, 2019, 67(12): 8655-8665.
[18] BALEVI E, GITLIN R D. Pareto optimization for uplink NOMA power control[C]// Proceedings of 2018 Wireless Telecommunications Symposium. Piscataway: IEEE Press, 2018: 1-5.
[19] ZHU L P, ZHANG J, XIAO Z Y, et al. Joint power control and beamforming for uplink non-orthogonal multiple access in 5G millimeter-wave communications[J]. IEEE Transactions on Wireless Communications, 2018, 17(9): 6177-6189.
[20] ZUO H L, TAO X F. Power allocation optimization for uplink non-orthogonal multiple access systems[C]//Proceedings of 2017 9th International Conference on Wireless Communications and Signal Processing. Piscataway: IEEE Press, 2017: 1-5.
[21] FANG F, DING Z G, LIANG W, et al. Optimal energy efficient power allocation with user fairness for uplink MC-NOMA systems[J]. IEEE Wireless Communications Letters, 2019, 8(4): 1133-1136.
[22] ZENG M, YADAV A, DOBRE O A, et al. Energy-efficient joint user-RB association and power allocation for uplink hybrid NOMA-OMA[J]. IEEE Internet of Things Journal, 2019, 6(3): 5119-5131.
[23] DING Z G, FAN P Z, POOR H V. Impact of user pairing on 5G nonorthogonal multiple-access downlink transmissions[J]. IEEE Transactions on Vehicular Technology, 2016, 65(8): 6010-6023.
[24] CHANG C S. Stability, queue length, and delay of deterministic and stochastic queueing networks[J]. IEEE Transactions on Automatic Control, 1994, 39(5): 913-931.
[25] WU D P, NEGI R. Effective capacity: a wireless link model for support of quality of service[J]. IEEE Transactions on Wireless Communications, 2003, 2(4): 630-643.
[26] TANG J, ZHANG X. Quality-of-service driven power and rate adaptation over wireless links[J]. IEEE Transactions on Wireless Communications, 2007, 6(8): 3058-3068.
[27] ZHANG X, TANG J. Power-delay tradeoff over wireless networks[J]. IEEE Transactions on Communications, 2013, 61(9): 3673-3684.
[28] YU W J, MUSAVIAN L, NI Q. Link-layer capacity of NOMA under statistical delay QoS guarantees[J]. IEEE Transactions on Communications, 2018, 66(10): 4907-4922.
[29] XIAO C Y, ZENG J, NI W, et al. Delay guarantee and effective capacity of downlink NOMA fading channels[J]. IEEE Journal of Selected Topics in Signal Processing, 2019, 13(3): 508-523.

[30] LIU Y W, QIN Z J, ELKASHLAN M, et al. Nonorthogonal multiple access for 5G and beyond[J]. Proceedings of the IEEE, 2017, 105(12): 2347-2381.

[31] ZHU J Y, WANG J H, HUANG Y M, et al. On optimal power allocation for downlink non-orthogonal multiple access systems[J]. IEEE Journal on Selected Areas in Communications, 2017, 35(12): 2744-2757.

[32] LIU Y W, ELKASHLAN M, DING Z G, et al. Fairness of user clustering in MIMO non-orthogonal multiple access systems[J]. IEEE Communications Letters, 2016, 20(7): 1465-1468.

[33] VAN NGUYEN B, VU Q D, KIM K. Analysis and optimization for weighted sum rate in energy harvesting cooperative NOMA systems[J]. IEEE Transactions on Vehicular Technology, 2018, 67(12): 12379-12383.

[34] XU P, CUMANAN K, YANG Z. Optimal power allocation scheme for NOMA with adaptive rates and alpha-fairness[C]//Proceedings of 2017 IEEE Global Communications Conference. Piscataway: IEEE Press, 2017: 1-6.

[35] MO J, WALRAND J. Fair end-to-end window-based congestion control[C]//Proceedings of Performance and Control of Network Systems II. [S.l.:s.n.], 1998: 55-63.

[36] SHI H Z, PRASAD R V, ONUR E, et al. Fairness in wireless networks: issues, measures and challenges[J]. IEEE Communications Surveys and Tutorials, 2014, 16(1): 5-24.

[37] JAIN R, CHIU D M, WR H. A quantitative measure of fairness and discrimination for resource allocation in shared computer system[J]. arXiv preprint,1984, arXiv:cs/9809099.

第 4 章

保障上行 NOMA 统计时延 QoS 的动态功率分配

由于准静态功率分配无法灵活地根据当前小尺度信道状态信息的变化改变功率分配策略，因而第 3 章提出的分配方案属于次优功率分配的范畴。为了充分利用基站可能获得的瞬时信道状态信息，挖掘 NOMA 保障统计 QoS 的潜能，本章考虑用户已配对的上行 NOMA 系统的动态功率分配，以有效容量为统计 QoS 性能指标，分别以优化上行 NOMA 系统中具有统计 QoS 需求的有效吞吐量和能量效率为目标，研究并设计动态传输下能够保障上行 NOMA 统计时延 QoS 的动态功率分配方案。

4.1 系统模型

考虑一个与第 3.1 节中相同的上行 NOMA 系统，在该系统中，一个单天线的基站通过 N 个正交的子载波同时为 $2N$ 个单天线用户提供服务。与文献[1-3]中所假设的一样，我们考虑一个 NOMA 用户对中包含两个用户的情形，以降低 SIC 检测的复杂度，并减少 SIC 过程中的误差传播。为了不失一般性，我们关注 N 个 NOMA 用户对中的某一对，并将这两个用户分别表示为用户 p 和用户 q。其中，与第 3.1 节中相同，用户 p 为距离基站较近的强用户，用户 q 为距离基站较远的弱用户。

在所考虑的上行 NOMA 系统中，由于在同一个 NOMA 用户对内部，基站接收到的强用户信号会受到弱用户信号的干扰，因此，每对 NOMA 用户的上行发射功率需要由这对用户的 CSI 共同确定。本章考虑在基站侧收集每对用户的 CSI，并由基站进行集中式的功率控制，功率控制结果由信令通知给用户，上行 NOMA 动态功率控制框图如图 4-1 所示。与现有文献中考虑非时延敏感的功率控制不同，本章考虑用户的统计时延 QoS 需求，它由用户的统计时延 QoS 因子θ_k($k \in \{p,q\}$)描述，其中统计时延 QoS 因子θ_k在式（3.47）中定义。在该功率控制模型下，用户 k 在时隙 t 的瞬时发射功率由其所在的用户对的瞬时 CSI 二元组$\boldsymbol{\mu}(t)=[\mu_p(t),\mu_q(t)]$以及统计时延 QoS 二元组$\boldsymbol{\theta}=[\theta_p,\theta_q]$共同决定。因此，用户 k 在时隙 t 的瞬时发射功率可以表示为$\boldsymbol{\mu}(t)$和$\boldsymbol{\theta}$的函数。

$$\rho_k(t)=\rho_k(\boldsymbol{\mu}(t),\boldsymbol{\theta}) \tag{4.1}$$

其中，$\mu_k(t)=|g_k(t)|^2$是用户 k 在时隙 t 的信道增益，$g_k(t)=\kappa_k h_k(t)$是用户 k 在时隙 t 的复信道系数，$h_k(t)$是用户 k 在时隙 t 的小尺度衰落系数，κ_k是由阴影衰落和与用户 k 到基站的距离相关的路径损耗构成的大尺度衰落。一般来说，大尺度衰落变化的时间周期远长于小尺度衰落变化的时间周期。此外，本章还假设用户的统计时延 QoS 因子θ_k在所考虑的时间尺度内不变。因此，κ_k和θ_k都没有时间标度。本章考虑无色散的块衰落信道，即对于$\forall k$，小尺度衰落$h_k(t)$在时隙 t 内保持不变，并且在不同时隙之间独立同分布。

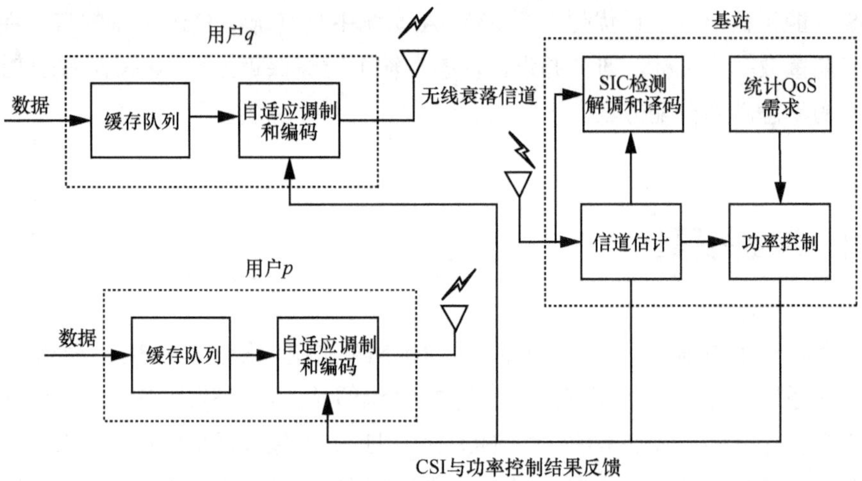

图 4-1　上行 NOMA 动态功率控制框图

在图 4-1 所示的动态功率控制模型下，基站在时隙 t 所接收到的 NOMA 用

户对叠加信号可以表示为

$$y(t)=\sum_{k\in\{p,q\}}\sqrt{\rho_k(\boldsymbol{\mu}(t),\boldsymbol{\theta})}g_k(t)x_k(t)+n(t) \tag{4.2}$$

其中，$x_k(t)$ 是用户 k 在时隙 t 发送的具有零均值、单位方差的数据符号，$n(t)\sim \mathrm{CN}(0,\sigma^2)$ 是 AWGN。按照第 3.1 节中所阐述的 SIC 解码顺序，NOMA 用户对在时隙 t 的可达数据速率分别为

$$r_p(t)=T_{\mathrm{f}}B\mathrm{lb}\left(1+\frac{\rho_p(\boldsymbol{\mu}(t),\boldsymbol{\theta})\mu_p(t)}{\rho_q\mu_q(t)+\sigma^2}\right) \tag{4.3}$$

$$r_q(t)=T_{\mathrm{f}}B\mathrm{lb}\left(1+\frac{\rho_q(\boldsymbol{\mu}(t),\boldsymbol{\theta})\mu_q(t)}{\sigma^2}\right) \tag{4.4}$$

其中，T_{f} 是时隙长度，B 是子载波带宽。由于每个时隙的小尺度衰落系数相互独立同分布，因此，各个时隙的 $\mu_k(t)$、$\rho_k(\boldsymbol{\mu}(t),\boldsymbol{\theta})$ 也相互独立同分布。为了方便表述，这里省去时间标度，用不带时间标度的标识来表示一个随机变量。根据式（3.53）和式（3.54）中的定义，用户 p 和用户 q 的有效容量分别表示为

$$\mathcal{C}_p(\theta_p)=-\frac{1}{\theta_pT_{\mathrm{f}}B}\ln\left(E_{\boldsymbol{\mu}}\left[\left(1+\frac{\rho_p(\boldsymbol{\mu},\boldsymbol{\theta})\mu_p}{\rho_q\mu_q+\sigma^2}\right)^{-\frac{\theta_pT_{\mathrm{f}}B}{\ln 2}}\right]\right) \tag{4.5}$$

$$\mathcal{C}_q(\theta_q)=-\frac{1}{\theta_qT_{\mathrm{f}}B}\ln\left(E_{\boldsymbol{\mu}}\left[\left(1+\frac{\rho_q(\boldsymbol{\mu},\boldsymbol{\theta})\mu_q}{\sigma^2}\right)^{-\frac{\theta_qT_{\mathrm{f}}B}{\ln 2}}\right]\right) \tag{4.6}$$

其中，$E_{\boldsymbol{\mu}}[\cdot]$ 表示将方括号内的项对 CSI $\boldsymbol{\mu}$ 取期望。

在 NOMA 潜在的 IoT 应用场景中，AR/VR、无人机通信、车载娱乐系统等业务除了对统计时延性能有需求，还对系统吞吐量有较高的需求。此外，一些信息采集传感器网络对能量效率也有一定的需求，但由于传感器设备部署条件等原因，不方便对传感器进行电池充能或者电池更换。因此，根据这些应用场景中的实际业务需求，本章在具有统计时延 QoS 需求的上行 NOMA 系统中通过有效容量将网络层统计时延 QoS 需求与数据链路层吞吐量性能相结合，分别提出了最大化上行 NOMA 系统有效容量之和以及最大化上行 NOMA 系统 EEE 的动态功率控制方案。

4.2 最大化有效容量之和的动态功率分配

在动态功率控制下，NOMA 用户的有效容量与具体动态功率控制策略相关，因此难以给出有效容量的闭式表达式。为了在统计时延 QoS 需求下最大化上行 NOMA 系统吞吐量，本节将最大化有效容量之和的问题在数学上建模为优化问题，通过在给定约束条件下对该问题进行求解来得到动态功率控制方案。

4.2.1 上行 NOMA 有效容量之和最大化问题建模

记用户 p 和用户 q 的发射功率集合为 $\boldsymbol{\rho}(\boldsymbol{\mu},\boldsymbol{\theta})=\{\rho_p(\boldsymbol{\mu},\boldsymbol{\theta}),\rho_q(\boldsymbol{\mu},\boldsymbol{\theta})\}$，则在给定的统计时延 QoS 因子 θ_p 和 θ_q 下，上行 NOMA 中最大化有效容量之和的优化问题可以建模为

$$\text{(CP)}:\ \max_{\boldsymbol{\rho}(\boldsymbol{\mu},\boldsymbol{\theta})}\sum_{k\in\{p,q\}}\mathcal{C}_k(\theta_k) \tag{4.7}$$

$$\text{s.t.}\quad 0\leqslant\rho_k(\boldsymbol{\mu},\boldsymbol{\theta})\leqslant\rho_{\max},\forall k\in\{p,q\} \tag{4.7a}$$

$$\mathcal{C}_k(\theta_k)\geqslant G_k,\forall k\in\{p,q\} \tag{4.7b}$$

其中，优化目标（式（4.7））中 $\mathcal{C}_k(\theta_k)$（$\forall k\in\{p,q\}$）的表达式为式（4.5）或式（4.6）。约束条件（式（4.7a））表示 NOMA 用户的发射功率上限约束，约束条件（式（4.7b））表示 NOMA 用户对的最小有效容量需求 G_k，即在统计时延 QoS 需求下的最小吞吐量需求。

4.2.2 拉格朗日松弛

在优化问题（CP）中，优化目标（式（4.7））和约束条件（式（4.7b））中均包含对 CSI $\boldsymbol{\mu}$ 的期望项。而本章所考虑的动态功率控制希望对于任意给定的瞬时 CSI $\boldsymbol{\mu}(t)=[\mu_p(t),\mu_q(t)]$，都能通过求解优化问题得到对应的 $\rho_p(t)$ 和 $\rho_q(t)$，从而最大化优化目标（式（4.7））中的期望项。因此，优化问题（CP）事实上包含无穷多个优化变量（每一对 CSI $\boldsymbol{\mu}(t)$ 都对应一对优化变量 $\boldsymbol{\rho}(t)$），并且这无穷多个优化变量还通过优化目标（式（4.7））和约束条件（式（4.7b））中的期望运算符耦合在一起。理论上，可以将 $\mathcal{C}_k(\theta_k)$ 中的期望展开为不同 CSI 下的加权平均，权重系数为各个 CSI 的 PDF，这样便可以将不同 CSI 下的优化变量解

耦，但这也会导致优化问题的维度无穷大，无法求解。由于本章考虑无色散的块衰落信道，不同的 CSI 彼此之间相互独立，因此希望借助于拉格朗日对偶分解，将优化目标（式（4.7））和约束条件（式（4.7b））中的期望项在拉格朗日函数中合并，并在求解对偶函数过程中将约束条件分解为各个 CSI 下独立的子问题[4]。而目标函数 $\sum_{k\in\{p,q\}}\mathcal{C}_k(\theta_k)$ 中的期望项通过对数函数 $\ln(\cdot)$ 以非线性方式耦合在一起，这使得无法对问题（CP）进行拉格朗日对偶分解。这里，通过引入辅助变量 $c_k\ (k\in\{p,q\})$，将原问题（CP）等价转化为如下优化问题。

$$\text{(CP1)}:\ \max_{\rho(\boldsymbol{\mu},\boldsymbol{\theta})}\sum_{k\in\{p,q\}}c_k \tag{4.8}$$

$$\text{s.t.}\ \ 0\leqslant\rho_k(\boldsymbol{\mu},\boldsymbol{\theta})\leqslant\rho_{\max},\forall k\in\{p,q\} \tag{4.8a}$$

$$\mathcal{C}_k(\theta_k)\geqslant c_k,\forall k\in\{p,q\} \tag{4.8b}$$

$$c_k\geqslant G_k,\forall k\in\{p,q\} \tag{4.8c}$$

对等价问题（CP1）的约束条件（式（4.8b））进行如下变形。

$$\mathcal{C}_k(\theta_k)=-\frac{1}{\theta_k T_{\mathrm{f}}B}\ln\left(E_{\boldsymbol{\mu}}\left[\mathrm{e}^{-\theta_k r_k(\boldsymbol{\rho}(\boldsymbol{\mu},\boldsymbol{\theta}))}\right]\right)\geqslant c_k\Leftrightarrow E_{\boldsymbol{\mu}}\left[\mathrm{e}^{\theta_k\left(T_{\mathrm{f}}Bc_k-r_k(\boldsymbol{\rho}(\boldsymbol{\mu},\boldsymbol{\theta}))\right)}\right]\leqslant 1 \tag{4.9}$$

将 $\mathcal{C}_k(\theta_k)$ 中的期望项从对数运算符中解放出来，可以便于后续进行拉格朗日对偶分解。其中，$r_k(\boldsymbol{\rho}(\boldsymbol{\mu},\boldsymbol{\theta}))$ 为用户 k 在信道条件 $\boldsymbol{\mu}$ 和功率控制策略 $\boldsymbol{\rho}(\boldsymbol{\mu},\boldsymbol{\theta})$ 下的可达数据速率。用式（4.9）替换约束条件（式（4.8b）），可得如下形式的等价优化问题。

$$\text{(CP2)}:\ \max_{\rho(\boldsymbol{\mu},\boldsymbol{\theta})}\sum_{k\in\{p,q\}}c_k \tag{4.10}$$

$$\text{s.t.}\ \ 0\leqslant\rho_k(\boldsymbol{\mu},\boldsymbol{\theta})\leqslant\rho_{\max},\forall k\in\{p,q\} \tag{4.10a}$$

$$E_{\boldsymbol{\mu}}\left[\mathrm{e}^{\theta_k\left(T_{\mathrm{f}}Bc_k-r_k(\boldsymbol{\rho}(\boldsymbol{\mu},\boldsymbol{\theta}))\right)}\right]\leqslant 1,\forall k\in\{p,q\} \tag{4.10b}$$

$$c_k\geqslant G_k,\forall k\in\{p,q\} \tag{4.10c}$$

对优化问题（CP2）的约束条件（式（4.10b））进行拉格朗日松弛，可得部分拉格朗日函数为

$$\mathcal{J}(\boldsymbol{\rho}(\boldsymbol{\mu},\boldsymbol{\theta}),\boldsymbol{c},\boldsymbol{\nu})=\sum_{k\in\{p,q\}}c_k+\sum_{k\in\{p,q\}}\nu_k\left(1-E_{\boldsymbol{\mu}}\left[\mathrm{e}^{\theta_k\left(T_{\mathrm{f}}Bc_k-r_k(\boldsymbol{\rho}(\boldsymbol{\mu},\boldsymbol{\theta}))\right)}\right]\right) \tag{4.11}$$

其中，$\boldsymbol{\nu}=[\nu_p,\nu_q]$ 为约束条件（式（4.10b））对应的拉格朗日乘子，即对偶变量，并且有 $\nu_k \geqslant 0 (\forall k \in \{p,q\})$。对于给定的对偶变量，部分拉格朗日函数（式(4.11)）对应的对偶函数定义为

$$(\text{CP3}):\ \mathcal{L}(\boldsymbol{\nu})=\max_{\boldsymbol{\rho}(\boldsymbol{\mu},\boldsymbol{\theta}),\boldsymbol{c}} \mathcal{J}(\boldsymbol{\rho}(\boldsymbol{\mu},\boldsymbol{\theta}),\boldsymbol{c},\boldsymbol{\nu}) \tag{4.12}$$

$$\text{s.t.}\quad 0 \leqslant \rho_k(\boldsymbol{\mu},\boldsymbol{\theta}) \leqslant \rho_{\max}, \forall k \in \{p,q\} \tag{4.12a}$$

$$c_k \geqslant G_k, \forall k \in \{p,q\} \tag{4.12b}$$

其中，$\boldsymbol{c}=[c_p,c_q]$。对优化问题（CP2）进行如上的松弛之后，其对偶问题可以表示为[4]

$$(\text{CP4}):\ \min_{\boldsymbol{\nu}} \mathcal{L}(\boldsymbol{\nu}) \tag{4.13}$$

$$\text{s.t.}\quad \nu_k \geqslant 0, \forall k \in \{p,q\} \tag{4.13a}$$

一般来说，拉格朗日对偶问题的最优目标函数值会构成原优化问题最优目标函数值的一个下界，对于原目标函数为凹函数且松弛的约束条件满足斯莱特（Slater）条件的优化问题，对偶间隙（即拉格朗日对偶问题与原优化问题最优目标函数值之间的差距）为零[4]。然而，注意到优化问题（CP2）的约束条件（式（4.10b））在对数函数中包含了优化变量的分式项，因此优化问题（CP2）是非凹的。Ribeiro 等[5]证明了在优化问题中对非凹函数使用连续的 CDF 求取期望时，优化问题具有零对偶间隙。这使得可以通过求解拉格朗日对偶问题来等价地求解优化问题（CP2）。而求解对偶问题（CP4）首先需要通过求解式（4.12）得到拉格朗日对偶函数。第 4.2.3 节将通过拉格朗日对偶分解和连续凸近似（Successive Convex Approximation，SCA）的方法求解对偶函数。

4.2.3 解对偶函数：对偶分解和连续凸近似

（1）拉格朗日对偶分解

注意到，问题（CP3）中的辅助变量 $\boldsymbol{c}$ 和功率控制变量 $\boldsymbol{\rho}(\boldsymbol{\mu},\boldsymbol{\theta})$ 在指数函数上以非线性的方式耦合在一起，这导致优化问题难以求解。为此，采用文献[6]中提出的交替优化方法，即固定辅助变量或功率控制变量中的一个，对另一个进行求解，这个过程交替进行，直至收敛。首先，当固定住辅助变量 $\boldsymbol{c}$ 时，对功率控制变量 $\boldsymbol{\rho}(\boldsymbol{\mu},\boldsymbol{\theta})$ 进行求解，此时问题（CP3）等价于如下的优化问题。

$$(\text{CP5}):\ \min_{\boldsymbol{\rho}(\boldsymbol{\mu},\boldsymbol{\theta})} \sum_{k\in\{p,q\}} \nu_k E_{\boldsymbol{\mu}}\left[\mathrm{e}^{\theta_k (T_f B c_k - r_k(\boldsymbol{\rho}(\boldsymbol{\mu},\boldsymbol{\theta})))}\right] \tag{4.14}$$

$$\text{s.t.}\quad 0 \leqslant \rho_k(\boldsymbol{\mu},\boldsymbol{\theta}) \leqslant \rho_{\max}, \forall k \in \{p,q\} \tag{4.14a}$$

由于在块衰落信道中，不同的 CSI 彼此独立，因此，优化问题（CP5）可以被等价地分解为每个独立 CSI 下的子问题。

$$(\text{CP6}):\quad \min_{\boldsymbol{\rho}(\boldsymbol{\mu},\boldsymbol{\theta})} \sum_{k\in\{p,q\}} \nu_k \mathrm{e}^{\theta_k(T_\mathrm{f}Bc_k - r_k(\boldsymbol{\rho}(\boldsymbol{\mu},\boldsymbol{\theta})))} \tag{4.15}$$

$$\text{s.t.}\quad 0 \leqslant \rho_k(\boldsymbol{\mu},\boldsymbol{\theta}) \leqslant \rho_{\max}, \forall k \in \{p,q\} \tag{4.15a}$$

通过对所有 CSI 下的子问题进行求解，并将其代入部分拉格朗日函数中取期望便可以得到对偶函数。然而，由于 CSI 是连续的随机变量，因此，独立的子问题有无数个。为此，考虑用 Monte Carlo 来处理连续 CSI 下的对偶分解[7]，即用一组给定的、从 NOMA 用户对信道增益系数的联合分布中抽样得到的 CSI（或者叫做衰落状态）样本 $\mathcal{H}=\{\boldsymbol{\mu}_1,\boldsymbol{\mu}_2,\cdots,\boldsymbol{\mu}_I\}$ 来代替全部 CSI 空间，其中 $I=|\mathcal{H}|$ 为 CSI 样本集的大小。因此，只需要将对偶函数分解为样本集 $\mathcal{H}$ 中每个 CSI 对应的独立子问题即可。优化问题中包含期望的项（如 $\mathcal{C}_k(\theta_k)$）也可以通过在样本集上取平均得到。

$$\mathcal{C}_k(\theta_k) \approx -\frac{1}{\theta_k T_\mathrm{f} B}\ln\left(\frac{1}{I}\sum_{i=1}^{I}\mathrm{e}^{-\theta_k r_k(\boldsymbol{\rho}(\boldsymbol{\mu}_i,\boldsymbol{\theta}))}\right) \tag{4.16}$$

至此，已经通过拉格朗日对偶分解将求解拉格朗日对偶函数的问题（CP3）转化为了样本集 $\mathcal{H}=\{\boldsymbol{\mu}_1,\boldsymbol{\mu}_2,\cdots,\boldsymbol{\mu}_I\}$ 中各个 CSI 下的子问题（CP6）。

（2）连续凸近似

在（CP6）中，通过对 $r_p(\boldsymbol{\rho}(\boldsymbol{\mu},\boldsymbol{\theta}))$ 进行等价变换可得

$$r_p(\boldsymbol{\rho}(\boldsymbol{\mu},\boldsymbol{\theta})) = \mathrm{lb}\left(\rho_p(\boldsymbol{\mu},\boldsymbol{\theta})\mu_p + \rho_q(\boldsymbol{\mu},\boldsymbol{\theta})\mu_q + \sigma^2\right) - \mathrm{lb}\left(\rho_q(\boldsymbol{\mu},\boldsymbol{\theta})\mu_q + \sigma^2\right) \tag{4.17}$$

可见 $r_p(\boldsymbol{\rho}(\boldsymbol{\mu},\boldsymbol{\theta}))$ 具有两个凹函数之差（Difference of Concave，D.C.）的结构。包含 D.C.结构的优化问题通常具有非多项式的求解复杂度。为此，参照文献[8]中避免非凸问题中 D.C.结构的方法对问题（CP6）进行松弛，即使用较紧的下界替代包含 D.C.结构且形如 $\ln(1+z)$ 的函数，并结合变量替换，将非凸问题转换为凸问题进行求解。其中，形如 $\ln(1+z)$ 函数的下界由下式给出[8]。

$$a\ln z + b \leqslant \ln(1+z) \tag{4.18}$$

当 a 和 b 按照如下方式取值时，式（4.18）中的下界在 $z=z_0$ 处能无限逼近 $\ln(1+z)$。

$$\begin{cases} a = \dfrac{z_0}{1+z_0} \\ b = \ln(1+z_0) - \dfrac{z_0}{1+z_0}\ln z_0 \end{cases} \tag{4.19}$$

将式（4.18）中的下界分别应用于式（4.14）中的 $r_p(\boldsymbol{\rho}(\boldsymbol{\mu},\boldsymbol{\theta}))$ 和 $r_q(\boldsymbol{\rho}(\boldsymbol{\mu},\boldsymbol{\theta}))$，可得

$$r_p(\boldsymbol{\rho}(\boldsymbol{\mu},\boldsymbol{\theta})) = \frac{T_{\mathrm{f}}Ba_p}{\ln 2}\ln(\rho_p(\boldsymbol{\mu},\boldsymbol{\theta})\mu_p) - \frac{T_{\mathrm{f}}Ba_p}{\ln 2}\ln(\rho_q(\boldsymbol{\mu},\boldsymbol{\theta})\mu_q + \sigma^2) + \frac{T_{\mathrm{f}}Bb_p}{\ln 2} \tag{4.20}$$

$$r_q(\boldsymbol{\rho}(\boldsymbol{\mu},\boldsymbol{\theta})) = \frac{T_{\mathrm{f}}Ba_q}{\ln 2}\ln\left(\frac{\rho_q(\boldsymbol{\mu},\boldsymbol{\theta})\mu_q}{\sigma^2}\right) + \frac{T_{\mathrm{f}}Bb_q}{\ln 2} \tag{4.21}$$

其中，

$$\begin{cases} a_p = \dfrac{\rho_p(\boldsymbol{\mu},\boldsymbol{\theta})\mu_p}{\rho_p(\boldsymbol{\mu},\boldsymbol{\theta})\mu_p + \rho_q(\boldsymbol{\mu},\boldsymbol{\theta})\mu_q + \sigma^2} \\ b_p = \ln\left(1 + \dfrac{\rho_p(\boldsymbol{\mu},\boldsymbol{\theta})\mu_p}{\rho_q(\boldsymbol{\mu},\boldsymbol{\theta})\mu_q + \sigma^2}\right) - \\ \dfrac{\rho_p(\boldsymbol{\mu},\boldsymbol{\theta})\mu_p}{\rho_p(\boldsymbol{\mu},\boldsymbol{\theta})\mu_p + \rho_q(\boldsymbol{\mu},\boldsymbol{\theta})\mu_q + \sigma^2}\ln\left(\dfrac{\rho_p(\boldsymbol{\mu},\boldsymbol{\theta})\mu_p}{\rho_q(\boldsymbol{\mu},\boldsymbol{\theta})\mu_q + \sigma^2}\right) \\ a_q = \dfrac{\rho_q(\boldsymbol{\mu},\boldsymbol{\theta})\mu_q}{\rho_q(\boldsymbol{\mu},\boldsymbol{\theta})\mu_q + \sigma^2} \\ b_q = \ln\left(1 + \dfrac{\rho_q(\boldsymbol{\mu},\boldsymbol{\theta})\mu_q}{\sigma^2}\right) - \dfrac{\rho_q(\boldsymbol{\mu},\boldsymbol{\theta})\mu_q}{\rho_q(\boldsymbol{\mu},\boldsymbol{\theta})\mu_q + \sigma^2}\ln\left(\dfrac{\rho_q(\boldsymbol{\mu},\boldsymbol{\theta})\mu_q}{\sigma^2}\right) \end{cases} \tag{4.22}$$

接下来进行变量替换，令 $\hat{\rho}_k(\boldsymbol{\mu},\boldsymbol{\theta}) = \ln(\rho_k(\boldsymbol{\mu},\boldsymbol{\theta}))$，$\forall k \in \{p,q\}$，将其代入式(4.20)和式（4.21）可得

$$r_p(\hat{\boldsymbol{\rho}}(\boldsymbol{\mu},\boldsymbol{\theta})) = \frac{T_{\mathrm{f}}Ba_p}{\ln 2}\left(\underbrace{\hat{\rho}_p(\boldsymbol{\mu},\boldsymbol{\theta})}_{\text{仿射}} + \ln\mu_p - \underbrace{\ln\left(\sigma^2 + \mu_q \mathrm{e}^{\hat{\rho}_q(\boldsymbol{\mu},\boldsymbol{\theta})}\right)}_{\text{凸}} + \frac{b_p}{a_p}\right) \tag{4.23}$$

$$r_q(\hat{\boldsymbol{\rho}}(\boldsymbol{\mu},\boldsymbol{\theta})) = \frac{T_{\mathrm{f}}Ba_q}{\ln 2}\left(\underbrace{\hat{\rho}_q(\boldsymbol{\mu},\boldsymbol{\theta})}_{\text{仿射}} + \ln\frac{\mu_q}{\sigma^2} + \frac{b_q}{a_q}\right) \tag{4.24}$$

根据文献[4]中函数凸性判断准则，经过变量替换之后，$r_p(\hat{\boldsymbol{\rho}}(\boldsymbol{\mu},\boldsymbol{\theta}))$ 是

$\hat{\rho}_p(\boldsymbol{\mu},\boldsymbol{\theta})$ 和 $\hat{\rho}_q(\boldsymbol{\mu},\boldsymbol{\theta})$ 的凹函数，$r_q(\hat{\boldsymbol{\rho}}(\boldsymbol{\mu},\boldsymbol{\theta}))$ 是 $\hat{\rho}_p(\boldsymbol{\mu},\boldsymbol{\theta})$ 和 $\hat{\rho}_q(\boldsymbol{\mu},\boldsymbol{\theta})$ 的仿射函数。此时，优化问题（CP6）可以被重新写成

$$\text{（CP7）:}\quad \min_{\rho(\boldsymbol{\mu},\boldsymbol{\theta})} \sum_{k\in\{p,q\}} \nu_k \mathrm{e}^{\theta_k T_\mathrm{f} B c_k} \mathrm{e}^{-\theta_k r_k(\hat{\boldsymbol{\rho}}(\boldsymbol{\mu},\boldsymbol{\theta}))} \tag{4.25}$$

$$\text{s.t.}\quad \hat{\rho}_k(\boldsymbol{\mu},\boldsymbol{\theta}) \leqslant \ln\rho_{\max}, \forall k\in\{p,q\} \tag{4.25a}$$

不难判断，优化问题（CP7）是一个标准的凸优化问题，可以通过经典的凸优化算法（如内点法[4]）得到最优解 $\hat{\rho}_k^*(\boldsymbol{\mu},\boldsymbol{\theta})$。$\hat{\rho}_k^*(\boldsymbol{\mu},\boldsymbol{\theta})$ 经过反向变量变换即可得到原问题的解 $\rho_k^*(\boldsymbol{\mu},\boldsymbol{\theta}) = \mathrm{e}^{\hat{\rho}_k^*(\boldsymbol{\mu},\boldsymbol{\theta})}$。连续凸近似将得到的 $\rho_k^*(\boldsymbol{\mu},\boldsymbol{\theta})$ 代入式（4.22）中，更新 a 和 b 后再次求解优化问题（CP7）可以减少式（4.18）中下界近似带来的最优性损失。在给定辅助变量 $\boldsymbol{c}$ 以及 CSI $\boldsymbol{\mu}$ 的条件下，基于连续凸近似求解对偶函数子问题（CP6）的详细步骤在算法 4.1 中列出。

接下来，在优化问题（CP3）中，将功率控制变量固定为通过算法 4.1 得到的结果，优化辅助变量 $\boldsymbol{c}$。假设优化问题（CP3）在 $\mathcal{H} = \{\boldsymbol{\mu}_1, \boldsymbol{\mu}_2, \cdots, \boldsymbol{\mu}_I\}$ 中的任一 CSI $\boldsymbol{\mu}_i$ 下的最优解为 $\boldsymbol{\rho}_i$，则在交替优化中，固定功率控制变量为 $\boldsymbol{\rho}_i$，优化辅助变量 $\boldsymbol{c}$ 的优化问题为

$$\text{（CP8）:}\quad \max_{\rho(\boldsymbol{\mu},\boldsymbol{\theta}),c} \sum_{k\in\{p,q\}} c_k - \sum_{k\in\{p,q\}} \nu_k E_{\boldsymbol{\mu}}\left[\mathrm{e}^{\theta_k (T_\mathrm{f} B c_k - r_k(\boldsymbol{\rho}(\boldsymbol{\mu},\boldsymbol{\theta})))}\right] \tag{4.26}$$

$$\text{s.t.}\quad c_k \geqslant G_k, \forall k\in\{p,q\} \tag{4.26a}$$

显然，（CP8）是关于辅助变量 $\boldsymbol{c}$ 的凹问题，可以通过令拉格朗日函数 $\mathcal{J}\left(\boldsymbol{\rho}(\boldsymbol{\mu},\boldsymbol{\theta}),\boldsymbol{c},\boldsymbol{\nu}\right)$ 对 $c_k, \forall k\in\{p,q\}$ 的一阶导数为零得到极值点。

$$\frac{\partial \mathcal{J}\left(\boldsymbol{\rho}(\boldsymbol{\mu},\boldsymbol{\theta}),\boldsymbol{c},\boldsymbol{\nu}\right)}{\partial c_k} = 1 - \nu_k \theta_k T_\mathrm{f} B E_{\boldsymbol{\mu}}\left[\mathrm{e}^{\theta_k (T_\mathrm{f} B c_k - r_k(\boldsymbol{\rho}(\boldsymbol{\mu},\boldsymbol{\theta})))}\right] = 0 \tag{4.27}$$

结合约束条件（式（4.26a）），可得

$$c_k = \max\left\{G_k, -\frac{1}{\theta_k T_\mathrm{f} B}\ln\left(\nu_k \theta_k T_\mathrm{f} B E_{\boldsymbol{\mu}}\left[\mathrm{e}^{-\theta_k r_k(\boldsymbol{\rho}(\boldsymbol{\mu},\boldsymbol{\theta}))}\right]\right)\right\} \tag{4.28}$$

其中，$E_{\boldsymbol{\mu}}\left[\mathrm{e}^{-\theta_k r_k(\boldsymbol{\rho}(\boldsymbol{\mu},\boldsymbol{\theta}))}\right]$ 通过在 CSI 样本集 $\mathcal{H}$ 上取平均得到。利用拉格朗日对偶分解法和连续凸近似求解对偶函数的完整过程在算法 4.1 和算法 4.2 中列出。

算法 4.1 给定辅助变量 $\boldsymbol{c}$ 求解对偶函数在 CSI $\boldsymbol{\mu}$ 下的子问题的连续凸近似算法

输入 辅助变量 $\boldsymbol{c}$，对偶变量 $\boldsymbol{\nu}$，瞬时信道状态信息 $\boldsymbol{\mu}$，最大迭代次数 $I_{\max}$，

迭代收敛精度 $\delta_{\text{th}}^{\text{SCA}}$，优化目标函数 $f(\hat{\rho}(\boldsymbol{\mu},\boldsymbol{\theta}))=\sum_{k\in\{p,q\}}\nu_k \mathrm{e}^{\theta_k T_{\mathrm{f}} B c_k}\mathrm{e}^{-\theta_k r_k(\hat{\rho}(\boldsymbol{\mu},\boldsymbol{\theta}))}$

1：初始化：$\boldsymbol{a}=\left[a_p,a_q\right]$，$\boldsymbol{b}=\left[b_p,b_q\right]$，当前迭代次数 $i=1$，最优目标函数值 $f_{\text{opt}}=\infty$，目标函数值差距 $\epsilon_f=\infty$

2：　**while** $\left|\epsilon_f\right|>\delta_{\text{th}}^{\text{SCA}}$ and $i<I_{\max}$ **do**

3：　　求解凸优化问题（CP7），得到最优解 $\hat{\rho}_k^*(\boldsymbol{\mu},\boldsymbol{\theta})$

4：　　变量替换 $\rho_k^*(\boldsymbol{\mu},\boldsymbol{\theta})=\mathrm{e}^{\hat{\rho}_k^*(\boldsymbol{\mu},\boldsymbol{\theta})},\forall k\in\{p,q\}$

5：　　将 $\rho_k^*(\boldsymbol{\mu},\boldsymbol{\theta})$ 代入式（4.22）中，更新近似常数

6：　　计算当前目标函数值 $f_{\text{cur}}=f([\hat{\rho}_p^*(\boldsymbol{\mu},\boldsymbol{\theta}),\hat{\rho}_q^*(\boldsymbol{\mu},\boldsymbol{\theta})])$

7：　　更新目标函数值差距 $\epsilon_f=\left|f_{\text{cur}}-f_{\text{opt}}\right|$

8：　　更新最优目标函数值 $f_{\text{opt}}=f_{\text{cur}}$

9：　　更新迭代次数 $i=i+1$

10：　**end while**

输出　$\rho_k^*(\boldsymbol{\mu},\boldsymbol{\theta}),\forall k\in\{p,q\}$

算法 4.2　求解对偶函数（CP3）的交替优化迭代算法

输入　对偶变量 $\boldsymbol{\nu}$，CSI 样本集 $\boldsymbol{\mathcal{H}}$，最大交替次数 $I_{\max}^{\text{Alt}}$，交替迭代收敛精度 $\delta_{\text{th}}^{\text{Alt}}$，优化目标函数 $\mathcal{J}(\boldsymbol{\rho}(\boldsymbol{\mu},\boldsymbol{\theta}),\boldsymbol{c},\boldsymbol{\nu})=\sum_{k\in\{p,q\}}c_k+\sum_{k\in\{p,q\}}\nu_k\left(1-E_{\mu}\left[\mathrm{e}^{\theta_k(T_{\mathrm{f}}Bc_k-r_k(\boldsymbol{\rho}(\boldsymbol{\mu},\boldsymbol{\theta})))}\right]\right)$

1：初始化：交替迭代误差 $\epsilon_{\text{Alt}}=\infty$，最优目标函数值 $f_{\text{opy}}^{\text{Alt}}=\infty$，辅助变量 $c_k=G_k$，当前迭代次数 $\text{iter}=1$

2：　**while** $\left|\epsilon_{\text{Alt}}\right|>\delta_{\text{th}}^{\text{Alt}}$ and $\text{iter}<I_{\max}^{\text{Alt}}$ **do**

3：　　**for** $\text{iter}=1,2,\cdots,|\boldsymbol{\mathcal{H}}|$ **do**

4：　　　根据算法 4.1 给出 CSI $\boldsymbol{\mu}_i$ 下的功率控制变量 $\boldsymbol{\rho}_i(\boldsymbol{\mu},\ \boldsymbol{\theta}),\forall k\in\{p,q\}$

5：　　**end for**

6：　　计算式（4.28）中的期望项：$E_{\mu}[\mathrm{e}^{-\theta_k r_k(\boldsymbol{\rho}(\boldsymbol{\mu},\boldsymbol{\theta}))}]=\frac{1}{|\boldsymbol{\mathcal{H}}|}\sum_{i=0}^{|\boldsymbol{\mathcal{H}}|}\mathrm{e}^{-\theta_k r_k(\boldsymbol{\rho}(\boldsymbol{\mu}_i,\boldsymbol{\theta}))}$，$\forall k\in\{p,q\}$

7：　　计算当前目标函数值 $f_{\text{cur}}^{\text{Alt}}=\mathcal{J}\left(\boldsymbol{\rho}(\boldsymbol{\mu},\boldsymbol{\theta}),\mathrm{c},\boldsymbol{\nu}\right)$

8：　　更新交替迭代误差 $\epsilon_{\text{Alt}}=\left|f_{\text{cur}}^{\text{Alt}}-f_{\text{opt}}^{\text{Alt}}\right|$

9：　　更新最优目标函数值 $f_{\text{opt}}^{\text{Alt}}=f_{\text{cur}}^{\text{Alt}}$

10：　　根据式（4.28）更新辅助变量

　　更新迭代计数器 $\text{iter}=\text{iter}+1$

end while

输出　$\boldsymbol{c}=[c_p,c_q]$，$\boldsymbol{\rho}_i,\forall \text{iter}\in\{1,2,\cdots,|\mathcal{H}|\}$

4.2.4　次梯度法求解对偶问题

至此，在给定的对偶变量 $\boldsymbol{\nu}$ 下求解了对偶函数（式（4.12））。为了进一步求解对偶问题（CP4），采用次梯度法[4]将对偶变量 $\boldsymbol{\nu}$ 进行迭代更新。次梯度法的迭代循环在算法 4.2 外部。在次梯度法中，按照如下方式迭代更新对偶变量。

$$\boldsymbol{\nu}_k(i+1)=\max\left\{\boldsymbol{\nu}_k(i+1)-\delta_k(i)\left(1-E_{\mu}\left[\mathrm{e}^{\theta_k(T_{\mathrm{f}}Bc_k-r_k(\rho(\mu,\theta)))}\right]\right),0\right\} \tag{4.29}$$

其中，$\boldsymbol{\nu}_k(i)$ 表示在第 i 轮次梯度迭代循环中的对偶变量，$\delta_k(i)$ 表示对偶变量 $\boldsymbol{\nu}_k(i)$ 在第 i 轮次梯度迭代循环中的更新步长。

4.2.5　算法复杂度分析

由算法 4.2 不难得到，单次次梯度循环的计算复杂度为 $O(I_{\max}^{\text{Alt}}|\mathcal{H}|I_{\max})$，其中，$I_{\max}$ 是算法 4.1 的最大迭代次数，$|\mathcal{H}|$ 是 CSI 样本集的大小，$I_{\max}^{\text{Alt}}$ 是交替优化过程的最大交替次数。通常，连续凸近似和交替优化都能在较少迭代次数内达到收敛，因此，单次次梯度循环的计算复杂度取决于 $|\mathcal{H}|$。$|\mathcal{H}|$ 越大，对 CSI 分布的模拟越准确，求解精度越高，计算复杂度也越高。因此，所提算法能在求解精度与计算复杂度之间取得较好的折中。

4.2.6　仿真结果和分析

本节通过计算机仿真在不同统计时延 QoS 因子 θ_k 下对所提的最大化上行 NOMA 系统有效容量之和的动态功率控制算法进行了验证，并与现有最大化系统吞吐量的上行 NOMA 功率控制方案以及 OMA 进行了对比。在仿真中，小区半径、时隙长度、子载波带宽、噪声功率谱密度和路损模型等系统参数设置与第 3.4.4 节表 3-1 相同。

当 $l_p=100\ \text{m}$，$l_q=500\ \text{m}$ 时，NOMA 用户对有效容量之和随用户 q 统计时延 QoS 因子 θ_q 的变化如图 4-2 所示。其中，用户到基站的距离设置为 $l_p=100\ \text{m}$，$l_q=500\ \text{m}$。对于用户 p，分别考虑了统计时延 QoS 需求较小和较大两种情况，分别对应于 $\theta_p=10^{-3}$ 和 $\theta_p=10^{-2}$。用户 q 的统计时延 QoS 因子在 10^{-4} ～ 10^{-1} 变化，每个用户的最大上行发射功率为 15 dBm。

从图 4-2 中可以看出，在统计时延 QoS 因子的各种组合下，本章所提出的动态功率控制算法的有效容量之和显著高于传统的最大化和速率功率控制以及 OMA。特别地，当 $\theta_p = 10^{-3}$ 时，所提的动态功率控制算法相比于 OMA 能提升约 51.2%（在 $\theta_q = 10^{-4}$ 时取得）到 87.7%（在 $\theta_q = 10^{-1}$ 时取得）的有效容量。而当 $\theta_p = 10^{-2}$ 时，所提的动态功率控制算法相比于 OMA 能提升约 20%（在 $\theta_q = 10^{-1}$ 时取得）到 42.5%（在 $\theta_q = 10^{-4}$ 时取得）的有效容量。可见，在动态功率控制下，NOMA 在不同统计时延 QoS 因子下都能获得优于 OMA 的性能。这与第 3.6 节中准静态功率控制中要求强弱用户统计时延 QoS 需求具有一定差异的结论不同（虽然在动态功率控制下，将统计时延 QoS 需求具有一定差异的用户配对能获得更多有效容量增益，但这并不再是动态功率控制下 NOMA 有效容量高于 OMA 的必要条件）。这是因为动态功率分配能够灵活地利用瞬时 CSI，有效地规避用户 q 对用户 p 的干扰，从而显著改善 NOMA 用户对的有效容量。

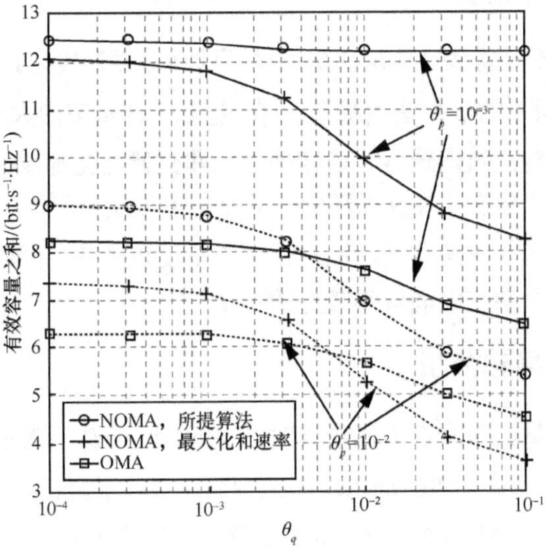

图 4-2　当 $l_p = 100$ m，$l_q = 500$ m 时，NOMA 用户对有效容量之和随用户 q 统计时延 QoS 因子 θ_q 的变化

从图 4-2 中还可以看出，当强弱用户的统计时延 QoS 需求均较低，即 θ_p 和 θ_q 同时较小时，最大化和速率 NOMA 功率控制算法的有效容量性能能够逼近所提动态功率控制算法。这是因为根据有效容量的定义，当 $\theta_k \to 0$ 时，有效容量退化为信道容量，此时，最大化有效容量之和等同于最大化和速率。此外，还注意到，在 $\theta_p = 10^{-2}$（即用户 p 的统计时延 QoS 需求较大时），最大化和速

率 NOMA 的有效容量性能在 $\theta_q > 10^{-2}$ 时会暂时低于 OMA，这与第 3.6 节中的分析相吻合。

为了研究 NOMA 用户对之间信道条件差异对系统有效容量性能的影响，当 l_p=50 m 时，NOMA 用户对有效容量之和随用户 q 到基站的距离 l_q 的变化，如图 4-3 所示。其中，l_q 在 100 m 到 500 m 之间变化，l_q 越大，代表 NOMA 用户对之间的信道条件差异越大。为了展示出所提的动态功率控制算法在优化系统有效容量方面的卓越性能，特地将统计时延 QoS 因子设置为对 NOMA 最不利的情况，即用户 p 和用户 q 同时对统计时延 QoS 有较大需求的情况。在仿真中，令 $\theta_p = \theta_q = 10^{-2}$，每个用户的最大上行发射功率为 15 dBm。

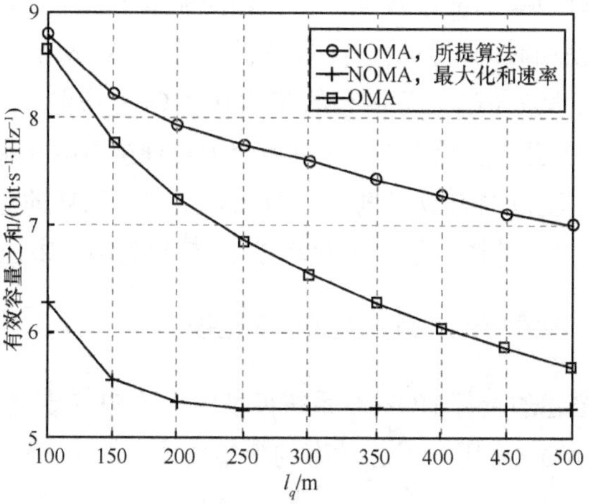

图 4-3　当 $l_p = 50$ m 时，NOMA 用户对有效容量之和随用户 q 到基站的距离 l_q 的变化

从图 4-3 中可以看出，在这种统计时延 QoS 因子配置下，OMA 的有效容量性能确实优于最大化和速率的 NOMA，但却低于所提的动态功率控制的 NOMA，并且用户 q 到基站的距离越远，即 NOMA 用户对的信道条件差异越大，NOMA 在所提的功率控制方案下相对于 OMA 的有效容量的提升越明显。具体地，当 $l_q = 150$ m 时，用户 q 到基站距离为用户 p 的 3 倍，NOMA 在所提的功率控制方案下（与最大化和速率的功率控制方案相比）提升约 48.0%，与 OMA 相比提升约 5.4%。当 $l_q = 500$ m 时，用户 q 到基站距离为用户 p 的 10 倍，NOMA 在所提的功率控制方案下与最大化和速率的功率控制方案相比提升约 31.8%，与 OMA 相比提升约 22.6%。这表明，将信道衰落相差较大的用户进行配对能更充分地发挥 NOMA 在有效容量上相对于 OMA 的优势，为具有统计时延 QoS 需求的 NOMA 用户配对提供了指导。

4.3 最大化 EEE 的动态功率分配

现有的上行 NOMA 动态功率控制除了关注系统吞吐量性能，还将系统能量效率列为主要的优化目标之一，其中能量效率定义为 NOMA 用户上行和速率与所消耗总功率的比值。优化上行 NOMA 的能量效率意义重大，在许多上行 NOMA 的潜在应用场景中，如在关键信息采集传感器网络或无人机网络中，上行设备的部署环境等原因导致对电池进行频繁充能或更换的代价很高，因此，需要尽量提高上行设备的能量效率，以在相同能量消耗下传输更多的信息，或尽量延长电池的使用时间。然而，在现有优化上行 NOMA 系统能量效率的研究[9-10]中，并没有考虑 IoT 业务潜在的统计时延 QoS 需求。为此，本节考虑将统计时延 QoS 需求引入能量效率，并将结合了物理层数据传输速率与数据链路层统计时延 QoS 度量的有效容量与 NOMA 用户所消耗的总功率定义为上行 NOMA 系统的 EEE，并提出了最大化系统 EEE 的动态功率控制算法。

4.3.1 上行 NOMA EEE 最大化问题建模

在第 4.1 节描述的上行 NOMA 系统模型中，将 EEE 定义为 NOMA 用户对有效容量之和与 NOMA 用户对总功率的期望之比。

$$\varepsilon = \frac{\sum_{k\in\{p,q\}} \mathcal{C}_k(\theta_k)}{E\left[\sum_{k\in\{p,q\}} P_k^{\mathrm{C}} + \rho_k(\boldsymbol{\mu},\boldsymbol{\theta})\right]} \tag{4.30}$$

则最大化 EEE 的优化问题在数学上可以建模为

$$(\varepsilon\mathrm{P}):\ \max_{\rho(\boldsymbol{\mu},\boldsymbol{\theta})} \frac{\sum_{k\in\{p,q\}} \mathcal{C}_k(\theta_k)}{E\left[\sum_{k\in\{p,q\}} P_k^{\mathrm{C}} + \frac{1}{\eta_k}\rho_k(\boldsymbol{\mu},\boldsymbol{\theta})\right]} \tag{4.31}$$

$$\text{s.t.}\quad 0 \leqslant \rho_k(\boldsymbol{\mu},\ \boldsymbol{\theta}) \leqslant \rho_{\max}, \forall k\in\{p,q\} \tag{4.31a}$$

其中，用户 k 的功率消耗由静态功耗和动态功耗两部分构成。P_k^{C} 表示上行用户设备的静态电路功耗，包括混频器、滤波器、数模转换器等功率消耗，$\rho_k(\boldsymbol{\mu},\boldsymbol{\theta})$ 表示与射频功率放大器相关的动态功率消耗，$\eta_k \in (0,1]$ 表示用户 k 功率放大器的效率。各种功率控制策略正是通过调节 $\rho_k(\boldsymbol{\mu},\boldsymbol{\theta})$ 来改变设备的射频发射功率，从而实现改变数据传输速率。受射频放大器输出功率的限制，用户的发射功率是有上限的，即约束条件（式（4.31b））中的 $\rho_{\max}$。

由于优化问题（εP）具有分式结构，并且如第 4.2 节中所分析的，EEE 的分子 $\sum_{k\in\{p,q\}} \mathcal{C}_k(\theta_k)$ 是包含 D.C.结构的非凸函数，因此，对于（εP）的求解十分具有挑战性。本节的求解思路是先引入与第 4.2.2 节中相同的辅助变量 $\boldsymbol{c}$，将有效容量中的期望项从对数项中解放出来，同时将分子变为仿射函数，再应用第 4.2.3 节中的连续凸近似和变量替换将非凹约束条件松弛为凹约束，此时 EEE 具有凹函数（仿射函数）与凸函数之商（凹–凸分式）的形式（比如将在第 4.3.2 节中说明的，经过变量替换之后，NOMA 用户的功耗模型为功率控制变量的凸函数），因而具有拟凹函数[11]结构。由于凹–凸分式规划问题（即拟凹函数优化问题）与凹函数优化问题有许多共同属性，因此，可以借助标准的凹函数优化方法来求解凹–凸分式规划问题。本节采用丁克尔巴赫（Dinkelbach）迭代算法[12-13]来对松弛之后的 EEE 最大化问题进行求解。

4.3.2　松弛为拟凹问题

首先在 EEE 优化问题（εP）中引入辅助变量 $\boldsymbol{c}$，将有效容量中的期望项从对数项运算符中解耦，同时将 EEE 的分子从非凸函数变换为仿射函数。

$$(\varepsilon\text{P1}):\quad \max_{\rho(\boldsymbol{\mu},\boldsymbol{\theta}),\boldsymbol{c}} \frac{\sum_{k\in\{p,q\}} c_k}{E\left[\sum_{k\in\{p,q\}} P_k^{\mathrm{C}} + \frac{1}{\eta_k}\rho_k(\boldsymbol{\mu},\boldsymbol{\theta})\right]} \tag{4.32}$$

$$\text{s.t.}\quad 0 \leqslant \rho_k(\boldsymbol{\mu},\boldsymbol{\theta}) \leqslant \rho_{\max}, \forall k\in\{p,q\} \tag{4.32a}$$

$$E_{\boldsymbol{\mu}}\left[\mathrm{e}^{\theta_k(c_k - T_{\mathrm{f}}Br_k(\rho(\boldsymbol{\mu},\boldsymbol{\theta})))}\right] \leqslant 1, \forall k\in\{p,q\} \tag{4.32b}$$

此时，优化问题（εP1）的优化目标（式（4.32））虽然具有拟凹函数结构，但是其约束条件（式（4.32b））是非凹的，因此不能直接应用经典的拟凹问题优化算法（如 Dinkelbach 迭代算法）其进行求解。这里，考虑应用与第 4.2.3 节中相同的连续凸近似和变量替换，对该非凹的约束条件进行松弛。松弛之后的优化问题如下。

$$(\varepsilon\text{P2}):\quad \max_{\hat{\rho}(\boldsymbol{\mu},\boldsymbol{\theta}),\boldsymbol{c}} \frac{\sum_{k\in\{p,q\}} c_k}{E\left[\sum_{k\in\{p,q\}} P_k^{\mathrm{C}} + \frac{1}{\eta_k}\mathrm{e}^{\hat{\rho}_k(\boldsymbol{\mu},\boldsymbol{\theta})}\right]} \tag{4.33}$$

$$\text{s.t.}\quad 0 \leqslant \hat{\rho}_k(\boldsymbol{\mu},\boldsymbol{\theta}) \leqslant \ln \rho_{\max}, \forall k \in \{p,q\} \tag{4.33a}$$

$$E_{\boldsymbol{\mu}}\left[\mathrm{e}^{\theta_k(c_k - T_{\mathrm{f}} B r_k(\hat{\boldsymbol{\rho}}(\boldsymbol{\mu},\boldsymbol{\theta})))}\right] \leqslant 1, \forall k \in \{p,q\} \tag{4.33b}$$

由于$r_k(\hat{\boldsymbol{\rho}}(\boldsymbol{\mu},\boldsymbol{\theta})), \forall k \in \{p,q\}$是$\hat{\boldsymbol{\rho}}(\boldsymbol{\mu},\boldsymbol{\theta})$的凹函数，因此，约束条件（式(4.33b)）是凹的。另外，注意到经过变量替换之后，NOMA 用户的功耗模型从功率控制变量的线性函数变为了指数函数，从而优化目标分母的性质从仿射变为凸[4]。综合以上分析，经过如上的松弛之后，优化问题（εP2）的优化目标具有拟凹函数结构，并且约束条件都是仿射的或凹的，因此（εP2）是标准的拟凹优化问题，可以通过经典求解凹-凸分式规划问题的方法进行求解，如 Dinkelbach 算法。

4.3.3 Dinkelbach 算法迭代求解

Dinkelbach 算法通过求解一系列具有如下形式的参数化凹问题[12-13]来等价地求解拟凹问题（εP2）。

$$\underbrace{\max_{\hat{\boldsymbol{\rho}}(\boldsymbol{\mu},\boldsymbol{\theta}),\boldsymbol{c}} \sum_{k\in\{p,q\}} c_k - \mathcal{E}\left(\llcorner\left[\sum_{k\in\{p,q\}} P_k^{\mathrm{C}} + \frac{1}{\eta_k} \mathrm{e}^{\hat{\rho}_k(\boldsymbol{\mu},\boldsymbol{\theta})} \right]\right)}_{F(\mathcal{E})} \tag{4.34}$$

其中，$\mathcal{E} \in \mathbf{R}$被视为优化问题的参数。显然，$F(\mathcal{E})$是关于$\mathcal{E}$的连续单调非增函数。若问题（εP2）的最优 EEE 为$\mathcal{E}^*$，则有

$$\begin{cases} F(\mathcal{E}) > 0 \Leftrightarrow \mathcal{E} < \mathcal{E}^* \\ F(\mathcal{E}) = 0 \Leftrightarrow \mathcal{E} = \mathcal{E}^* \\ F(\mathcal{E}) < 0 \Leftrightarrow \mathcal{E} > \mathcal{E}^* \end{cases} \tag{4.35}$$

因此，最优 EEE 为非线性方程$F(\mathcal{E}) = 0$的根。Dinkelbach 算法事实上可以被看作牛顿法在分式规划中的应用[14]，它以超线性速度收敛到 EEE 的最优值。Dinkelbach 算法在第i次迭代中求解参数为$\mathcal{E}_i$的参数化凹问题。

$$(\varepsilon\text{P3}):\quad \max_{\hat{\boldsymbol{\rho}}(\boldsymbol{\mu},\boldsymbol{\theta}),\boldsymbol{c}} \sum_{k\in\{p,q\}} c_k - \mathcal{E}_i\left(E\left[\sum_{k\in\{p,q\}} P_k^{\mathrm{C}} + \frac{1}{\eta_k} \mathrm{e}^{\hat{\rho}_k(\boldsymbol{\mu},\boldsymbol{\theta})} \right]\right) \tag{4.36}$$

$$\text{s.t.}\quad 0 \leqslant \hat{\rho}_k(\boldsymbol{\mu},\boldsymbol{\theta}) \leqslant \ln \rho_{\max}, \forall k \in \{p,q\} \tag{4.36a}$$

$$E_{\boldsymbol{\mu}}\left[\mathrm{e}^{\theta_k(c_k - T_{\mathrm{f}} B r_k(\hat{\boldsymbol{\rho}}(\boldsymbol{\mu},\boldsymbol{\theta})))}\right] \leqslant 1, \forall k \in \{p,q\} \tag{4.36b}$$

记所得的解为$\boldsymbol{c}^{(i)}=\left[c_p^{(i)},c_q^{(i)}\right]$和$\hat{\boldsymbol{\rho}}^{(i)}=\left[\hat{\rho}_p^{(i)}(\boldsymbol{\mu},\boldsymbol{\theta}),\hat{\rho}_q^{(i)}(\boldsymbol{\mu},\boldsymbol{\theta})\right]$，并将下一次迭代的参数更新为

$$\mathcal{E}_{i+1}=\frac{\sum\limits_{k\in\{p,q\}}c_k^{(i)}}{\left(E\left[\sum\limits_{k\in\{p,q\}}P_k^{\mathrm{C}}+\frac{1}{\eta_k}\mathrm{e}^{\hat{\rho}_k^{(i)}(\boldsymbol{\mu},\boldsymbol{\theta})}\right]\right)}\tag{4.37}$$

迭代过程持续进行，直到$|F(\mathcal{E}_i)|$小于给定的收敛阈值为止。

对于优化问题(εP3)，对其约束条件（式（4.36b））进行部分拉格朗日松弛，可得到对应的拉格朗日函数为

$$\begin{aligned}\mathcal{J}_{\mathcal{E}}\left(\hat{\boldsymbol{\rho}}(\boldsymbol{\mu},\boldsymbol{\theta}),\boldsymbol{c},\boldsymbol{\nu}\right)=&\sum_{k\in\{p,q\}}c_k+\sum_{k\in\{p,q\}}\nu_k\left(1-E_{\boldsymbol{\mu}}\left[\mathrm{e}^{\theta_k(T_{\mathrm{f}}Bc_k-r_k(\hat{\boldsymbol{\rho}}(\boldsymbol{\mu},\boldsymbol{\theta})))}\right]\right)-\\&\mathcal{E}_i\left(E\left[\sum_{k\in\{p,q\}}P_k^{\mathrm{C}}+\frac{1}{\eta_k}\mathrm{e}^{\hat{\rho}_k(\boldsymbol{\mu},\boldsymbol{\theta})}\right]\right)\end{aligned}\tag{4.38}$$

其中，$\boldsymbol{\nu}=[\nu_p,\nu_q]$为约束条件（式（4.36b））对应的对偶变量，且有$\nu_k\geqslant 0,\forall k\in\{p,q\}$。对于给定的对偶变量，部分拉格朗日函数对应的对偶函数和对偶问题分别为

$$(\varepsilon\text{P4}):\ \mathcal{L}_{\mathcal{E}}(\boldsymbol{\nu})=\max_{\hat{\rho}(\boldsymbol{\mu},\boldsymbol{\theta}),\boldsymbol{c}}\ \mathcal{J}_{\mathcal{E}}\left(\hat{\boldsymbol{\rho}}(\boldsymbol{\mu},\boldsymbol{\theta}),\boldsymbol{c},\boldsymbol{\nu}\right)\tag{4.39}$$

$$\text{s.t.}\ \ \hat{\rho}_k(\boldsymbol{\mu},\boldsymbol{\theta})\leqslant\ln\rho_{\max},\forall k\in\{p,q\}\tag{4.39a}$$

$$(\varepsilon\text{P5}):\ \min_{\boldsymbol{\nu}}\ \mathcal{L}_{\mathcal{E}}(\boldsymbol{\nu})\tag{4.40}$$

$$\text{s.t.}\ \ \nu_k\geqslant 0,\forall k\in\{p,q\}\tag{4.40a}$$

由于问题（εP3）为凹问题，并且其约束条件满足 Slater 条件[4]，因此，可以通过求解对偶问题（εP5）来以零对偶间隙获得（εP3）的最优解。

注意到，与第 4.2.3 节中相同，在问题（εP4）中遇到了变量非线性耦合的问题，为此，本节仍然采用经典的交替优化方法[6]，先固定辅助变量$\boldsymbol{c}$，求解功率控制变量$\hat{\boldsymbol{\rho}}(\boldsymbol{\mu},\boldsymbol{\theta})$，然后固定功率控制变量$\hat{\boldsymbol{\rho}}(\boldsymbol{\mu},\boldsymbol{\theta})$，求解辅助变量$\boldsymbol{c}$。这个过程交替进行，直至收敛。对于固定住辅助变量$\boldsymbol{c}$的情况，问题（εP4）等价于

$$(\varepsilon\text{P6}):\ \min_{\rho(\boldsymbol{\mu},\boldsymbol{\theta})}\sum_{k\in\{p,q\}}\nu_kE_{\boldsymbol{\mu}}\left[\mathrm{e}^{\theta_k(T_{\mathrm{f}}Bc_k-r_k(\hat{\boldsymbol{\rho}}(\boldsymbol{\mu},\,\boldsymbol{\theta})))}+\frac{\mathcal{E}_i}{\eta_k}\mathrm{e}^{\hat{\rho}_k(\boldsymbol{\mu},\boldsymbol{\theta})}\right]\tag{4.41}$$

$$\text{s.t.}\ \ \hat{\rho}_k(\boldsymbol{\mu},\boldsymbol{\theta})\leqslant\ln\rho_{\max},\forall k\in\{p,q\}\tag{4.41a}$$

在不同的 CSI 彼此独立的条件下，（εP6）可以被进一步分解为不同信道衰落状态下的独立子问题。

$$(\varepsilon\text{P7}):\quad \min_{\rho(\boldsymbol{\mu},\boldsymbol{\theta})} \sum_{k\in\{p,q\}} v_k \mathrm{e}^{\theta_k(T_\mathrm{f}Bc_k - r_k(\hat{\rho}(\boldsymbol{\mu},\boldsymbol{\theta})))} + \frac{\mathcal{E}_i}{\eta_k}\mathrm{e}^{\hat{\rho}_k(\boldsymbol{\mu},\boldsymbol{\theta})} \tag{4.42}$$

$$\text{s.t.}\quad \hat{\rho}_k(\boldsymbol{\mu},\boldsymbol{\theta}) \leqslant \ln\rho_{\max}, \forall k\in\{p,q\} \tag{4.42a}$$

（εP7）为标准的凸优化问题，可以通过现有的凸优化算法（如内点法[4]等）高效求解。在固定功率控制变量 $\hat{\boldsymbol{\rho}}(\boldsymbol{\mu},\boldsymbol{\theta})$ 的条件下，由于辅助变量 $\boldsymbol{c}$ 的问题与第 4.2.3 节中的问题（CP8）具有相同形式，可以按照类似的方法求得 $\boldsymbol{c}$ 的极值点，此处不再赘述其具体求解过程。

在按照上述方法得到对偶函数之后，可以依照第 4.2.4 节中采用的次梯度法对偶变量进行迭代更新，以求解对偶问题（εP5）。

求解松弛 EEE 优化问题（εP3）的 Dinkelbach 迭代算法在算法 4.3 中详细列出。对 Dinkelbach 迭代算法的结果进行反向变量替换 $\rho_k(\boldsymbol{\mu},\boldsymbol{\theta}) = \mathrm{e}^{\hat{\rho}_k(\boldsymbol{\mu},\boldsymbol{\theta})}$，$\forall k\in\{p,q\}$，即可得到最终的功率控制结果。由于 Dinkelbach 迭代算法往往能在数次迭代时达到收敛状态，因此，算法 4.3 的计算复杂度主要取决于每次迭代内部的计算复杂度，而每次迭代内部的计算复杂度已在第 4.2.5 节中给出，此处不再赘述。

算法 4.3 求解松弛 EEE 优化问题（εP3）的 Dinkelbach 迭代算法

输入 最大迭代次数 $I_{\max}^{\mathrm{Dink}}$，Dinkelbach 迭代收敛精度 $\delta_{\mathrm{th}}^{\mathrm{Dink}}$

1：初始化：Dinkelbach 参数化凹函数值 $V_{\mathrm{Dink}} = \infty$，当前迭代次数 $i=0$，Dinkelbach 参数 $\mathcal{E}_0 = 0$

2：**while** $V_{\mathrm{Dink}} > \delta_{\mathrm{th}}^{\mathrm{Dink}}$ and $i < I_{\max}^{\mathrm{Dink}}$ **do**

3：　采用拉格朗日对偶分解法和交替优化方法求解 Dinkelbach 参数化凹问题(εP3)，得到问题的最优解 $\boldsymbol{c}^{(i)} = \left[c_p^{(i)}, c_q^{(i)}\right]$ 和 $\hat{\boldsymbol{\rho}}^{(i)} = [\hat{\rho}_p^{(i)}(\boldsymbol{\mu},\boldsymbol{\theta}), \hat{\rho}_q^{(i)}(\boldsymbol{\mu},\boldsymbol{\theta})]$

4：　更新 Dinkelbach 参数 $\mathcal{E}_{i+1} = \dfrac{\sum\limits_{k\in\{p,q\}} c_k^{(i)}}{\left(E\left[\sum\limits_{k\in\{p,q\}} P_k^{\mathrm{C}} + \dfrac{1}{\eta_k}\mathrm{e}^{\hat{\rho}_k^{(i)}(\boldsymbol{\mu},\boldsymbol{\theta})}\right]\right)}$

5：　更新 V_{Dink}：$V_{\mathrm{Dink}} = \left|\sum\limits_{k\in\{p,q\}} c_k^{(i)} - \mathcal{E}_i\left(E\left[\sum\limits_{k\in\{p,q\}} P_k^{\mathrm{C}} + \dfrac{1}{\eta_k}\mathrm{e}^{\hat{\rho}_k^{(i)}(\boldsymbol{\mu},\boldsymbol{\theta})}\right]\right)\right|$

6：　更新迭代计数器 $i = i+1$

7：**end while**

输出 $\hat{\rho}_p^{(i)}(\boldsymbol{\mu},\boldsymbol{\theta})$

4.3.4　仿真结果与分析

本节通过计算机仿真对所提的最大化上行 NOMA 系统 EEE 的动态功率分配算法进行了验证，并与最大化有效容量之和的动态功率分配方案、最大化系统和速率的功率分配方案以及动态分配时隙的 OMA 进行了对比。具体仿真参数设置与第 4.2.6 节相同。

当 $l_p = 250\ \text{m}$，$l_q = 500\ \text{m}$ 时，NOMA 用户对的 EEE 以及有效容量之和随统计时延 QoS 因子 θ_k 的变化如图 4-4 所示，其中 $\rho_{\max} = 23\ \text{dBm}$，$\forall k \in \{p,q\}$，$P_k^{\text{C}} = 15\ \text{dBm}$，为了简化仿真，假设 $\theta_p = \theta_q$。从图 4-4 中可以看出，随着 θ_k 的增加，各资源分配方案的 EEE 和有效容量之和大体呈下降趋势，并且所提动态功率控制方案的 EEE 显著优于其他对比方案。具体地，当 $\theta_k = 10^{-2}$ 时，所提方案的 EEE 相比于最大化有效容量的 NOMA、最大化和速率的 NOMA 以及最大化 EEE 的 OMA 分别提升了 161.2%、428.5%和 24.9%，而此时，所提方案所能达到的有效容量之和分别是对应 3 种对比方案的 65.7%、95.2%和 107.1%。这表明，所提功率控制方案能够以有限的有效容量损失为代价，极大提升系统的 EEE。特别地，所提方案的 EEE 和有效容量之和始终优于 OMA。并且当统计时延 QoS 需求较大时（如 $\theta_k = 0.05$），所提方案的有效容量之和能够逼近最大化有效容量之和的方案，而此时其 EEE 是最大化有效容量之和方案的 3.3 倍。这是因为当 θ_k 较大时，有效容量受某些深衰落状态的制约，此时，减少其他衰落状态下的发射功率不会明显降低有效容量。

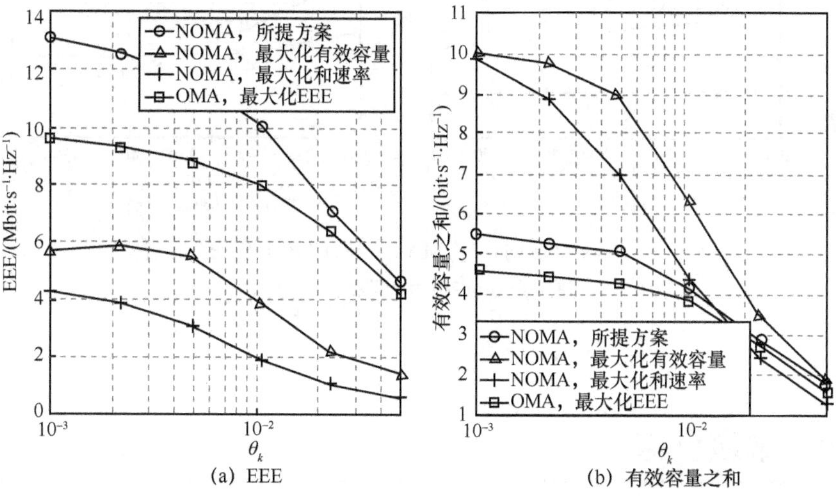

图 4-4　当 $l_p = 250\ \text{m}$，$l_q = 500\ \text{m}$ 时，NOMA 用户对的 EEE 以及有效容量之和随统计时延 QoS 因子 θ_k 的变化

为了说明配对用户信道条件差异对所提方案性能的影响，当 $l_p = 100$ m 时，NOMA 用户对的 EEE 与有效容量之和随用户 q 到基站的距离 l_q 的变化如图 4-5 所示。其中，用户 p 到基站距离固定为 $l_p = 100$ m，统计时延 QoS 因子为 $\theta_p = \theta_q = 10^{-2}$，$\rho_{\max} = 23$ dBm，并且 $\forall k \in \{p,q\}$，$P_k^{\rm C} = 15$ dBm。从图 4-5 中可以看出，随着 l_q 的增加，EEE 与有效容量之和都呈下降趋势。与其他 3 种方案相比，所提 NOMA 功率控制方案的 EEE 明显更高。具体地，当 l_q=300 m 时，所提方案的 EEE 相比于最大化有效容量的 NOMA、最大化和速率的 NOMA 以及最大化 EEE 的 OMA 分别提升了 210.5%、700.9%和 35%，而此时，其有效容量之和分别是对应 3 种对比方案的 76.5%、128.2%和 121.3%。这表明，与最大化有效容量之和的功率控制方案相比，所提方案能在仅损失少量有效容量的情况下极大提升系统 EEE。此外，与最大化和速率的 NOMA 以及最大化 EEE 的 OMA 相比，所提方案的 EEE 以及有效容量之和始终更优，且随着 l_q 的增加，所提方案相对于 OMA 的优势变大。

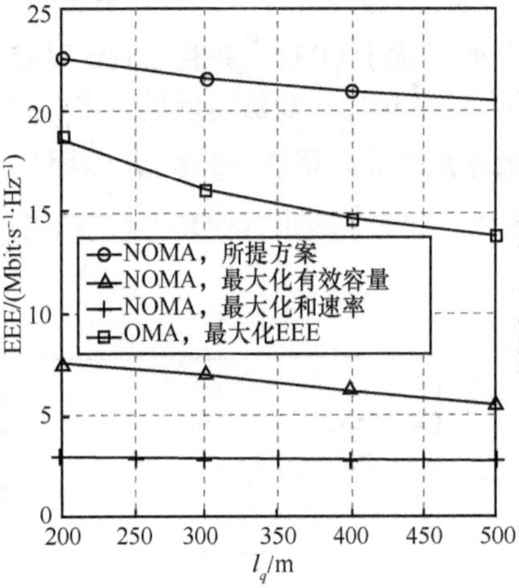

(a) EEE

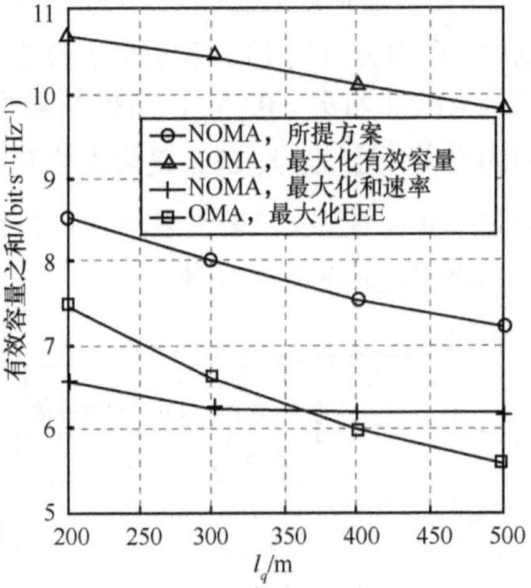

(b) 有效容量之和

图 4-5　当 $l_p = 100$ m 时，NOMA 用户对的 EEE 与有效容量之和随用户 q 到基站的距离 l_q 的变化

4.4　本章小结

本章以有效容量为统计时延 QoS 性能指标，在用户已配对的上行 NOMA

系统中研究保障统计时延 QoS 性能的动态功率分配方案。具体地，本章考虑在统计时延 QoS 需求下分别优化上行 NOMA 系统的吞吐量和能量效率，并将功率分配分别建模为最大化强弱用户的有效容量之和以及最大化上行 NOMA 系统 EEE 的问题。最大化有效容量之和的功率分配问题是一个非凸非线性优化问题，本章采用拉格朗日对偶分解和连续凸近似方法进行求解；最大化 EEE 的功率分配问题是一个包含非凸函数的分式优化问题，本章采用连续凸近似将该问题松弛为具有拟凹结构的分式优化问题，然后采用 Dinkelbach 算法和拉格朗日对偶分解法进行求解。仿真结果表明，本章所提的最大化有效容量之和与最大化 EEE 的动态功率分配方案在不同统计时延 QoS 需求以及不同的用户到基站距离配置下的性能都优于现有最大化和速率的功率分配以及 OMA，并且 NOMA 用户对的信道条件差异越显著，相对于 OMA 的性能增益越大，为上行 NOMA 用户配对以及动态功率分配提供了参考。

参考文献

[1] DING Z G, FAN P Z, POOR H V. Impact of user pairing on 5G nonorthogonal multiple-access downlink transmissions[J]. IEEE Transactions on Vehicular Technology, 2016, 65(8): 6010-6023.

[2] DING Z G, PENG M G, POOR H V. Cooperative non-orthogonal multiple access in 5G systems[J]. IEEE Communications Letters, 2015, 19(8): 1462-1465.

[3] FANG F, ZHANG H J, CHENG J L, et al. Energy-efficient resource allocation for downlink non-orthogonal multiple access network[J]. IEEE Transactions on Communications, 2016, 64(9): 3722-3732.

[4] BOYD S, VANDENBERGHE L. Convex optimization[M]. Cambridge: Cambridge University Press, 2004.

[5] RIBEIRO A, GIANNAKIS G B. Separation principles in wireless networking[J]. IEEE Transactions on Information Theory, 2010, 56(9): 4488-4505.

[6] NIESEN U, SHAH D, WORNELL G. Adaptive alternating minimization algorithms[J]. 2007 IEEE International Symposium on Information Theory, 2007: 1641-1645.

[7] GATSIS N, RIBEIRO A, GIANNAKIS G B. A class of convergent algorithms for resource allocation in wireless fading networks[J]. IEEE Transactions on Wireless Communications, 2010, 9(5): 1808-1823.

[8] PAPANDRIOPOULOS J, EVANS J S. SCALE: a low-complexity distributed protocol for spectrum balancing in multiuser DSL networks[J]. IEEE Transactions on Information Theory, 2009, 55(8): 3711-3724.

[9] FANG F, DING Z G, LIANG W, et al. Optimal energy efficient power allocation with user

fairness for uplink MC-NOMA systems[J]. IEEE Wireless Communications Letters, 2019, 8(4): 1133-1136.

[10] ZENG M, YADAV A, DOBRE O A, et al. Energy-efficient joint user-RB association and power allocation for uplink hybrid NOMA-OMA[J]. IEEE Internet of Things Journal, 2019, 6(3): 5119-5131.

[11] AVRIEL M, DIEWERT W E, SCHAIBLE S, et al. Generalized concavity[M]. [S.l.]: Society for Industrial and Applied Mathematics, 2010.

[12] DINKELBACH W. On nonlinear fractional programming[J]. Management Science, 1967, 13(7): 492-498.

[13] SCHAIBLE S. Fractional programming. II, on dinkelbach's algorithm[J]. Management Science, 1976, 22(8): 868-873.

[14] SCHAIBLE S, IBARAKI T. Fractional programming[J]. European Journal of Operational Research, 1983, 12(4): 325-338.

第 5 章

保障下行 NOMA 系统统计时延 QoS 的静态功率分配

对于上行通信系统，第 3 章和第 4 章所提出的功率分配方案能够在有效降低上行发射功率的同时，优化 NOMA 系统的统计时延 QoS 性能，并进一步拉开与 OMA 系统的性能差距。考虑到上下行 NOMA 系统中 SIC 解码顺序和干扰信道各不相同，本章将对下行 NOMA 系统展开研究。与第 3 章和第 4 章相似，对下行 NOMA 系统的研究也将首先针对准静态传输下保障下行 NOMA 系统统计时延 QoS 的功率分配，随后将功率分配方案拓展至动态传输中。

5.1 下行 NOMA 系统模型

考虑一个单天线的基站，在下行通过 N 个正交的 RB 的同时向 $2N$ 个用户传输不同的信息，下行 NOMA 系统模型如图 5-1 所示。通过应用 NOMA，$2N$ 个用户被分为 N 对，每对两个用户。由于将过多的用户复用到同一个 RB 上会导致用户设备的 SIC 检测复杂度极高，并且会增加传播误差，因此许多已有文献中都假设每组 NOMA 包含 2 个用户[1-3]。由于每个 RB 相互正交，因此，不同 NOMA 用户对之间不会产生干扰。为了不失一般性，我们关注 N 个 NOMA

用户对中的某一对，并将其中离基站较近、信道条件较好的强用户记为用户 p，将离基站较远、信道条件较差的弱用户记为用户 q。

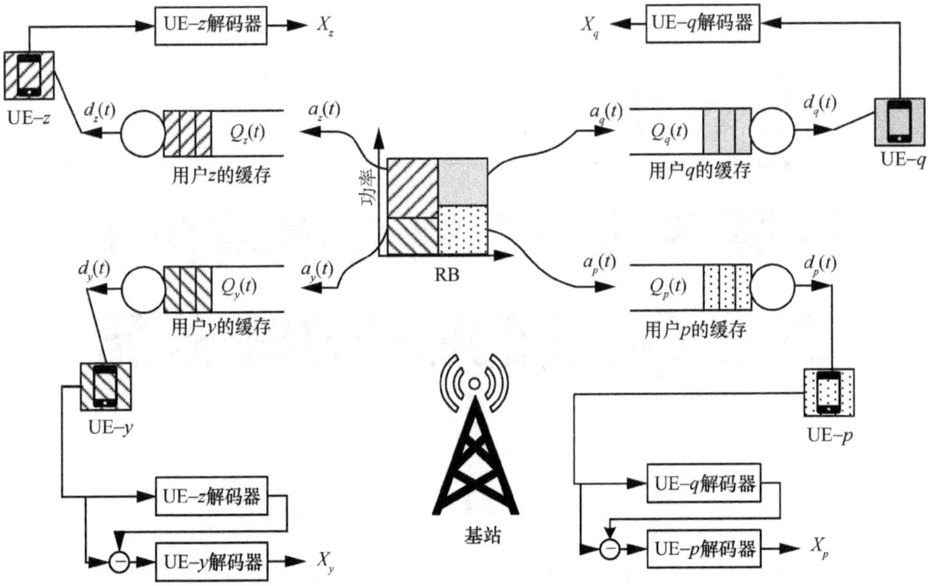

图 5-1　下行 NOMA 系统模型

本章采用与第 3.1 节中相同的强弱用户符号标识、路径损耗模型以及衰落信道符号标识。令 $x_k(t)$ 表示对 $\forall k \in \{p,q\}$，用户 k 在时隙 t 发送的具有零均值、单位方差的数据符号，则用户 k 在时隙 t 接收到的信号可以表示为

$$y_k(t) = \sqrt{\rho} g_k(t)\left(\beta_p x_p(t) + \beta_q x_q(t)\right) + n_k(t) \tag{5.1}$$

其中，ρ 为 NOMA 用户对的下行总发射功率，$g_k(t) = \sqrt{\kappa_k(t)} h_k(t)$ 为用户 k 在时隙 t 与基站之间的复信道系数，$\kappa_k(t)$ 表示用户 k 在时隙 t 的大尺度衰落增益，$h_k(t)$ 表示用户 k 在时隙 t 的小尺度衰落信道系数，β_p 和 β_q 分别是用户 p 和用户 q 的功率分配系数，且满足 $\beta_p^2 + \beta_q^2 = 1$。根据下行 NOMA 的工作原理[4]，分配给弱用户的发射功率应当不低于分配给强用户的发射功率，即 $\beta_p < \beta_q$，这样可以在保障用户公平性的同时获得优于 OMA 的频谱效率。$n_k(t) \sim \mathrm{CN}(0,\sigma^2)$ 为用户 k 接收的 AWGN，σ^2 为噪声功率。本章假设无色散的块衰落信道，在该信道中，一个时隙内的小尺度衰落 $h_k(t)$ 为常数，而不同的时隙之间的小尺度衰落相互独立。

本章考虑下行 NOMA 系统中的准静态功率分配，即 β_p 和 β_q 仅依赖于基站侧的统计 CSI，只有当用户的大尺度衰落发生变化时，才更新 β_p 和 β_q。由于大尺度衰落的变化相比于小尺度衰落更缓慢，因此，在本章所考虑的时间尺度内，可以认为 β_p 和 β_q 不变。

在下行 NOMA 中，弱用户 q 受到来自强用户 p 的干扰。弱用户 q 对自己的信号进行解码时[4-5]，它将强用户 p 的干扰视为加性噪声。用户 q 在时隙 t 的可达数据速率为

$$\tilde{r}_q(t) = T_f B \mathrm{lb}\left(1 + \frac{\rho\beta_q^2\xi(t)}{\rho\beta_p^2\xi(t) + \sigma^2}\right) \tag{5.2}$$

其中，T_f 为一个时隙的长度，B 为一个 RB 的带宽，$\xi(t) = \min\{|g_p(t)|^2, |g_q(t)|^2\}$ 表示基站可以通过调整弱用户 q 的数据速率，使强用户 p 对弱用户 q 数据解码的可达速率始终大于弱用户 q 的实际速率，从而在强用户 p 处始终可以成功进行 SIC 解码[6]。根据顺序统计量[7]有

$$F_{\xi(t)}(x) = F_{|g_p(t)|^2}(x) + F_{|g_q(t)|^2}(x) - F_{|g_p(t)|^2}(x)F_{|g_q(t)|^2}(x) \tag{5.3}$$

其中，$F_X(x)$ 表示随机变量 X 的 CDF。

正如现有研究[1,8-9]中所广泛考虑的，下行 NOMA 的一个重要特征是将信道增益具有显著差距的用户进行配对，使具有较强信道的用户进行 SIC 解码。例如，在文献[9]中，将距离基站较近的用户与距离基站较远的用户进行配对，以确保它们的信道增益具有显著差距。在这种情形下，$\kappa_p(t) \gg \kappa_q(t)$，强弱用户信道增益的近似关系 $F_{|g_p(t)|^2}(x)F_{|g_q(t)|^2}(x) \approx F_{|g_p(t)|^2}(x)$ 成立，从而有 $F_{\xi(t)}(x) \approx F_{|g_q(t)|^2}(x)$，即 $\xi(t) \overset{d.}{\approx} \kappa_q(t)|h_q(t)|^2$，其中，$\overset{d.}{\approx}$ 表示依分布近似。由于 $\xi(t)$ 是 690NOMA 用户对复合信道增益中的较小值，因此有 $\rho\beta_q^2\xi(t) \leqslant \rho\beta_q^2|g_q(t)|^2 = \rho\kappa_q(t)\beta_q^2|h_q(t)|^2$。此外，由于函数 $f(z) = \dfrac{z}{z+\sigma^2}$ 随 z 单调递增，因此有

$$\tilde{r}_q(t) \leqslant T_f B \mathrm{lb}\left(1 + \frac{\rho\kappa_q(t)\beta_q^2|h_q(t)|^2}{\rho\kappa_q(t)\beta_p^2|h_q(t)|^2 + \sigma^2}\right) \overset{\text{def}}{=} r_q(t) \tag{5.4}$$

在 $\kappa_p(t) \gg \kappa_q(t)$ 的情况下，有 $\tilde{r}_q(t) \overset{d.}{\approx} r_q(t)$，即 $r_q(t)$ 具有与 $\tilde{r}_q(t)$ 几乎相同的分布。因此，为了便于分析，本章将用 $r_q(t)$ 代替 $\tilde{r}_q(t)$。

强用户 p 在进行 SIC 解码时，首先需要对弱用户 q 的信号进行解码、重建和消除。由于 $T_f B \mathrm{lb}\left(1 + \dfrac{\rho\beta_q^2|g_p(t)|^2}{\rho\beta_p^2|g_p(t)|^2 + \sigma^2}\right) \geqslant T_f B \mathrm{lb}\left(1 + \dfrac{\rho\beta_q^2\xi(t)}{\rho\beta_p^2\xi(t) + \sigma^2}\right)$，因此始终

可以保障强用户 p 的 SIC 成功执行[4]。从而，发送给弱用户 q 的信号能够在强用户 p 处被正确地解码和消除。强用户 p 的可达数据速率可以表示为

$$r_p(t)=T_{\mathrm{f}}B\mathrm{lb}\left(1+\frac{\rho\beta_p^2\,|\,g_p(t)|^2}{\sigma^2}\right)=T_{\mathrm{f}}B\mathrm{lb}\left(1+\frac{\rho\kappa_p(t)\beta_p^2\,|\,h_p(t)|^2}{\sigma^2}\right) \tag{5.5}$$

与第 3.1 节中类似，本章将所考虑的下行 NOMA 系统建模为一个具有 $2N$ 个足够大缓存队列的离散时间流动排队系统，并将用户 k 从时隙 τ 到时隙 $t-1$ 的累积到达量、累积服务量和累积离开量分别记为 $A_k(\tau,t)=\sum_{i=\tau}^{t-1}a_k(i)$、$R_k(\tau,t)=\sum_{i=\tau}^{t-1}r_k(i)$ 和 $D_k(\tau,t)=\sum_{i=\tau}^{t-1}d_k(i)$。其中，$a_k(i)$、$r_k(i)$ 和 $d_k(i)$ 分别表示在时隙 i（$\tau\leqslant i\leqslant t-1$）基站侧用户 k 的业务到达量、可达服务速率和从基站服务完毕离开的业务量。用户 k 在基站侧的队列按下式演进。

$$Q_k(i+1)=Q_k(i)+a_k(i)-d_k(i) \tag{5.6}$$

其中，$Q_k(i)$ 表示用户 k 在时隙 t 的队列长度，$d_k(i)=\min\{Q_k(i)+a_k(i),r_k(i)\}$。

本章假设所有队列都是先到达先服务的工作保存队列，则用户 k 在时隙 t 的排队时延可以定义为在该时隙到达的比特成功传输所需经历的时隙数，其表达式如下。

$$w_k(t)=\inf\{u\geqslant 0: A_k(0,t)\leqslant D_k(0,t+u)\} \tag{5.7}$$

为了对下行 NOMA 系统的统计时延性能进行描述，本章采用第 3 章介绍的 SNC 理论对下行 NOMA 用户的排队时延超标概率上界进行分析。

5.2 Nakagami-m 和 Rician 信道中下行 NOMA 的随机网络演算

假设 $A_k(\tau,t)$ 和 $R_k(\tau,t)$ 都是独立增量过程[10-12]，并且各自的增量分别独立分布于随机变量 a_k 和 r_k，则根据 SNC 理论[10]，用户 k 的排队时延超过给定时延阈值 w 的概率上界可以由下式给出。

$$\Pr\{w_k>w\}\leqslant\inf_{s>0}\left\{\frac{\mathcal{M}_{\phi_k}^{w}(1-s)}{1-\mathcal{M}_{\varphi_k}(1+s)\mathcal{M}_{\phi_k}(1-s)}\right\} \tag{5.8}$$

其中，$\mathcal{M}_X(s,\tau,t)=E\left[(X(\tau,t))^{s-1}\right]$表示任意非负的双变量随机过程$X(\tau,t)$参数为$s$（$s\in\mathbf{R}$）的 Mellin 变换。$\varphi_k=\mathrm{e}^{a_k}$和$\phi_k=\mathrm{e}^{r_k}$分别表示用户$k$的 SNR 域到达过程和服务过程。注意，式（5.8）中的上界仅在队列稳定性条件$\mathcal{M}_{\alpha_k}(1+s)\mathcal{M}_{\phi_k}(1-s)<1$成立时有意义。

根据式（5.8），排队时延超标概率上界取决于 SNR 域到达过程和服务过程的 Mellin 变换。因此，对上界进行评估就变成对φ_k和ϕ_k的 Mellin 变换进行分析。对于到达过程，考虑 IoT 场景中常见的$(\delta(s),\lambda(s))$包络[11,13]，其中$\lambda(s)\equiv\lambda$，$\delta(s)=0$。则有$\mathcal{M}_{\varphi_k}(1+s)\leqslant\mathrm{e}^{\lambda s}$，将其代入式（5.8），并不改变不等号的方向。为了进一步利用 SNC 中的结论（式（5.8））得到下行 NOMA 用户的排队时延超标概率上界，本章分别在纳卡加米（Nakagami-m）和莱斯（Rician）信道中推导了 NOMA 用户对 SNR 域服务过程的 Mellin 变换闭式表达式。在下文中，为了表述方便，将省略式（5.4）和式（5.5）中的时隙标度。

5.2.1 Nakagami-m 衰落信道

Nakagami-m 衰落模型与各种无线传播场景中的信道测量结果高度吻合[14]。许多信道衰落模型，如单边高斯衰落信道、Rayleigh 衰落信道和 AWGN 信道都是 Nakagami-m 衰落模型在参数m取不同值时的特例。对于给定的m，Nakagami-m 衰落信道的小尺度衰落增益服从 Gamma 分布，其 PDF 的表达式如下。

$$f_g(x)=\frac{m^m}{\Gamma(m)}x^{m-1}\mathrm{e}^{-mx} \tag{5.9}$$

其中，$\Gamma(\cdot)$为 Gamma 函数。令$\gamma=|h_k|^2,\forall k\in\{p,q\}$表示用户$k$的小尺度衰落增益的随机变量。对于强用户$p$，其 SNR 域的服务过程可以表示为

$$\phi_p=\mathrm{e}^{T_\mathrm{f}B\,\mathrm{lb}\left(1+\rho\kappa_p\beta_p^2\gamma/\sigma^2\right)}=\left(1+\rho\kappa_p\beta_p^2\gamma/\sigma^2\right)^{\frac{T_\mathrm{f}B}{\ln 2}} \tag{5.10}$$

其 Mellin 变换$\mathcal{M}_{\phi_n}(1-s)$的闭式表达式由下面的定理给出。

定理 5.1　在 Nakagami-m 衰落信道中，采用静态功率分配，强用户p SNR 域服务过程的 Mellin 变换为

$$\mathcal{M}_{\phi_p}(1-s)=\left(\frac{m\sigma^2}{\rho\kappa_p\beta_p^2}\right)^m U\left(m,m+1-\frac{T_\mathrm{f}Bs}{\ln 2},\frac{m\sigma^2}{\rho\kappa_p\beta_p^2}\right) \tag{5.11}$$

其中，$U(a,b,z)=\frac{1}{\Gamma(a)}\int_0^{+\infty}x^{a-1}(1+x)^{b-a-1}\mathrm{e}^{-zx}\mathrm{d}x$为特里科米（Tricomi）合流超几何函数[15]。

证明 根据 Mellin 变换的定义，$\mathcal{M}_{\phi_p}(1-s)$ 是 ϕ_p 的 $-s$ 阶矩，因此有

$$\mathcal{M}_{\phi_p}(1-s)=E\left[\left(1+\frac{\rho\kappa_p\beta_p^2\gamma}{\sigma^2}\right)^{-T_{\mathrm{f}}Bs/\ln 2}\right]\overset{(a)}{=}$$

$$\frac{\left(m\sigma^2\right)^m}{\Gamma(m)\left(\rho\kappa_p\beta_p^2\right)^m}\int_0^{+\infty}u^{m-1}(1+u)^{-\frac{T_{\mathrm{f}}Bs}{\ln 2}}\mathrm{e}^{-\frac{m\sigma^2}{\rho\kappa_p\beta_p^2}u}\,\mathrm{d}u\overset{(b)}{=}$$

$$\left(\frac{m\sigma^2}{\rho\kappa_p\beta_p^2}\right)^m U\left(m,m+1-\frac{T_{\mathrm{f}}Bs}{\ln 2},\frac{m\sigma^2}{\rho\kappa_p\beta_p^2}\right) \tag{5.12}$$

其中，等号（a）通过变量替换 $u=\rho\kappa_p\beta_p^2\gamma/\sigma^2$ 获得，等号（b）直接根据 Tricomi 合流超几何函数的定义获得。

接下来求解弱用户 q SNR 域服务过程的 Mellin 变换闭式表达式。弱用户 q 在下行受到发送给强用户 p 的信号干扰，使得弱用户 q 的 SINR 分布不易处理。对于弱用户 q，通过对式（5.4）取指数，其 SNR 域的服务过程为

$$\phi_q=\left(\frac{1+\rho\kappa_q\beta_q^2\gamma}{\rho\kappa_q\beta_p^2\gamma+\sigma^2}\right)^{\frac{T_{\mathrm{f}}B}{\ln 2}} \tag{5.13}$$

定理 5.2 在 Nakagami-m 衰落信道，采用静态功率分配，则弱用户 q SNR 域服务过程的 Mellin 变换为

$$\mathcal{M}_{\phi_q}(1-s)\overset{(a)}{=}\left(\frac{m\sigma^2}{\rho\kappa_q\beta_p^2}\right)^{\frac{m-1}{2}}\beta_p^{\frac{2T_{\mathrm{f}}Bs}{\ln 2}}\exp\left(\frac{m\sigma^2}{2\rho\kappa_q\beta_p^2}\right)\times$$

$$\sum_{i=0}^{+\infty}\frac{\left(\frac{T_{\mathrm{f}}Bs}{\ln 2}\right)_i}{i!}\beta_q^{2i}\left(\frac{m\sigma^2}{\rho\kappa_q\beta_p^2}\right)^{\frac{i}{2}}W_{\frac{1-i-m}{2},\frac{i-m}{2}}\left(\frac{m\sigma^2}{\rho\kappa_q\beta_p^2}\right)\overset{(b)}{=}$$

$$\left(\frac{m\sigma^2}{\rho\kappa_q\beta_p^2}\right)^m\beta_p^{\frac{2T_{\mathrm{f}}Bs}{\ln 2}}\sum_{i=0}^{+\infty}\frac{\left(\frac{T_{\mathrm{f}}Bs}{\ln 2}\right)_i}{i!}\beta_q^{2i}U\left(m,m+1-i,\frac{m\sigma^2}{\rho\kappa_q\beta_p^2}\right) \tag{5.14}$$

其中，$(x)_i\overset{\Delta}{=}\prod_{v=0}^{i-1}(x+i)=\frac{\Gamma(x+i)}{\Gamma(x)}$ 表示 Pochhammer 符号，$W_{a,b}(z)$ 为惠特克（Whittaker）函数[16]。

证明　根据 Mellin 变换的定义，$\mathcal{M}_{\phi_q}(1-s)$ 是 ϕ_q 的 $-s$ 阶矩，因此有

$$\mathcal{M}_{\phi_q}(1-s)=E\left[\left(1+\frac{\rho\kappa_q\beta_q^2\gamma}{\rho\kappa_q\beta_p^2\gamma+\sigma^2}\right)^{-T_{\mathrm{f}}Bs/\ln 2}\right]=\int_0^{+\infty}\left(1+\frac{\rho\kappa_q\beta_q^2\gamma}{\rho\kappa_q\beta_p^2\gamma+\sigma^2}\right)^{-T_{\mathrm{f}}Bs/\ln 2} f_g(\gamma)\,\mathrm{d}\gamma=$$

$$\int_0^{+\infty}\frac{m^m}{\Gamma(m)}\left(\frac{\rho\kappa_q\gamma/\sigma^2+1}{\rho\kappa_q\beta_p^2\gamma/\sigma^2+1}\right)^{-\frac{T_{\mathrm{f}}Bs}{\ln 2}}\gamma^{m-1}\mathrm{e}^{-m\gamma}\,\mathrm{d}\gamma \tag{5.15}$$

其中，最后一个等号成立是因为 $\beta_p^2+\beta_q^2=1$。令 $u=\rho\kappa_q\beta_p^2\gamma/\sigma^2+1$，则新变量 u 的定义域为 $[1,+\infty)$。将 $\gamma=(u-1)\sigma^2/(\rho\kappa_q\beta_p^2)$ 代入式（5.15）可得

$$\mathcal{M}_{\phi_q}(1-s)=\left(\frac{m\sigma^2}{\rho\kappa_q\beta_p^2}\right)^m\frac{\exp\left(\dfrac{m\sigma^2}{\rho\kappa_q\beta_p^2}\right)}{\Gamma(m)}\beta_p^{\frac{2T_{\mathrm{f}}Bs}{\ln 2}}\times \underbrace{\int_1^{+\infty}\left(1-\frac{\beta_q^2}{u}\right)^{-\frac{T_{\mathrm{f}}Bs}{\ln 2}}(u-1)^{m-1}\exp\left(-\frac{m\sigma^2 u}{\rho\kappa_q\beta_p^2}\right)\mathrm{d}u}_{I} \tag{5.16}$$

将式（5.16）中的积分项记为 I。由于 $\beta_q^2/u\leqslant 1$，因此，可以用牛顿广义二项式定理[16]将 $\left(1-\dfrac{\beta_q^2}{u}\right)^{-T_{\mathrm{f}}Bs/\ln 2}$ 展开为如下的无穷级数。

$$\left(1-\frac{\beta_q^2}{u}\right)^{-\frac{T_{\mathrm{f}}Bs}{\ln 2}}=\sum_{i=0}^{+\infty}\frac{\left(-\dfrac{T_{\mathrm{f}}Bs}{\ln 2}\right)^{\underline{i}}}{i!}\left(-\frac{\beta_q^2}{u}\right)^i \tag{5.17}$$

其中，$(x)^{\underline{i}}=\prod_{j=0}^{i-1}(x-j)$ 表示递降阶乘[15]。因此，$\forall s>0$ 有

$$\left(-\frac{T_{\mathrm{f}}Bs}{\ln 2}\right)^{\underline{i}}=\prod_{j=0}^{i-1}\left(-\frac{T_{\mathrm{f}}Bs}{\ln 2}-j\right)=(-1)^i\left(\frac{T_{\mathrm{f}}Bs}{\ln 2}\right)_i \tag{5.18}$$

将式（5.18）代入式（5.17），可以得到 $\left(1-\dfrac{\beta_q^2}{u}\right)^{-T_{\mathrm{f}}Bs/\ln 2}$ 的最终牛顿广义二项式展开为

$$\left(1-\frac{\beta_q^2}{u}\right)^{-\frac{T_\mathrm{f}Bs}{\ln 2}}=\sum_{i=0}^{+\infty}\frac{\beta_q^{2i}\left(\frac{T_\mathrm{f}Bs}{\ln 2}\right)_i}{i!}u^{-i} \tag{5.19}$$

将式（5.19）代入式（5.16），可以将式（5.16）中的积分项重新写为

$$I=\sum_{i=0}^{+\infty}\frac{\beta_q^{2i}\left(\frac{T_\mathrm{f}Bs}{\ln 2}\right)_i}{i!}\int_1^{+\infty}u^{-i}(u-1)^{m-1}\exp\left(-\frac{m\sigma^2 u}{\rho\kappa_q\beta_p^2}\right)\mathrm{d}u=$$

$$\sum_{i=0}^{+\infty}\frac{\beta_q^{2i}\left(\frac{T_\mathrm{f}Bs}{\ln 2}\right)_i}{i!}\left(\frac{m\sigma^2}{\rho\kappa_q\beta_p^2}\right)^{-\frac{m-i+1}{2}}\Gamma(m)\exp\left(-\frac{m\sigma^2}{2\rho\kappa_q\beta_p^2}\right)\times W_{\frac{1-i-m}{2},\frac{i-m}{2}}\left(\frac{m\sigma^2}{\rho\kappa_q\beta_p^2}\right) \tag{5.20}$$

其中，最后一个等号可以通过文献中的积分恒等式[16]得到。

将式（5.20）代入式（5.16），即可得到式（5.14）（a）中的级数。通过应用 Tricomi 合流超几何函数与 Whittaker 函数之间的关系式[15] $W_{a,b}(z)=\mathrm{e}^{-z/2}z^{b+1/2}U(b-a+1/2,1+2b,z)$，可以得到式（5.14）（a）更简洁的表达式。具体地，对 $W_{\frac{1-i-m}{2},\frac{i-m}{2}}\left(\frac{m\sigma^2}{\rho\kappa_q\beta_p^2}\right)$ 应用上述关系式可得

$$W_{\frac{1-i-m}{2},\frac{i-m}{2}}\left(\frac{m\sigma^2}{\rho\kappa_q\beta_p^2}\right)=\exp\left(-\frac{m\sigma^2}{2\rho\kappa_q\beta_p^2}\right)\left(\frac{m\sigma^2}{\rho\kappa_q\beta_p^2}\right)^{\frac{i+1-m}{2}}U\left(i,i+1-m,\frac{m\sigma^2}{\rho\kappa_q\beta_p^2}\right)=$$

$$\exp\left(-\frac{m\sigma^2}{2\rho\kappa_q\beta_p^2}\right)\left(\frac{m\sigma^2}{\rho\kappa_q\beta_p^2}\right)^{\frac{m+1-i}{2}}U\left(m,m+1-i,\frac{m\sigma^2}{\rho\kappa_q\beta_p^2}\right) \tag{5.21}$$

其中，最后一个等号基于库默尔（Kummer）变换[15] $U(a,b,z)=z^{1-b}U(1+a-b,2-b,z)$ 得到。将式（5.21）代入式（5.14）（a），即可得到式（5.14）（b）。

注意到，式（5.14）（b）中 $\mathcal{M}_{\phi_q}(1-s)$ 的闭式表达式是一个无穷级数，为了利用式（5.14）（b）来计算 $\mathcal{M}_{\phi_q}(1-s)$，需要对无穷级数进行截断。在式（5.14）（b）的第 i 个加和项中，$\left(\frac{T_\mathrm{f}Bs}{\ln 2}\right)_i/i!$ 随 i 的增加变得发散，而 $\beta_q^{2i}U\left(m,m+1-i,\frac{m\sigma^2}{\rho\kappa_q\beta_p^2}\right)$ 随 i 的增加收敛到 0。因此，直观上很难判断该无穷级数的收敛性。这里，通过比较 $\left(\frac{T_\mathrm{f}Bs}{\ln 2}\right)_i/i!$ 的发散速度和 $\beta_q^{2i}U\left(m,m+1-i,\frac{m\sigma^2}{\rho\kappa_q\beta_p^2}\right)$ 的收敛速度，证明了式（5.14）（b）中的无穷级数是收敛的，并给出了其前有限项截断误差的收敛速度。

注释 5.1　定理 5.2 中给出的$\mathcal{M}_{\phi_q}(1-s)$表达式可以用其前有限项截断以任意精度逼近，并且截断误差随截断项数的增加以指数速度收敛到 0。

证明　将 Tricomi 合流超几何函数写成其积分形式，以方便比较$\left(\frac{T_{\mathrm{f}}Bs}{\ln 2}\right)_i / i!$的发散速度和$\beta_q^{2i}U\left(m, m+1-i, \frac{m\sigma^2}{\rho\kappa_q\beta_p^2}\right)$的收敛速度。将 Tricomi 合流超几何函数的积分形式代入式（5.14）（b）中可得

$$\mathcal{M}_{\phi_q}(1-s)=\left(\frac{m\sigma^2}{\rho\kappa_q\beta_p^2}\right)^m\int_0^{+\infty}\underbrace{\left(\sum_{i=0}^{+\infty}\frac{\left(\frac{T_{\mathrm{f}}Bs}{\ln 2}\right)_i}{\Gamma(m)i!}\left(\frac{\beta_q^2}{1+u}\right)^i\right)}_{S(u)}u^{m-1}\exp\left(-\frac{m\sigma^2 u}{\rho\kappa_q\beta_p^2}\right)\beta_p^{\frac{2T_{\mathrm{f}}Bs}{\ln 2}}\,\mathrm{d}u \tag{5.22}$$

其中，$S(u)$是一个无穷级数。将$S(u)$的第i项记为$T_i(u)\stackrel{\text{def}}{=}\frac{\left(\frac{Bs}{\ln 2}\right)_i}{\Gamma(m)i!}\left(\frac{\beta_q^2}{1+u}\right)^i$，则有$S(u)=\lim_{L\to\infty}S_L(u)=\lim_{L\to\infty}\sum_{i=0}^{L-1}T_i(u)$。其中$S_L(u)$是$S(u)$的前$L$项之和。

接下来通过证明$\forall u>0$，$S(u)$是收敛的，来证明式（5.14）（b）的收敛性。首先分析$A_i\stackrel{\text{def}}{=}\frac{\left(\frac{Bs}{\ln 2}\right)_i}{i!}=\frac{\Gamma\left(\frac{Bs}{\ln 2}+i\right)}{\Gamma\left(\frac{Bs}{\ln 2}\right)\Gamma(i+1)}$的发散速度。根据斯特林（Stirling）式[16]，当z足够大时，$\Gamma(z+1)$可以由$\sqrt{2\pi z}z^{z+1/2}\mathrm{e}^{-z}$精确地近似。因此有

$$A_i\approx\frac{\sqrt{\frac{T_{\mathrm{f}}Bs}{\ln 2}+i-1}}{\Gamma\left(\frac{Bs}{\ln 2}\right)\sqrt{i}}\left(\frac{\frac{T_{\mathrm{f}}Bs}{\ln 2}+i-1}{\mathrm{e}}\right)^{\frac{T_{\mathrm{f}}Bs}{\ln 2}-1}\left(\frac{i+\frac{T_{\mathrm{f}}Bs}{\ln 2}-1}{i}\right)^i\to\frac{1}{\Gamma\left(\frac{T_{\mathrm{f}}Bs}{\ln 2}\right)}\left(i+\frac{T_{\mathrm{f}}Bs}{\ln 2}-1\right)^{\frac{T_{\mathrm{f}}Bs}{\ln 2}-1} \tag{5.23}$$

其中，最后一步的近似由e^x的极限定义$\lim_{i\to\infty}(1+x/i)^i=\mathrm{e}^x$得到。显然，当$i\to\infty$时，$A_i$具有单项式发散速度，而$\forall u>0$，由于$\frac{\beta_q^2}{1+u}<1$，因此$\left(\frac{\beta_q^2}{1+u}\right)^i$具有指数

收敛速度。故，$\lim\limits_{i\to\infty}T_i(u)=\dfrac{1}{\Gamma(m)}\lim\limits_{i\to\infty}A_i(1+u)^{-i}=0$。

通过式（5.23）有如下观察。

$$\lim_{i\to\infty}\frac{T_{i+1}(u)}{T_i(u)}=\lim_{i\to\infty}\left(\frac{i+\dfrac{T_{\mathrm{f}}Bs}{\ln 2}}{i+\dfrac{T_{\mathrm{f}}Bs}{\ln 2}-1}\right)^{\frac{T_{\mathrm{f}}Bs}{\ln 2}-1}\frac{\beta_q^2}{1+u}=\frac{\beta_q^2}{1+u}<\beta_q^2<1 \tag{5.24}$$

这等价于如下陈述：对于任意的实数$\varepsilon>0$，存在一个自然数$L_0>0$，使得$\forall i\geqslant L_0$，都有$\left|\dfrac{T_{i+1}(u)}{T_i(u)}-\dfrac{\beta_q^2}{1+u}\right|<\varepsilon$。

不妨取$\varepsilon=\left(\beta_q^2-\dfrac{\beta_q^2}{1+u}\right)\Big/2$，则$\forall i\geqslant L_0$，有$\dfrac{T_{i+1}(u)}{T_i(u)}<\dfrac{(2+u)\beta_q^2}{2(1+u)}\overset{\text{def}}{=}q(u)<1$。因此，关于级数$S(u)$的截断误差，有如下结论。

$$S(u)-S_{L_0}(u)<T_{L_0}(u)\sum_{i=0}^{+\infty}(q(u))^i=\frac{T_{L_0}(u)}{1-q(u)} \tag{5.25}$$

若式（5.25）中的L_0足够大，则有对于任意的$u>0$和$\varepsilon_1>0$，$\exists L_1>0$使得对于任意的$L_0\geqslant L_1$，都有$S(u)-S_{L_0}(u)<\varepsilon_1$成立。据此，可以导出式（5.22）的截断误差上界。

$$\begin{aligned}&\mathcal{M}_{\phi_q}(1-s)-\mathcal{M}_{\phi_q}(1-s)\,|\,L_0=\\&\left(\frac{m\sigma^2}{\rho\kappa_q\beta_p^2}\right)^m\beta_p^{\frac{2Bs}{\ln 2}}\times\int_0^{+\infty}(S(u)-S_{L_0}(u))u^{m-1}\exp\left(-\frac{m\sigma^2u}{\rho\kappa_q\beta_p^2}\right)\mathrm{d}u<\\&\varepsilon_1\left(\frac{m\sigma^2}{\rho\kappa_q\beta_p^2}\right)^m\beta_p^{\frac{2T_{\mathrm{f}}Bs}{\ln 2}}\int_0^{+\infty}u^{m-1}\exp\left(-\frac{m\sigma^2u}{\rho\kappa_q\beta_n^2}\right)\mathrm{d}u=\Gamma(m)\beta_p^{\frac{2T_{\mathrm{f}}Bs}{\ln 2}}\varepsilon_1\end{aligned} \tag{5.26}$$

其中，$\mathcal{M}_{\phi_q}(1-s)\,|\,L_0$表示$\mathcal{M}_{\phi_q}(1-s)$的前$L_0$项截断。最后一个等号可以通过变量替换和 Gamma 函数的定义得到。

注意到，$\mathcal{M}_{\phi_q}(1-s)\,|\,L_0$的截断误差的收敛速度与$T_{L_0}(u)$的收敛速度一致。因为$T_{L_0}(u)$是幂函数与指数函数的商，所以$T_{L_0}(u)$以指数速度收敛到 0。因此，$\mathcal{M}_{\phi_q}(1-s)\,|\,L_0$的截断误差随着$L_0$的增加以指数速度收敛到 0。这证明了式（5.14）（b）中无穷级数的收敛性，并且揭示了式（5.14）（b）可由其前有

限项截断精确地近似。

5.2.2 Rician 衰落信道

Rician 衰落模型适用于具有一条视距（Line of Sight，LOS）路径和多条非视距（Non-Line-of-Sight，NLOS）路径的无线电传播环境。其中，LOS 路径也被称为直射分量，NLOS 路径被统称为弥散分量。Rician 衰落模型的特征由 Rician K 因子描述，其定义为直射分量与弥散分量功率增益的比值。在 Rician 衰落模型下，小尺度衰落增益的 PDF 为[17]

$$f_r(x)=\frac{(1+K)\mathrm{e}^{-K}}{\Sigma}\exp\left(-\frac{(1+K)x}{\Sigma}\right)I_0\left(2\sqrt{\frac{K(K+1)x}{\Sigma}}\right) \tag{5.27}$$

其中，Σ 为平均衰落功率，即直射分量与弥散分量的平均功率之和。$I_0(\cdot)$ 为第一类 0 阶修正贝塞尔（Bessel）函数。下面，基于式（5.27）中的分布来推导下行 NOMA 用户 SNR 域服务过程的 Mellin 变换。

定理 5.3　在 $\Sigma=1$、参数为 K 的 Rician 衰落信道中，采用静态功率分配，则强用户 p 的 SNR 域服务过程的 Mellin 变换为

$$\mathcal{M}_{\phi_p}(1-s)=\left(\frac{(1+K)\sigma^2}{\rho\kappa_p\beta_p^2}\right)^{\frac{T_\mathrm{f}Bs}{\ln 2}}\sum_{i=0}^{+\infty}\frac{K^i\mathrm{e}^{-K}}{i!}U\left(\frac{T_\mathrm{f}Bs}{\ln 2},\frac{T_\mathrm{f}Bs}{\ln 2}-i,\frac{(1+K)\sigma^2}{\rho\kappa_p\beta_p^2}\right) \tag{5.28}$$

证明　根据定义，可以将 $\mathcal{M}_{\phi_p}(1-s)$ 写为如下形式。

$$\begin{aligned}\mathcal{M}_{\phi_p}(1-s)&=E\left[\left(1+\frac{\rho\kappa_p\beta_p^2\gamma}{\sigma^2}\right)^{-\frac{T_\mathrm{f}Bs}{\ln 2}}\right]=\\&\int_0^{+\infty}\left(1+\frac{\rho\kappa_p\beta_p^2\gamma}{\sigma^2}\right)^{-\frac{T_\mathrm{f}Bs}{\ln 2}}(1+K)\mathrm{e}^{-(1+K)\gamma-K}I_0\left(2\sqrt{K(K+1)\gamma}\right)\,\mathrm{d}\gamma\end{aligned} \tag{5.29}$$

通过将第一类 0 阶修正 Bessel 函数展开为无穷级数[16]，式（5.29）可以重新表示为

$$\mathcal{M}_{\phi_p}(1-s)=\mathrm{e}^{-K}\int_0^{+\infty}\left(1+\frac{\rho\kappa_p\beta_p^2\gamma}{\sigma^2}\right)^{-\frac{T_\mathrm{f}Bs}{\ln 2}}\mathrm{e}^{-(1+K)\gamma}\sum_{i=0}^{+\infty}\frac{K^i(K+1)^{i+1}\gamma^i}{(i!)^2}\,\mathrm{d}\gamma \tag{5.30}$$

交换式（5.30）中的积分和求和次序，可以得到 $\mathcal{M}_{\phi_p}(1-s)$ 的如下表达式。

$$\mathcal{M}_{\phi_p}(1-s)=\mathrm{e}^{-K}\sum_{i=0}^{+\infty}\frac{K^i(K+1)^{i+1}}{i!}\left(\frac{\sigma^2}{\rho\kappa_p\beta_p^2}\right)^{i+1}U\left(i+1,i+2-\frac{T_{\mathrm{f}}Bs}{\ln 2},\frac{(K+1)\sigma^2}{\rho\kappa_p\beta_p^2}\right) \tag{5.31}$$

对式（5.31）中的 Tricomi 合流超几何函数应用 Kummer 变换，即可得到式（5.28）。

注意到，在 Rician 衰落信道下，本章强用户 p 的 SNR 域服务过程的 Mellin 变换 $\mathcal{M}_{\phi_p}(1-s)$ 也是一个无穷级数，为了用该级数来计算 $\mathcal{M}_{\phi_p}(1-s)$，需要证明级数的收敛性。

注释 5.2 定理 5.3 中给出的 $\mathcal{M}_{\phi_p}(1-s)$ 表达式可以用其前有限项截断以任意精度逼近。

证明 用 $\mathcal{M}_{\phi_p}(1-s)|L_0$ 表示 $\mathcal{M}_{\phi_p}(1-s)$ 的前 L_0 项截断，则用 $\mathcal{M}_{\phi_p}(1-s)|L_0$ 来近似 $\mathcal{M}_{\phi_p}(1-s)$ 的截断误差为

$$\begin{aligned}&\mathcal{M}_{\phi_p}(1-s)-\mathcal{M}_{\phi_p}(1-s)|L_0=\\&\left(\frac{(1+K)\sigma^2}{\rho\kappa_p\beta_p^2}\right)^{\frac{T_{\mathrm{f}}Bs}{\ln 2}}\sum_{i=L_0}^{+\infty}\frac{K^i\mathrm{e}^{-K}}{i!}U\left(\frac{T_{\mathrm{f}}Bs}{\ln 2},\frac{T_{\mathrm{f}}Bs}{\ln 2}-i,\frac{(1+K)\sigma^2}{\rho\kappa_p\beta_p^2}\right)\overset{(\mathrm{a})}{\leqslant}\\&\left(\frac{(1+K)\sigma^2}{\rho\kappa_p\beta_p^2}\right)^{\frac{T_{\mathrm{f}}Bs}{\ln 2}}U\left(\frac{T_{\mathrm{f}}Bs}{\ln 2},\frac{T_{\mathrm{f}}Bs}{\ln 2}-L_0,\frac{(1+K)\sigma^2}{\rho\kappa_p\beta_p^2}\right)\sum_{i=L_0}^{+\infty}\frac{K^i\mathrm{e}^{-K}}{i!}\end{aligned} \tag{5.32}$$

其中，不等号(a)成立是因为 Tricomi 合流超几何函数随 i 的增加递减。根据下不完全 Gamma 函数的级数展开[16]，式（5.32）中的最后一项，即由 e^{-K} 归一化为 e^{K} 的麦克劳林（Maclaurin）展开，事实上是正则化下不完全 Gamma 函数。

$$\sum_{i=L_0}^{+\infty}\frac{K^i\mathrm{e}^{-K}}{i!}=P(L_0,K)\overset{\mathrm{def}}{=}\frac{\gamma(L_0,K)}{\Gamma(L_0)} \tag{5.33}$$

其中，$\gamma(a,x)=\int_0^x u^{a-1}\mathrm{e}^{-u}\ \mathrm{d}u$ 为下不完全 Gamma 函数。正则化下不完全 Gamma 函数 $P(L_0,K)$ 随着 L_0 的增加迅速收敛到 0。因此，当 L_0 足够大时，$\mathcal{M}_{\phi_p}(1-s)$ 可由 $\mathcal{M}_{\phi_p}(1-s)|L_0$ 渐近精确近似。

接下来求解弱用户 SNR 域服务过程 ϕ_q 的 Mellin 变换。

定理 5.4 在 $\Sigma=1$、参数为 K 的 Rician 衰落信道中，采用静态功率分配，则弱用户 q 的 SNR 域服务过程的 Mellin 变换为

$$\mathcal{M}_{\phi_q}(1-s)=\frac{(1+K)\sigma^2\beta_q^{\frac{2T_f Bs}{\ln 2}}\mathrm{e}^{-K}}{\rho\kappa_q\beta_p^2}\sum_{i=0}^{+\infty}\frac{1}{i!}\left(\frac{K(K+1)\sigma^2}{\rho\kappa_q\beta_p^2}\right)^i\times$$
$$\sum_{j=0}^{+\infty}\frac{\beta_q^{2j}\left(\frac{T_f Bs}{\ln 2}\right)_j}{j!}U\left(i+1,i+2-j,\frac{(K+1)\sigma^2}{\rho\kappa_q\beta_p^2}\right) \tag{5.34}$$

证明　参照式（5.15），可以将 $\mathcal{M}_{\phi_q}(1-s)$ 展开为

$$\mathcal{M}_{\phi_q}(1-s)=\int_0^{+\infty}\left(1+\frac{\rho\kappa_q\beta_q^2\gamma}{\rho\kappa_q\beta_p^2\gamma+\sigma^2}\right)^{-\frac{T_f Bs}{\ln 2}}(1+K)\mathrm{e}^{-(1+K)\gamma-K}I_0\left(2\sqrt{K(K+1)\gamma}\right)\mathrm{d}\gamma \tag{5.35}$$

对上式进行式（5.15）和式（5.16）同样的变量替换 $u=\rho\kappa_q\beta_p^2\gamma/\sigma^2+1$，可得

$$\mathcal{M}_{\phi_q}(1-s)=(1+K)\mathrm{e}^{-K}\beta_q^{\frac{2T_f Bs}{\ln 2}}\exp\left(\frac{(K+1)\sigma^2}{\rho\kappa_q\beta_p^2}\right)\frac{\sigma^2}{\rho\kappa_q\beta_p^2}\times$$
$$\int_0^{+\infty}\left(1-\frac{\beta_q^2}{u}\right)^{-\frac{T_f Bs}{\ln 2}}\exp\left(-\frac{(K+1)\sigma^2 u}{\rho\kappa_q\beta_p^2}\right)I_0\left(2\sqrt{\frac{K(K+1)\sigma^2(u-1)}{\rho\kappa_q\beta_p^2}}\right)\mathrm{d}u \tag{5.36}$$

注意到，式（5.36）包含对第一类 0 阶修正 Bessel 函数、指数函数和 $(1-\beta_q^2/u)^{-\frac{T_f Bs}{\ln 2}}$ 乘积的复杂积分。为了得到 $\mathcal{M}_{\phi_q}(1-s)$ 便于计算的闭式表达式，需要对式（5.36）中的积分项进行变换。将式（5.36）中的积分项记为 $\mathcal{I}_n(s)$。同式（5.30），将 Bessel 函数用其级数形式代替，得到

$$\mathcal{I}_n(s)=\sum_{i=0}^{+\infty}\frac{\left(K(K+1)\sigma^2\right)^i}{(i!)^2\left(\rho\kappa_q\beta_p^2\right)^i}\underbrace{\int_1^{+\infty}\left(1-\frac{\beta_q^2}{u}\right)^{-\frac{2T_f Bs}{\ln 2}}(u-1)^i\exp\left(-\frac{(K+1)\sigma^2 u}{\rho\kappa_q\beta_p^2}\right)\mathrm{d}u}_{\mathcal{J}_i(s)} \tag{5.37}$$

显然，式（5.37）中的积分（记为 $\mathcal{J}_i(s)$）具有与式（5.16）中积分相同的结构，按照与定理 5.2 证明中同样的步骤，可以将 $\mathcal{J}_i(s)$ 化简为

$$\mathcal{J}_i(s)=i!\sum_{j=0}^{+\infty}\frac{\left(\frac{T_f Bs}{\ln 2}\right)_j\beta_q^{2j}}{j!}\exp\left(-\frac{(K+1)\sigma^2}{\rho\kappa_q\beta_p^2}\right)U\left(i+1,i+2-j,\frac{(K+1)\sigma^2}{\rho\kappa_q\beta_p^2}\right) \tag{5.38}$$

将式（5.37）和式（5.38）代入式（5.36），即可得到式（5.34）中的结果。

注意，在 Rician 衰落信道下，本节弱用户 q 的 SNR 域服务过程的 Mellin 变换 $\mathcal{M}_{\phi_q}(1-s)$ 是二维无穷级数，为了用该级数来计算 $\mathcal{M}_{\phi_q}(1-s)$，需要证明级数的收敛性。

注释 5.3 定理 5.4 中给出的 $\mathcal{M}_{\phi_q}(1-s)$ 表达式可以用其前有限项截断以任意精度逼近。

证明 由于式（5.34）中 $\mathcal{M}_{\phi_q}(1-s)$ 的闭式表达式是二维无穷级数，分别考虑对其每个维度进行截断。令 S_i 表示第 i 个内部求和，即

$$S_i=\sum_{j=0}^{+\infty}\frac{\beta_q^{2j}\left(\dfrac{T_{\mathrm{f}}Bs}{\ln 2}\right)_j}{j!}U\left(i+1,i+2-j,\frac{(K+1)\sigma^2}{\rho\kappa_q\beta_p^2}\right) \tag{5.39}$$

根据注释 5.1 中的证明可知，形如 S_i 的级数是收敛的，并且上确界 $S\triangleq\sup\limits_{i\geqslant 0}\{S_i\}$ 存在。对于内部求和，若仅保留前 L_0 项，则截断误差可由下式界定。

$$\begin{aligned}\mathcal{M}_{\phi_q}(1-s)-\mathcal{M}_{\phi_q}(1-s)\,|\,L_0=&\frac{(1+K)\sigma^2\beta_q^{\frac{2T_{\mathrm{f}}Bs}{\ln 2}}\mathrm{e}^{-K}}{\rho\kappa_q\beta_p^2}\sum_{i=L_O}^{+\infty}\frac{1}{i!}\left(\frac{K(K+1)\sigma^2}{\rho\kappa_q\beta_p^2}\right)^i S_i\leqslant\\&\frac{(1+K)\sigma^2\beta_q^{\frac{2T_{\mathrm{f}}Bs}{\ln 2}}\mathrm{e}^{-K}}{\rho\kappa_q\beta_p^2}S\sum_{i=L_O}^{+\infty}\frac{1}{i!}\left(\frac{K(K+1)\sigma^2}{\rho\kappa_q\beta_p^2}\right)^i\end{aligned} \tag{5.40}$$

这个截断误差界具有与式（5.32）相同的结构，根据注释 5.2 中的结论，式（5.40）随着 L_0 的增加快速收敛到 0。

接下来对每个内部求和的截断误差进行界定。考虑第 i 个内部求和（$0\leqslant i\leqslant L_0$），由于 S_i 具有与式（5.14）（b）相同的结构，而式（5.14）（b）的收敛性已由注释 5.1 给出。因此，$\forall\varepsilon>0$，$\exists L_i>0$ 使得 $\forall L>L_i$ 都有 $|S_i-S_i^{(L)}|<\varepsilon$ 成立。这里 $S_i^{(L)}$ 表示 $S_i^{(L)}$ 的前 L 项截断。$\forall L>L_I\overset{\text{def}}{=}\sup\limits_{0\leqslant i\leqslant L_0}\{L_i\}$，$0\leqslant\forall i\leqslant L_0$，都有 $|S_i-S_i^{(L)}|<\varepsilon$ 成立。若对 $\mathcal{M}_{\phi_q}(1-s)\,|\,L_0$ 中的所有内部求和都使用 L_I 项截断，则有 $\mathcal{M}_{\phi_q}(1-s)\,|\,L_0-\mathcal{M}_{\phi_q}(1-s)\,|\,(L_0,L_I)<\varepsilon L_0$，其中 $\mathcal{M}_{\phi_q}(1-s)\,|\,(L_0,L_I)$ 是式（5.34）中二维级数的双重截断。将 $\mathcal{M}_{\phi_q}(1-s)\,|\,L_0-\mathcal{M}_{\phi_q}(1-s)\,|\,(L_0,L_I)<\varepsilon L_0$ 代入式（5.40）可知，$\mathcal{M}_{\phi_q}(1-s)$ 和 $\mathcal{M}_{\phi_q}(1-s)\,|\,(L_0,L_I)$ 之间的截断误差可以忽略不计。

5.2.3 扩展到每个 NOMA 用户组包含多个用户的情形

本章前述内容中的推导和分析可以直接扩展到更一般的多个用户共享一个 RB 的情形。假设一个 NOMA 用户组中共有 N_u 个用户，它们的大尺度衰落满足 $\kappa_1 \gg \kappa_2 \gg \cdots \gg \kappa_{N_u}$。则对于第 i 个用户（$i \in \{2,\cdots,N_u\}$），其在时隙 t 的瞬时服务速率可以近似为

$$r_i(t) \approx T_{\mathrm{f}} B \mathrm{lb}\left(1+\frac{\rho\kappa_i\beta_i^2 \mid h_i(t)\mid^2}{\sum\limits_{j=1}^{i-1}\rho\kappa_i\beta_j^2 \mid h_i(t)\mid^2+\sigma^2}\right) \tag{5.41}$$

其具有与式（5.4）中用户 q 的服务速率相同的形式。因此，本章中关于排队时延超标概率上界的推导和分析以及后文中关于有效容量的推导和分析，都直接适用于具有多个 NOMA 用户的一般情形。

此外，将多个用户叠加在相同传输资源上会显著增加传输的复杂性和时延，同时也会加剧用户处 SIC 过程中的误差传播。因为用户只有在成功解码并消除了离基站更远的所有其他用户的信号之后，才能对自己的信号进行解码。出于实用性考虑，很多现有研究在 NOMA 系统中只考虑将两个用户进行配对的情形[1,8-9]。因此，本章也基于两用户的 NOMA 系统进行推导和分析。

5.2.4 排队时延超标概率上界验证

将式（5.11）、式（5.14）（b）、式（5.28）和式（5.34）代入式（5.8），可以得到下行 NOMA 用户分别在 Nakagami-*m* 和 Rician 衰落信道中的排队时延超标概率上界。

通过数值仿真对根据 SNC 得到的排队时延超标概率上界进行验证。设基站与用户 k 之间的大尺度衰落增益为 $\kappa_k = l_k^{-d}$，其中 l_k（m）为用户 k 与基站的距离，d=3 为路损因子。在仿真中，令强弱用户到基站的距离分别为 10 m 和 20 m，时隙长度 T_{f} =1 ms，RB 带宽 $B=168$ kHz，基站为该用户对提供的总发射功率 $\rho=20$ dBm，噪声功率 $\sigma^2=-30$ dBm。其他仿真参数，包括 Nakagami-*m* 因子、Rician K 因子、功率分配系数和业务到达率等将在具体的仿真案例中予以说明。另外，在仿真中，取 $L_0=10$ 项截断来计算式（5.14）（b）和式（5.28），取 $L_I=5$ 和 $L_0=5$ 来计算式（5.34）。值得注意的是，计算 $\mathcal{M}_{\phi_p}(1-s)$ 和 $\mathcal{M}_{\phi_q}(1-s)$ 的时间复杂度随截断项数呈多项式增长（如果需要进行截断计算的话）。由于仿真

中只用了很少的截断项数，因此计算用户 SNR 域服务过程的 Mellin 变换的时间复杂度很低。

当 $m=2$，$K=3$ 时，排队时延超标概率及其上界如图 5-2 所示，其中 $\lambda_p=\lambda_q=300$ kbit/s，$\beta_p^2=0.12$。实际排队时延超标概率通过 Monte Carlo 仿真得到，基于 SNC 理论的排队时延超标概率上界通过计算式（5.8）得到。在仿真中，假设用户 p 和用户 q 的业务到达率相等，均为 300 kbit/s，Nakagami-m 衰落信道的 m 因子为 2，Rician 衰落信道的 K 因子为 3，用户 p 的功率分配系数 $\beta_p^2=0.12$。从图 5-2 中可以看出，下行 NOMA 用户对的实际排队时延超标概率曲线与根据 SNC 理论得到的上界在对数域上具有几乎相同的斜率，这表明上界能够很好地跟踪实际时延超标概率随时延阈值下降的趋势。此外，仿真曲线与上界曲线在水平方向上的间隔在 0.5 个时隙以内。具体的时延超标概率及其上界的对数域斜率和水平方向间隔见表 5-1。这表明，基于 SNC 理论的排队时延超标概率上界是实际排队时延超标概率的一个较好估计。这也为接下来进行基于排队时延超标概率上界的准静态功率分配奠定了基础。

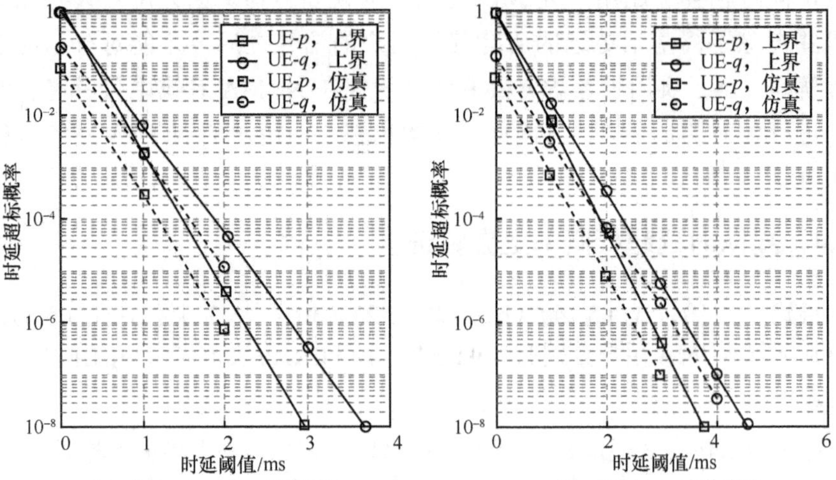

（a）基于Nakagami-m衰落信道　　（b）基于Rician衰落信道

图 5-2　当 $m=2$，$K=3$ 时，排队时延超标概率及其上界

表 5-1　时延超标概率及其上界的对数域斜率和水平方向间隔

类型	Nakagami-m		Rician	
	用户 p	用户 q	用户 p	用户 q
仿真斜率	−6.03	−5.14	−4.46	−4.28
SNC 斜率	−6.22	−4.99	−4.72	−4.03
水平间隔	0.31 时隙	0.30 时隙	0.50 时隙	0.28 时隙

不同信道参数 m 和 K 下的排队时延超标概率上界如图 5-3 所示，其中 $\lambda_p = \lambda_q = 240\ \text{kbit/s}$， $\beta_p^2 = 0.25$ 。可以看出， m 或 K 越大，时延超标概率随时延阈值的增加下降得越快。这是因为 m 或 K 越大，Nakagami-m 信道和 Rician 信道的不确定性越小，从而使得服务过程的不确定性越小。而服务过程中不确定性仿真的降低能够显著增加队列长度的指数衰减因子，从而加速时延超标概率的下降。值得注意的是，不论是在 Nakagami-m 信道还是在 Rician 信道中，强弱用户之间的排队时延超标概率都有较大差距，这是因为仿真中设置的功率分配因子 $\beta_p^2 = 0.25$ 对强用户更加有利。通过为弱用户分配更多的功率可以消除强弱用户在排队时延超标概率上的差距，这也正是本章后续内容中最小化最大时延超标概率的功率分配的主要思想。

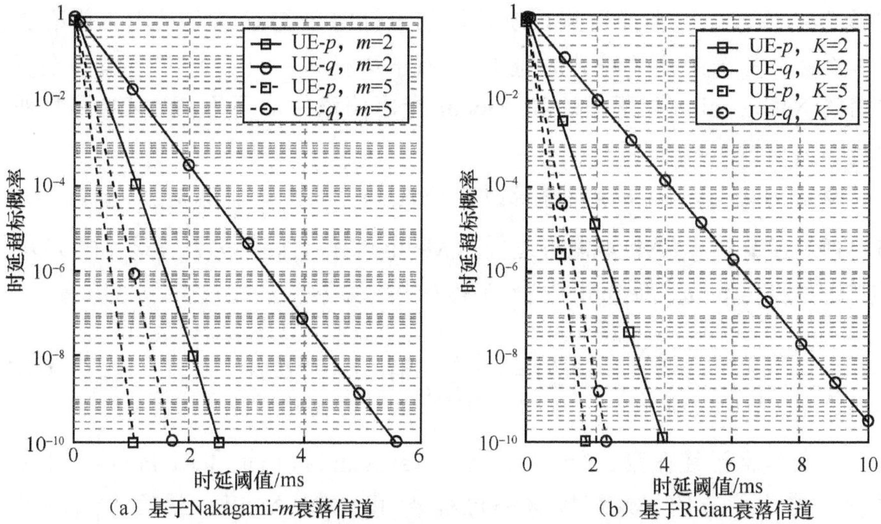

（a）基于Nakagami-m衰落信道　（b）基于Rician衰落信道

图 5-3　不同信道参数 m 和 K 下的排队时延超标概率上界

5.3 Nakagami-m 和 Rician 信道中下行 NOMA 的有效容量

SNC 理论根据给定的业务到达率和服务过程的统计特征来描述服务的统计时延 QoS 性能，而有效容量则在给定的服务过程和统计时延 QoS 需求下描述系统所能支持的到达率，它是系统吞吐量与统计时延 QoS 度量的有机结合，因此有效容量是时延敏感系统中重要的统计时延 QoS 指标之一。在第 3 章中已经介绍了有效容量的概念，并利用有效容量与用户 SNR 域服务过程的 Mellin 变换的关系，首次给出了静态功率分配下上行 NOMA 系统有效容量的闭式表达式。然而，由于下行 NOMA 与上行 NOMA 中的干扰信道特性不同（下行 NOMA 中干扰信号与有用信号经历相同的信道衰落，而在上行 NOMA 中，干扰信号与有用信号分别经历不同的信道衰落），因此，其结果不能直接扩展到下行 NOMA。Yu 等[18-19]分析了 Rayleigh 衰落信道中下行 NOMA 系统在静态功率分配下的有效容量，但是事实上，其考虑的有效容量并不是 NOMA 系统中各个用户的有效容量，而是 NOMA 用户组中各个用户在每个时隙按照 SIC 解码顺序（即瞬时信道增益的升序）“交织”而成的虚拟用户。这样的有效容量并不能反映每个真实用户的统计时延 QoS 性能，也不能反映系统总体的统计时延 QoS 性能（因为没有按照 SIC 顺序对各个用户的统计时延 QoS 因子进行重新排列）。本节考虑在更加通用的 Nakagami-*m* 衰落信道和 Rician 衰落信道中对下行 NOMA 用户对的有效容量进行分析。

设 $\forall k \in \{p,q\}$，用户 k 的统计时延 QoS 因子为 θ_k。在第 3 章中已经给出了用户有效容量与其 SNR 域服务过程的 Mellin 变换之间的关系（式（3.55））。为了方便对照，本节重新给出了式（3.55）中的关系。

$$\mathcal{C}_k(\theta_k) = -\frac{1}{\theta_k T_{\mathrm{f}} B}\ln\left(\mathcal{M}_{\phi_k}(1-\theta_k)\right) \tag{5.42}$$

由于本章已经在第 5.2 节中给出了 Nakagami-*m* 信道和 Rician 信道中强用户 p 与弱用户 q 的 SNR 域服务过程 ϕ_p 和 ϕ_q 的 Mellin 变换 $\mathcal{M}_{\phi_p}(1-s)$ 和 $\mathcal{M}_{\phi_q}(1-s)$ 闭式表达式，因此，将式（5.11）、式（5.14）（b）、式（5.28）和式（5.34）代入式（5.42），即可得到 Nakagami-*m* 信道和 Rician 信道中 NOMA 用户对的有效容量闭式表达式。特别地，由于 Nakagami-*m* 信道中的 $\mathcal{M}_{\phi_q}(1-s)$ 和 Rician 信道中的 $\mathcal{M}_{\phi_p}(1-s)$ 以及 $\mathcal{M}_{\phi_q}(1-s)$ 都是无穷级数，根据注释 5.1～注释 5.3 中的结论，在用它们计算 NOMA 用户的有效容量时可以用其前有限项截断来代替。

本章接下来推导了 Nakagami-*m* 信道和 Rician 信道中 NOMA 用户的有效容量在低 SNR 区和高 SNR 区的渐近表达式，并得到了一些简洁有趣的结论。

5.3.1 Nakagami-m 信道中的渐近有效容量

（1）低 SNR 区渐近有效容量

根据式（5.10）和式（5.13）中 ϕ_p 和 ϕ_q 的定义，当 $\rho \to 0$ 时，有

$$\phi_p = \exp\left(\frac{T_{\mathrm{f}}B}{\ln 2}\ln\left(1+\frac{\rho\kappa_p\beta_p^2\gamma}{\sigma^2}\right)\right) \overset{(a)}{\approx} (\mathrm{e}^{\gamma})^{\frac{T_{\mathrm{f}}B}{\ln 2}\rho\kappa_p\beta_p^2/\sigma^2} \tag{5.43}$$

$$\phi_q = \exp\left(\frac{T_{\mathrm{f}}B}{\ln 2}\ln\left(1+\frac{\rho\kappa_q\beta_q^2\gamma}{\rho\kappa_q\beta_p^2\gamma+\sigma^2}\right)\right) \overset{(b)}{\approx} (\mathrm{e}^{\gamma})^{\frac{T_{\mathrm{f}}B}{\ln 2}\rho\kappa_q\beta_q^2/\sigma^2} \tag{5.44}$$

其中，(a)处的近似通过应用在 $x \to 0$ 处的一阶泰勒（Taylor）展开 $\ln(1+x) \approx x$ 得到，(b)处的近似忽略了干扰项 $\rho\kappa_q\beta_p^2\gamma$，因为当 $\rho \to 0$ 时，系统是噪声受限的。经过式（5.43）和式（5.44）中的近似后，ϕ_p 和 ϕ_q 具有相同的形式。因此，$\forall k \in \{p,q\}$，用户 k 在低 SNR 区的渐近有效容量可以表示为

$$\lim_{\rho\to 0}\mathcal{C}_k(\theta_k) = -\frac{\ln 2}{\theta_k T_{\mathrm{f}} B}\mathrm{lb}\left(\mathcal{F}_\gamma\left(-\frac{\theta_k T_{\mathrm{f}} B\rho\kappa_k\beta_k^2}{\sigma^2\ln 2}\right)\right) = \frac{m\ln 2}{\theta_k T_{\mathrm{f}} B}\mathrm{lb}\left(1+\frac{\theta_k T_{\mathrm{f}} B\rho\kappa_k\beta_k^2}{m\sigma^2\ln 2}\right) \tag{5.45}$$

其中，$\mathcal{F}_\gamma(z) = E[\mathrm{e}^{z\gamma}]$ 是随机变量 γ 的矩生成函数（Moment Generating Function，MGF）。在 Nakagami-m 信道中，γ 服从形状参数为 m、缩放参数为 $1/m$ 的 Gamma 分布，其 MGF 为 $\mathcal{F}_\gamma(z) = (1-z/m)^{-m}$。

在式（5.45）中进一步进行形如 $(1+x/a)^a \overset{x\to 0}{\approx} 1+x$ 的近似，可以发现，m 和 θ_k 在低 SNR 区对用户的有效容量几乎没有影响，并且因为 $\lim_{x\to 0}\mathrm{lb}(1+x) \approx x/\ln 2$，$\mathcal{C}_k(\theta_k)$ 可以近似为 $\rho\kappa_k\beta_k^2/(\sigma^2\ln 2)$。基于上述观察，可以得出如下结论。

推论 5.1　在低 SNR 区，下行 NOMA 用户 k 在 Nakagami-m 衰落信道中的有效容量 $\mathcal{C}_k(\theta_k)$ 随 ρ 线性增加，并且与统计时延 QoS 因子 θ_k 和信道参数 m 无关。

（2）高 SNR 区渐近有效容量

在高 SNR 区，对于强用户 p 的有效容量，通过应用 Tricomi 合流超几何函数 $U(a,b,z)$ 在 $z \to 0$ 处的极限形式[15]，定理 5.1 中的 $\mathcal{M}_{\phi_p}(1-s)$ 可以转化为如下的分段函数。

$$\mathcal{M}_{\phi_p}(1-s)=\begin{cases}\left(\dfrac{m\sigma^2}{\rho\kappa_p\beta_p^2}\right)^{\frac{T_\mathrm{f}Bs}{\ln 2}}\dfrac{\Gamma\left(m-\dfrac{T_\mathrm{f}Bs}{\ln 2}\right)}{\Gamma(m)}, & \dfrac{T_\mathrm{f}Bs}{\ln 2}<m\\ \left(\dfrac{m\sigma^2}{\rho\kappa_p\beta_p^2}\right)^{m}\dfrac{\ln\left(\dfrac{\rho\kappa_p\beta_p^2}{m\sigma^2}\right)-\psi(m)-2\Omega}{\Gamma(m)}, & \dfrac{T_\mathrm{f}Bs}{\ln 2}=m\\ \left(\dfrac{m\sigma^2}{\rho\kappa_p\beta_p^2}\right)^{m}\dfrac{\Gamma\left(\dfrac{T_\mathrm{f}Bs}{\ln 2}-m\right)}{\Gamma\left(\dfrac{T_\mathrm{f}Bs}{\ln 2}\right)}, & \dfrac{T_\mathrm{f}Bs}{\ln 2}>m\end{cases} \tag{5.46}$$

其中，$\psi(\cdot)$ 为双伽马函数[16]，$\Omega\approx 0.577\,216$ 为欧拉（Euler）常数。将式（5.46）代入式（5.42）可得

$$\lim_{\rho\to\infty}\mathcal{C}_p(\theta)=$$

$$\begin{cases}\mathrm{lb}\left(\dfrac{\rho\kappa_p\beta_p^2}{m\sigma^2}\right)+\dfrac{\ln 2}{\theta_pT_\mathrm{f}B}\mathrm{lb}\Gamma(m)-\dfrac{\ln 2}{\theta_pT_\mathrm{f}B}\mathrm{lb}\Gamma\left(m-\dfrac{\theta_pT_\mathrm{f}B}{\ln 2}\right), & \dfrac{\theta_pT_\mathrm{f}B}{\ln 2}<m\\ \mathrm{lb}\left(\dfrac{\rho\kappa_p\beta_p^2}{m\sigma^2}\right)+\dfrac{\ln 2}{\theta_pT_\mathrm{f}B}\mathrm{lb}\Gamma(m)-\dfrac{\ln 2}{\theta_pT_\mathrm{f}B}\mathrm{lb}\left(\ln\left(\dfrac{\rho\kappa_p\beta_p^2}{m\sigma^2}\right)-\psi(m)-2\Omega\right), & \dfrac{\theta_pT_\mathrm{f}B}{\ln 2}=m\\ \dfrac{m\ln 2}{\theta_pT_\mathrm{f}B}\mathrm{lb}\left(\dfrac{\rho\kappa_p\beta_p^2}{m\sigma^2}\right)+\dfrac{\ln 2}{\theta_pT_\mathrm{f}B}\mathrm{lb}\Gamma\left(\dfrac{\theta_pT_\mathrm{f}B}{\ln 2}\right)-\dfrac{\ln 2}{\theta_pT_\mathrm{f}B}\mathrm{lb}\Gamma\left(\dfrac{\theta_pT_\mathrm{f}B}{\ln 2}-m\right), & \dfrac{\theta_pT_\mathrm{f}B}{\ln 2}>m\end{cases}$$

（5.47）

在高 SNR 区，对于给定的信道参数 m 和统计时延 QoS 因子 θ_p，$\mathcal{C}_p(\theta_p)$ 随 $\mathrm{lb}\left(\dfrac{\rho\kappa_p\beta_p^2}{\sigma^2}\right)$ 线性增加。当 $\dfrac{\theta_pT_\mathrm{f}B}{\ln 2}\leqslant m$ 时，有效容量表达式中 $\mathrm{lb}\left(\dfrac{\rho\kappa_p\beta_p^2}{\sigma^2}\right)$ 的系数为 1，这表明此时在高 SNR 区，通过增加发射功率 ρ 而带来的信道容量增益可以全部转化为用户 p 的有效容量。而当 $\dfrac{\theta_pT_\mathrm{f}B}{\ln 2}>m$ 时，有效容量中 $\mathrm{lb}\left(\dfrac{\rho\kappa_p\beta_p^2}{\sigma^2}\right)$ 的系数为 $m\dfrac{\ln 2}{\theta_pT_\mathrm{f}B}<1$，这表明在这种条件（即统计时延 QoS 需求较大或信道不确定性较大）下，即便是在高 SNR 区，增加发射功率所带来的信道容量增长也只能部分转化为有效容量。这是因为较大的统计时延 QoS 因子 θ_p（对于较大的统计时延 QoS 需求）和较小的信道 m（对应较大的信道不确定性）都会导致有

效容量下降。通过式（5.47）还可以观察到，强用户 p 的有限容量随信道参数 m 单调递增，这与排队论中服务过程越确定排队时延越小的观点是相符的。具体地，m 太大会降低信道增益的方差，从而减小服务过程的波动性。

在高 SNR 区，当 $\rho \to \infty$ 时，弱用户 q 变为干扰受限用户，此时可以忽略 ϕ_q 的 SINR 中的噪声项，得到

$$\lim_{\rho \to \infty} \phi_q = \left(1 + \frac{\beta_q^2}{\beta_p^2}\right)^{\frac{T_f B}{\ln 2}} \tag{5.48}$$

这表明，弱用户的 SINR 在高 SNR 区由一个随机变量变为一个定值，其服务过程也是如此。因此，在高 SNR 区，弱用户的有效容量是一个取决于功率分配系数 β_p^2 和 β_q^2 并且与统计时延 QoS 因子 θ_q 和信道参数 m 无关的常数。

$$\lim_{\rho \to \infty} \mathcal{C}_q(\theta_q) = \mathrm{lb}\left(1 + \frac{\beta_q^2}{\beta_p^2}\right) = -\mathrm{lb}(\beta_p^2) \tag{5.49}$$

5.3.2 Rician 信道中的渐近有效容量

（1）低 SNR 区渐近有效容量

正如第 5.3.1 节中所分析的，在低 SNR 区，NOMA 用户的渐近有效容量可以由信道功率增益 γ 的 MGF 来表示。在 Rician 衰落信道中，γ 是具有两个自由度的非中心卡方分布的随机变量。其 MGF 由如下引理给出。

引理 5.1 对于给定的具有两个自由度的非中心卡方分布随机变量 $X = \sum_{i=1}^{2} |X_i|^2$，其中，$\forall i \in \{1,2\}$，$X_i \sim N(\mu_i, \nu^2)$ 服从均值为 μ_i、方差为 ν^2 的正态分布。则 X 的 MGF 为

$$\mathcal{F}_X(t) = \exp\left(\frac{t\sum_{i=1}^{2}\mu_i^2}{1-2\nu^2 t}\right)\left(1-2\nu^2 t\right)^{-1} \tag{5.50}$$

证明 从更一般情况下的 MGF 表达式开始，对于具有 M 个自由度的非中心卡方随机变量 $X = \sum_{i=1}^{M} |X_i|^2$，其中 $X_i \sim N(\mu_i, \sigma_i^2)$ $(i \in \{1,2,\cdots,M\})$ 是均值为 μ_i、方差为 σ_i^2 的正态分布随机变量。由于 $\forall i$，X_i 相互独立，因此 X 的 MGF 可以写为

$$\mathcal{F}_X(t)=E\left[\exp\left(Xt\right)\right]=E\left[\prod_{i=1}^{M}\exp\left(|X_i|^2 t\right)\right]=\prod_{i=1}^{M}E\left[\exp\left(|X_i|^2 t\right)\right] \tag{5.51}$$

$\forall i$，令 $\hat{X}_i=X_i-\mu_i$，则 $\hat{X}_i\sim N(0,\sigma_i^2)$。将 $X_i=\hat{X}_i+\mu_i$ 代入 $E\left[\exp\left(|X_i|^2 t\right)\right]$ 中，可得

$$\begin{aligned}
&E\left[\exp\left(\left(\hat{X}_i+\mu_i\right)^2 t\right)\right]=\int_{-\infty}^{+\infty}\mathrm{e}^{(z+\mu_i)^2 t}\frac{1}{\sqrt{2\pi\sigma_i^2}}\mathrm{e}^{-\frac{z^2}{2\sigma_i^2}}\mathrm{d}z\overset{(a)}{=}\\
&\frac{1}{\sqrt{2\pi\sigma_i^2}}\int_{-\infty}^{+\infty}\exp\left(-\left(\frac{1}{2\sigma_i^2}-t\right)z^2+2\mu_i tz+t\mu_i^2\right)\mathrm{d}z\overset{(b)}{=}\\
&\frac{1}{\sqrt{2\pi\sigma_i^2}}\int_{-\infty}^{+\infty}\exp\left(-\left(\frac{1}{2\sigma_i^2}-t\right)\left(z-\frac{2\mu_i t}{\frac{1}{\sigma_i^2}-2t}\right)^2+\mu_i^2 t+\frac{2\mu_i^2 t^2}{\frac{1}{\sigma_i^2}-2t}\right)\mathrm{d}z\overset{(c)}{=}\\
&\exp\left(\mu_i^2 t+\frac{2\mu_i^2 t^2}{\frac{1}{\sigma_i^2}-2t}\right)\frac{\left(\frac{1}{\sigma_i^2}-2t\right)^{-\frac{1}{2}}}{\sigma_i}
\end{aligned} \tag{5.52}$$

其中，(a) 处的等号通过对指数上关于 z 的项进行同类项合并得到，(b) 处的等号通过在指数上对 z 进行配方得到，(c) 处的等号通过代入如下的积分恒等式得到。

$$\int_{-\infty}^{+\infty}\exp\left(-\frac{\left(z-\frac{2\mu_i t}{1/\sigma_i^2-2t}\right)^2}{\left(1/\sigma_i^2-2t\right)^{-1}}\right)=\sqrt{2\pi\left(1/\sigma_i^2-2t\right)^{-1}} \tag{5.53}$$

将式（5.52）代入式（5.51）可得

$$\mathcal{F}_X(t)=\exp\left(\sum_{i=1}^{M}\left(\mu_i^2 t+\frac{2\mu_i^2 t^2}{\frac{1}{\sigma_i^2}-2t}\right)\right)\prod_{i=1}^{M}\frac{\left(\frac{1}{\sigma_i^2}-2t\right)^{-\frac{1}{2}}}{\sigma_i}=\exp\left(\sum_{i=1}^{M}\frac{2\mu_i^2 t}{1-2\sigma_i^2 t}\right)\prod_{i=1}^{M}\frac{1}{\sqrt{1-2\sigma_i^2 t}} \tag{5.54}$$

当 X 表示 Rician 衰落信道的功率增益时，其具有两个自由度且满足 $\sigma_1^2=\sigma_2^2=\nu^2$。此时，式（5.54）等价于式（5.50）。

根据引理 5.1，用户 k 在低 SNR 区的渐近有效容量表达式为

$$\lim_{\rho\to 0}\mathcal{C}_k(\theta_k)=-\frac{\ln 2}{\theta_k T_\mathrm{f}B}\mathrm{lb}\left(\mathcal{F}_\gamma\left(-\frac{\theta_k T_\mathrm{f}B\rho\kappa_k\beta_k^2}{\sigma^2\ln 2}\right)\right)=\frac{K\rho\kappa_k\beta_k^2}{(K+1)\sigma^2\ln 2+\theta_k T_\mathrm{f}B\rho\kappa_k\beta_k^2}+\frac{\ln 2}{\theta_k T_\mathrm{f}B}\mathrm{lb}\left(1+\frac{\theta_k T_\mathrm{f}B\rho\kappa_k\beta_k^2}{(K+1)\sigma^2\ln 2}\right) \tag{5.55}$$

进一步地，对式（5.55）中加号右侧的项进行一阶 Taylor 级数展开，并忽略掉左侧项分母中的 $\theta_k T_\mathrm{f}B\rho\kappa_k\beta_k^2$，可得

$$\lim_{\rho\to 0}\mathcal{C}_k(\theta_k)=\frac{\rho\kappa_k\beta_k^2}{\sigma^2\ln 2} \tag{5.56}$$

基于上述观察，可以得出如下结论。

推论 5.2　在低 SNR 区，下行 NOMA 用户在 Rician 衰落信道中的渐近有效容量随着发射功率 ρ 的增加线性增长，并且与统计时延 QoS 因子 θ_k 和 Rician K 因子无关。

（2）高 SNR 区渐近有效容量

对于强用户 p，将 Tricomi 合流超几何函数 $U(a,b,z)$ 在 $z\to 0$ 处的极限形式代入式（5.28），再结合式（5.42），可得 $\mathcal{C}_p(\theta_p)$ 如下的高 SNR 区近似。

$$\lim_{\rho\to\infty}\mathcal{C}_p(\theta_p)=\mathrm{lb}\left(\frac{\rho\kappa_p\beta_p^2}{(K+1)\sigma^2}\right)-\frac{\ln 2}{\theta_p T_\mathrm{f}B}\mathrm{lb}\left(\sum_{i=0}^{\left\lceil\frac{\theta_p T_\mathrm{f}B}{\ln 2}-2\right\rceil}\frac{K^i\mathrm{e}^{-K}}{i!}\frac{\Gamma\left(\frac{\theta_p T_\mathrm{f}B}{\ln 2}-i-1\right)}{\Gamma\left(\frac{\theta_p T_\mathrm{f}B}{\ln 2}\right)}+\sum_{i=\left\lfloor\frac{\theta_p T_\mathrm{f}B}{\ln 2}\right\rfloor}^{+\infty}\frac{K^i\mathrm{e}^{-K}}{i!}\frac{\Gamma\left(i+1-\frac{\theta_p T_\mathrm{f}B}{\ln 2}\right)}{\Gamma(i+1)}-\boldsymbol{1}_{\frac{\theta_p T_\mathrm{f}B}{\ln 2}\in\mathbb{Z}^+}\frac{K^{\frac{\theta_p T_\mathrm{f}B}{\ln 2}-1}\mathrm{e}^{-K}}{\left(\frac{\theta_p T_\mathrm{f}B}{\ln 2}-1\right)!}\frac{\ln\left(\frac{(1+K)\sigma^2}{\rho\kappa_p\beta_p^2}\right)+\psi\left(\frac{\theta_p T_\mathrm{f}B}{\ln 2}\right)+2\Omega}{\Gamma\left(\frac{\theta_p T_\mathrm{f}B}{\ln 2}\right)}\right) \tag{5.57}$$

其中，$\boldsymbol{1}_{x\in\mathcal{S}}$ 为示性函数，当 $x\in\mathcal{S}$ 时为真，反之为伪。特别地，当 $\theta_p T_\mathrm{f}B<\ln 2$ 时，

基于 Kummer 函数的定义 $M(a,b,z)=\sum_{i=0}^{+\infty}K^{i}(a)_{i}/(i!(b)_{i})$ [15]，式（5.57）可以化简为

$$\mathcal{C}_{p}(\theta_{p})=\mathrm{lb}\left(\frac{\rho\kappa_{p}\beta_{p}^{2}}{(K+1)\sigma^{2}}\right)+\frac{K}{\theta_{p}T_{\mathrm{f}}B}-\frac{\ln 2}{\theta_{p}T_{\mathrm{f}}B}\mathrm{lb}\Gamma\left(1-\frac{\theta_{p}T_{\mathrm{f}}B}{\ln 2}\right)-\frac{\ln 2}{\theta_{p}T_{\mathrm{f}}B}\mathrm{lb}M\left(1-\frac{\theta_{p}T_{\mathrm{f}}B}{\ln 2},1,K\right) \tag{5.58}$$

注意到，式（5.58）中的渐近表达式也可以通过在式（5.30）中应用近似关系 $(1+\rho\kappa_{p}\beta_{p}^{2}\gamma/\sigma^{2})^{-\frac{Bs}{\ln 2}}\approx(\rho\kappa_{p}\beta_{p}^{2}\gamma/\sigma^{2})^{-\frac{Bs}{\ln 2}}$ 得到。从式（5.57）和式（5.58）中可以看出，$\mathcal{C}_{p}(\theta_{p})$ 在高 SNR 区随 $\mathrm{lb}(\rho)$ 线性增长，且 $\mathrm{lb}(\rho)$ 项的系数为 1，这表明在高 SNR 区及 Rician 信道中，通过提高发射功率而增加的信道容量可以完全转化为有效容量。此外，还可以看出 $\mathcal{C}_{p}(\theta_{p})$ 随着 K 的增加而增加。

在 Rician 信道中，由于弱用户 q 在高 SNR 区也是干扰受限的，其渐近有效容量的表达式与式（5.49）相同，是一个取决于功率分配系数 β_{p}^{2} 和 β_{q}^{2}，并且与统计时延 QoS 因子 θ_{q} 和 Rician K 因子无关的常数。因此，在高 SNR 区，对于给定的功率分配，提升 NOMA 用户对的总发射功率 ρ 并不会明显提升弱用户 q 的有效容量。

5.3.3 有效容量及其渐近表达式的验证

本章根据用户 SNR 域服务过程的 Mellin 变换来计算用户的有效容量。对于 Nakagami-m 信道中的弱用户以及 Rician 信道中的强弱用户，本章给出的 SNR 域服务过程的 Mellin 变换闭式表达式均为无穷级数，因此在使用式（5.42）计算有效容量时，需要对无穷级数进行截断。本章通过大量的仿真验证了利用所推导的 SNR 域服务过程闭式表达式的有限项截断来计算有效容量的准确性，以及在低 SNR 区和高 SNR 区的有效容量渐近表达式的准确性。

在不同的信道参数 m 、K 以及统计时延 QoS 因子 $\hat{\theta}$ 下，不同信道中 NOMA 用户 p 和用户 q 的有效容量如图 5-4 所示。其中，基本仿真参数设置与第 5.2.4 节中相同。为了简化仿真，假设用户 p 和用户 q 的统计时延 QoS 因子相同，即 $\theta_{p}=\theta_{q}$，并用 $\hat{\theta}=T_{\mathrm{f}}B\theta_{p}/\ln 2=T_{\mathrm{f}}B\theta_{q}/\ln 2$ 来代表用户的统计时延 QoS 需求。图 5-4 同时给出了通过理论的近似计算（式（5.42）结合 SNR 域服务过程的 Mellin 变换的截断

近似）和通过 Monte Carlo 仿真得到的 NOMA 用户对有效容量，其中在计算 SNR 域服务过程的 Mellin 变换时，取 $L_0=10$ 项截断来计算式（5.14）（b）和式（5.28），取 $L_I=5$ 和 $L_0=5$ 来计算式（5.34）。从图 5-4 中可以看出，在不同统计时延 QoS 因子 $\hat{\theta}$ 和发射功率 ρ 下，通过闭式表达式的截断近似得到的有效容量都能很好地和 Monte Carlo 仿真结果相吻合。这验证了第 5.2 节中所推导的用户 SNR 域服务过程的 Mellin 变换闭式表达式的准确性。在 Nakagami-m 和 Rician 衰落信道中，用户的有效容量都随着总发射功率 ρ 的增加而增加。这也可以从 $\mathcal{M}_{\phi_k}$（$k\in\{p,q\}$）是 ρ 的减函数这一点得到验证。此外，$\hat{\theta}$ 越大，或者 m 或 K 越小，有效容量越小；换言之，更大的统计时延 QoS 需求或更大的信道（或服务过程）不确定性将导致有效容量的降低。另外，当信道不确定性越大时，$\hat{\theta}$ 的取值对有效容量的影响也越大。反过来，当统计时延 QoS 需求越大时，信道不确定性对有效容量的影响也越大。

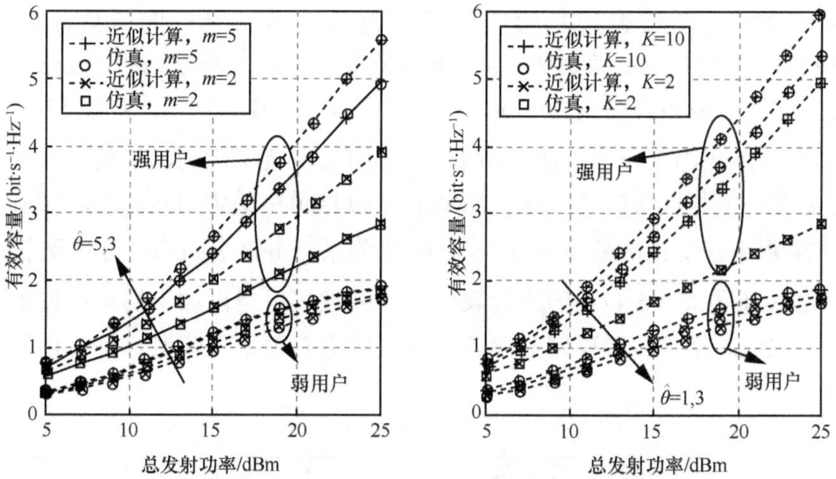

(a) 基于Nakagami-m衰落信道　　(b) 基于Rician衰落信道

图 5-4　在不同的信道参数 m、K 以及统计时延 QoS 因子 $\hat{\theta}$ 下，不同信道中 NOMA 用户 p 和用户 q 的有效容量

当 $\beta_p^2=0.25$ 时，不同信道参数 m、K 以及总发射功率 ρ 下的有效容量及其低 SNR 近似如图 5-5 所示。仿真结果验证了渐近表达式（5.45）和式（5.55）的准确性。从图 5-5 中可以看出，当发射功率 $\rho\leqslant 0$ dBm 时（此时强弱用户的有用信号接收 SNR 分别为−6 dB 和−9.2 dB），渐近表达式的近似结果非常准确。Monte Carlo 仿真结果表明，统计时延 QoS 因子 $\hat{\theta}$、信道参数 m 和 K 在低 SNR 区对有效容量没有影响。

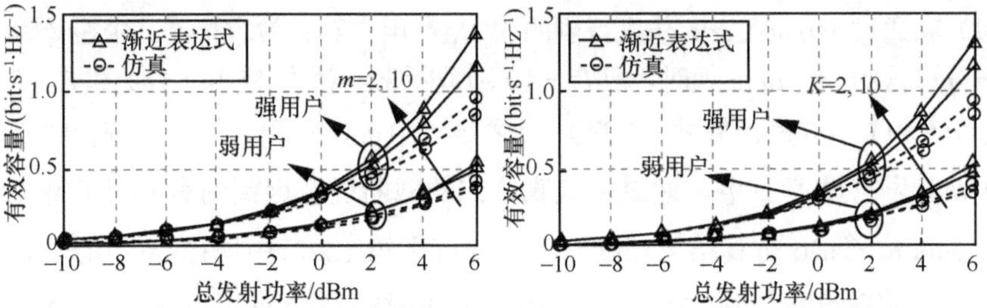

(a) 基于Nakagami-m衰落信道　　(b) 基于Rician衰落信道

图 5-5　当 $\beta_p^2 = 0.25$ 时，不同信道参数 m 、K 以及总发射功率 ρ 下的有效容量及其低 SNR 近似

当 $\beta_p^2 = 0.25$ 时， Nakagami-m 信道和 Rician 信道中，不同信道参数、统计时延 QoS 因子 $\hat{\theta}$ 以及总发射功率 ρ 下的有效容量及其高低 SNR 近似如图 5-6 和图 5-7 所示。从图 5-6 和图 5-7 中可以看出，当总发射功率 ρ 高于 30 dBm 时，式（5.47）、式（5.49）和式（5.57）中的渐近表达式十分准确。此外，在中 SNR 区渐近表达式的近似误差也不明显。对于弱用户而言，在 Nakagami-m 和 Rician 信道中，有效容量随着 ρ 的增加逐渐饱和，这是因为随着 ρ 的增加，弱用户受到的干扰项会远大于噪声，使得弱用户在高 SNR 区干扰受限，SINR 趋于一个取决于功率分配因子的常数，因而其有效容量也趋于一个常数。值得注意的是，对于 Nakagami-m 信道中的强用户，当 $m/\hat{\theta}<1$ 时，有效容量随 ρ 变化的斜率与 $m/\hat{\theta}$ 成线性关系，并在 $m/\hat{\theta} \geqslant 1$ 时达到稳定状态。这验证了式（5.47）的渐近表达式，并且可以得出如下结论：较小的统计时延 QoS 需求和较确定的服务过程可以更有效地将信道容量转化为有效容量。

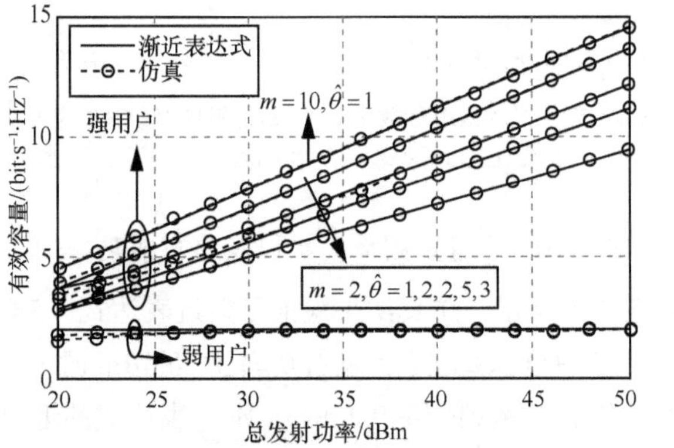

图 5-6　当 $\beta_p^2 = 0.25$ 时， Nakagami-m 信道中，不同信道参数 m 、统计时延 QoS 因子 $\hat{\theta}$ 以及总发射功率 ρ 下的有效容量及其高低 SNR 近似

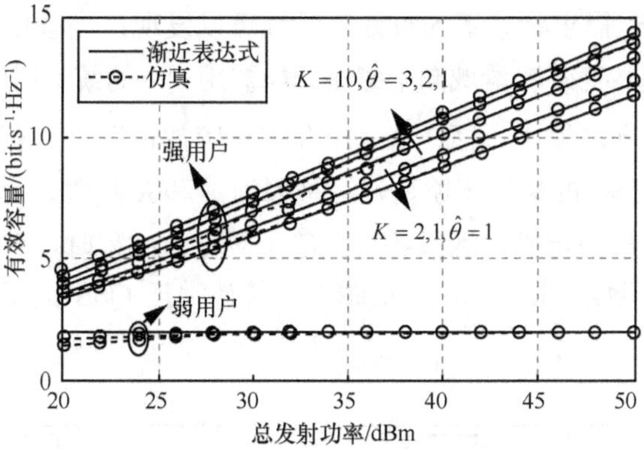

图 5-7　当 $\beta_p^2=0.25$ 时，Rician 信道中，不同信道参数 K、统计时延 QoS 因子 $\hat{\theta}$ 以及总发射功率 ρ 下的有效容量及其高低 SNR 近似

5.3.4　与 OMA 有效容量的对比

本节通过计算机仿真对比了静态功率分配下 NOMA 的有效容量域与 OMA 的有效容量域。其中，NOMA 的有效容量域定义为在功率分配系数 β_p^2 取遍 $[0,1]$ 所有值时，NOMA 用户对的有效容量对构成的帕累托（Pareto）边界所围成的区域。而 OMA 的有效容量域则定义为用户对在时隙分配系数取遍 $[0,1]$ 所有值时的有效容量对构成的 Pareto 边界所围成的区域。

在不同统计时延 QoS 因子对 $[\hat{\theta}_p,\hat{\theta}_q]$ 以及不同信道参数 m 和 K 下对比 NOMA 与 OMA 的有效容量域。具体地，$[\hat{\theta}_p,\hat{\theta}_q]\in\mathcal{S}=\{[0.2,0.2],[0.2,2],[2,0.2],[2,2]\}$。其中 0.2 代表较小的统计时延 QoS 需求，2 代表较大的统计时延 QoS 需求，因此 $\mathcal{S}$ 代表强弱用户 4 种不同的统计时延 QoS 需求状态。在每种统计时延 QoS 需求状态下，分别在 Nakagami-m 衰落信道和 Rician 衰落信道中对比了不同信道参数下 NOMA 与 OMA 的有效容量域，以研究信道不确定性对有效容量的影响。当发射功率 $\rho=20\,\text{dBm}$，并且用户到基站距离 l_p=10 m，l_q=20 m 时，4 种统计时延 QoS 因子下，Nakagami-m 信道和 Rician 信道中用户对的有效容量的 Pareto 边界如图 5-8 至图 5-11 所示，其中横轴代表弱用户 q 的有效容量，纵轴代表强用户 p 的有效容量。Pareto 边界上的每一点都代表一种功率分配方案或时隙分配方案。

从图 5-8 至图 5-11 中可以看出，在每种统计时延 QoS 需求状态下，NOMA 和 OMA 的有效容量域都随着 m 和 K 的增加而向右向上扩大。也就是说，信道的不确定性越低，有效容量域越大。另外，以 $[\hat{\theta}_p,\hat{\theta}_q]=[0.2,0.2]$（即强弱用户都具有较小的统计时延 QoS 需求）的统计时延 QoS 需求状态为基准，对比不同统计时延 QoS 需求状态下的有效容量域可以发现，当强用户 p 的统计时延 QoS 需求变大时，有效容量域向下缩小，当弱用户 q 的统计时延 QoS 需求变大时，有效容量域向左缩小。而在 $m=10$ 和 $K=10$ 的情况下，有效容量域的缩小不如在 $m=1$ 和 $K=1$ 的情况下明显，这是因为 m 和 K 越大，信道的不确定性越低，根据有效容量的定义，当服务过程趋于确定性过程时，有效容量会趋于一个与 $\hat{\theta}_k$ 无关的常数。因此，m 和 K 越大，统计时延 QoS 因子对有效容量的影响越小。

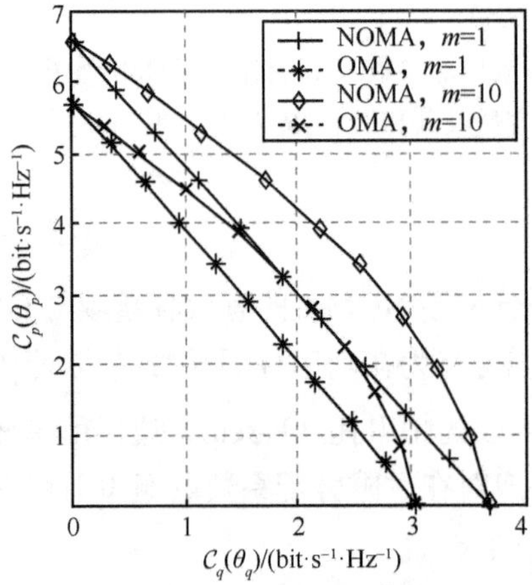

(a) 基于Nakagami-*m*衰落信道

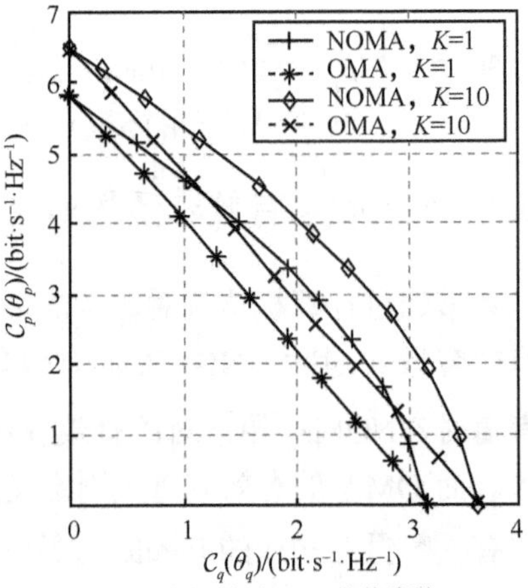

(b) 基于Rician衰落信道

图 5-8　当统计时延 QoS 因子 $[\hat{\theta}_p,\hat{\theta}_q]=[0.2,0.2]$ 时，Nakagami-*m* 信道和 Rician 信道中用户对的有效容量的 Pareto 边界

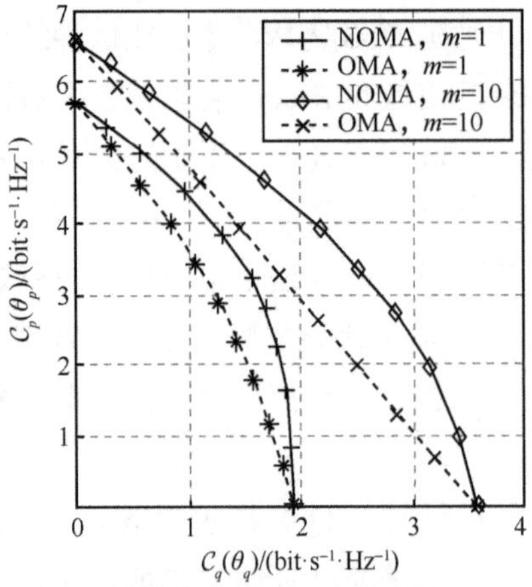

(a) 基于Nakagami-*m*衰落信道

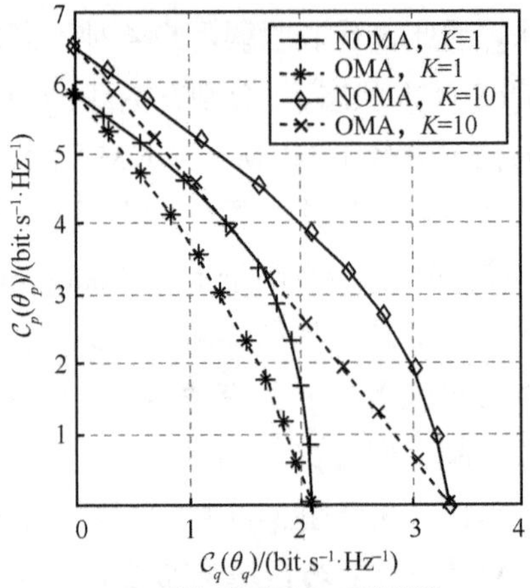

(b) 基于Rician衰落信道

图 5-9　当统计时延 QoS 因子 $[\hat{\theta}_p,\hat{\theta}_q]=[0.2,2]$ 时，Nakagami-*m* 信道和 Rician 信道中用户对的有效容量的 Pareto 边界

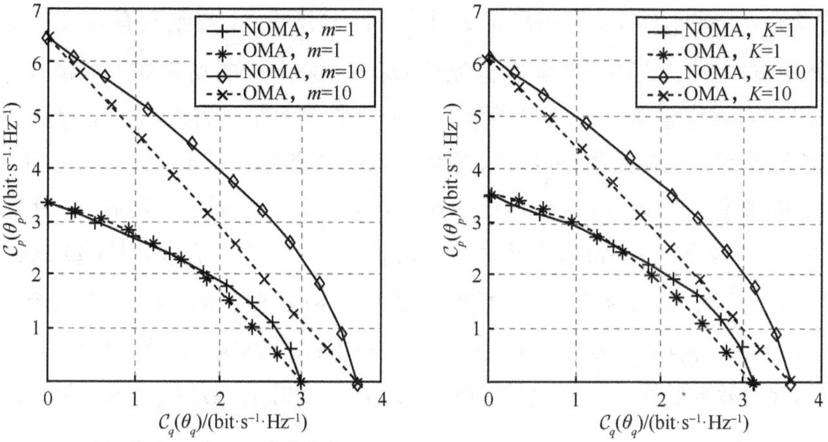

(a) 基于Nakagami-*m*衰落信道　　(b) 基于Rician衰落信道

图 5-10 当统计时延 QoS 因子 $[\hat{\theta}_p,\hat{\theta}_q]=[2,0.2]$ 时，Nakagami-*m* 信道和 Rician 信道中用户对的有效容量的 Pareto 边界

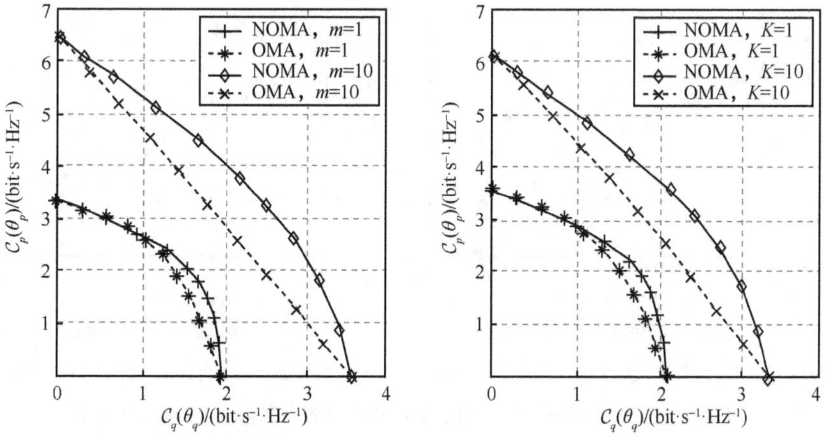

(a) 基于Nakagami-*m*衰落信道　　(b) 基于Rician衰落信道

图 5-11 当统计时延 QoS 因子 $[\hat{\theta}_p,\hat{\theta}_q]=[2,2]$ 时，Nakagami-*m* 信道和 Rician 信道中用户对的有效容量的 Pareto 边界

对比 4 种统计时延 QoS 需求状态下的 NOMA 与 OMA 有效容量域可以发现，当 $[\hat{\theta}_p,\hat{\theta}_q]=[0.2,0.2]$ 或 $[\hat{\theta}_p,\hat{\theta}_q]=[0.2,2]$ 时，不论信道的不确定性如何，NOMA 的有效容量域始终大于 OMA（即 OMA 的有效容量域包含在 NOMA 的有效容量域内部）。图 5-10 和图 5-11 中，当 $[\hat{\theta}_p,\hat{\theta}_q]=[2,0.2]$ 或 $[\hat{\theta}_p,\hat{\theta}_q]=[2,2]$ 且信道不确定性较大（即 $m=1$ 或 $K=1$）时，OMA 的有效容量域在强用户有效容量较大（即为强用户分配大部分时隙）时会有极少的部分不包含在 NOMA 的有效容量域内。这是因为在 NOMA 中，当强用户 p 的统计时延 QoS 较大且信道不确定性较大时，为了达到和 OMA 中强用户相同的有效容量，需要占用更

多的功率，此时 NOMA 弱用户 q 受到的干扰十分严重，导致其有效容量略微低于 OMA 弱用户。这种现象随着分配给 NOMA 弱用户的功率变大而消失，并在弱用户的有效容量较大时取得显著的有效容量域增益。另外，还发现通过配对大尺度衰落差异明显的用户也可以消除 NOMA 有效容量域不完全包含 OMA 有效容量域的现象，当统计时延 QoS 因子$[\hat{\theta}_p,\hat{\theta}_q]=[2,2]$，且弱用户到基站的距离增加到$l_q=40\,\text{m}$时，Nakagami-*m* 信道和 Rician 信道中用户对的有效容量的 Pareto 边界如图 5-12 所示，当弱用户到基站的距离增加至 40 m 时，NOMA 的有效容量域完全包含 OMA 的有效容量域。这表明，在进行下行 NOMA 用户配对时，将信道条件具有显著差异的用户进行配对的原则在考虑统计时延 QoS 的情况下仍然适用。

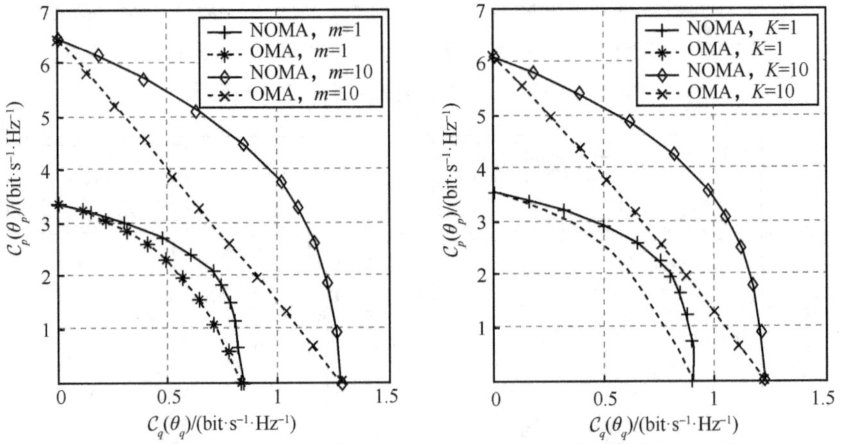

(a) 基于Nakagami-*m*衰落信道　　(b) 基于Rician衰落信道

图 5-12　当统计时延 QoS 因子$[\hat{\theta}_p,\hat{\theta}_q]=[2,2]$，且弱用户到基站的距离增加到$l_q=40\,\text{m}$时，Nakagami-*m* 信道和 Rician 信道中用户对的有效容量的 Pareto 边界

另外，虽然当强弱用户的信道条件差异不大时，OMA 的有效容量域在信道不确定性较大时会有极少部分不包含在 NOMA 的有效容量域内，但是这部分有效容量是在强弱用户有效容量相差极大时取得的；而当 NOMA 的有效容量域相比于 OMA 的有效容量域有明显增益时，弱用户也能取得较大的有效容量，这说明 NOMA 能比 OMA 更好地保障用户有效容量的公平性。

最后，OMA 的有效容量域是在一个时隙可以任意划分的假设下达到的。对于一个实际通信系统而言，这种假设会给系统设计和实现带来极大的挑战，是不现实的。NOMA 则通过在强弱用户之间进行功率分配达到其有效容量域，由于系统改变功率分配比改变帧结构要容易得多，因此 NOMA 可以比 OMA 更方便地达到有效容量域。

5.4 最小化最大时延超标概率上界的功率分配

5.4.1 问题建模与求解

为了在 NOMA 中实现用户公平性并保障统计时延 QoS，考虑将基于 SNC 的排队时延超标概率上界作为功率分配中的统计时延性能度量。可以验证，不论是在 Nakagami-m 信道还是在 Rician 信道中，式（5.11）、式（5.14）（b）、式（5.28）和式（5.34）中的 Mellin 变换 $\mathcal{M}_{\phi_k}(1-s)$（$k\in\{p,q\}$）都是 β_k^2 的单调非增函数。用 ϖ_k 表示用户 k 的目标时延，由于用户 k 的排队时延超标概率上界 $P_k(\varpi_k)\overset{\text{def}}{=}\inf\limits_{s>0}\left\{\dfrac{\mathcal{M}_{\phi_k}^{\varpi_k}(1-s)}{1-\mathcal{M}_{\alpha_k}(1+s)\mathcal{M}_{\phi_k}(1-s)}\right\}$ 是 $\mathcal{M}_{\phi_k}(1-s)$ 的单调增函数，则根据链式法则，$P_k(\varpi_k)$ 是 β_k^2 的单调非增函数。可以用上界 $P_k(\varpi_k)$ 来度量用户的时延性能，上界越大，则可达的统计时延性能越差。

在这个时延性能度量下，以平衡 NOMA 用户之间的统计时延性能为目标，即以保障 NOMA 用户在统计时延 QoS 性能方面的公平性为目标进行功率分配，考虑用户之间的绝对公平，在最小最大公平性准则下将功率分配建模为如下的优化问题。

$$(\mathrm{P}_1):\quad \min_{\beta_p,\beta_q}\ \max\left\{P_p(\varpi_p),P_q(\varpi_q)\right\} \tag{5.59}$$

$$\text{s.t.}\quad \beta_p^2+\beta_q^2=1 \tag{5.59a}$$

$$\beta_p\leqslant\beta_q \tag{5.59b}$$

其中，约束条件（式（5.59b））确保将更多的功率分配给弱用户，以使得在给定 SIC 顺序下弱用户的速率性能得到一定保障[4,20]。

定理 5.5 优化目标函数（式（5.59））在条件（式（5.59a））的约束下最优解的充要条件为

$$P_p(\varpi_p)=P_q(\varpi_q),\ 且\ \beta_p<\beta_q \tag{5.60}$$

该充要条件满足约束条件（式（5.59b）），使得式（5.60）是优化问题（P_1）

的最优解的充要条件。

证明 首先证必要性。将NOMA用户对的最优功率分配系数记为β_p^*和β_q^*，其对应的排队时延超标概率上界记为$P_p^*(\varpi_p)$和$P_q^*(\varpi_q)$。不妨假设$P_p^*(\varpi_p) > P_q^*(\varpi_q)$。由于$P_k(\varpi_k)$是$\beta_k$（$k \in \{p,q\}$）的连续函数，因此有$\forall \varepsilon > 0$，存在$\delta > 0$和另一对不同的功率分配系数$\beta_p^{**} = \beta_p^* + \delta / 2$与$\beta_q^{**} = \sqrt{1-(\beta_p^{**})^2}$，使得$P_p^*(\varpi_p) > P_p^{**}(\varpi_p) > P_p^*(\varpi_p) - \varepsilon$并且$P_q^*(\varpi_q) + \varepsilon > P_q^{**}(\varpi_q) > P_q^*(\varpi_q)$。其中，$P_p^{**}(\varpi_p)$和$P_q^{**}(\varpi_q)$是在新的功率分配系数$\beta_p^{**}$和$\beta_q^{**}$下用户$p$和用户$q$的排队时延超标概率上界。对于$0 < \varepsilon < P_p^*(\varpi_p) - P_q^*(\varpi_q)$，根据$P_k(\varpi_k)$对$\beta_k$的单调性有$\max\{P_p^{**}(\varpi_p), P_q^{**}(\varpi_q)\} < \max\{P_p^*(\varpi_p), P_q^*(\varpi_q)\}$。也就是说，新的功率分配系数$\beta_p^{**}$和$\beta_q^{**}$要优于$\beta_p^*$和$\beta_q^*$，这违背了$\beta_p^*$和$\beta_q^*$的最优性假设，从而证明了式（5.60）的必要性。

再证充分性。假设当$P_p(\varpi_p) = P_q(\varpi_q)$时，相应的功率分配系数$\beta_p$和$\beta_q$不是最优的，则必定存在另外一组功率分配系数$\beta_p^{\#}$和$\beta_q^{\#}$，使得其对应的排队时延超标概率上界满足$\max\{P_p^{\#}(\varpi_p), P_q^{\#}(\varpi_q)\} < \max\{P_p(\varpi_p), P_q(\varpi_q)\}$。为了不失一般性，假设$\beta_p^{\#} > \beta_p$且$\beta_q^{\#} < \beta_q$。根据$P_k(\varpi_k)$对$\beta_k$的单调性有$P_p^{\#}(\varpi_p) < P_p(\varpi_p)$且$P_q^{\#}(\varpi_p) > P_p(\varpi_p)$，从而有$\max\{P_p^{\#}(\varpi_p), P_q^{\#}(\varpi_q)\} > \max\{P_p(\varpi_p), P_q(\varpi_q)\}$。这等价于满足$P_p(\varpi_p) = P_q(\varpi_q)$的功率分配系数$\beta_p$和$\beta_q$就是最优的。式（5.60）的充分性得以验证。

最后，证明当$P_p(\varpi_p) = P_q(\varpi_q)$时，必定有对应的功率分配系数$\beta_p$和$\beta_q$满足$\beta_p < \beta_q$。这可以通过假设$\beta_p = \beta_q$来说明。当$\beta_p = \beta_q$时，由于$\kappa_p \gg \kappa_q$，有$\mathcal{M}_{\phi_p}(1-s) = E\left[\left(1+\frac{\rho\kappa_p\beta_p^2\gamma}{\sigma^2}\right)^{-\frac{T_f Bs}{\ln 2}}\right] < E\left[\left(1+\frac{\rho\kappa_q\beta_q^2\gamma}{\rho\kappa_q\beta_p^2\gamma+\sigma^2}\right)^{-\frac{T_f Bs}{\ln 2}}\right] = \mathcal{M}_{\phi_q}(1-s)$。从而根据$P_k(\varpi_k)$对$\beta_k$的单调性有$P_p(\varpi_p) < P_q(\varpi_q)$。这表明应当为弱用户$q$分配更多的功率以使得NOMA用户对具有相等的排队时延超标概率上界。因此，使得$P_p(\varpi_p) = P_q(\varpi_q)$的功率分配系数必定满足$\beta_p < \beta_q$。

定理5.5根据$P_k(\varpi_k)$对β_k^2的单调性，给出优化问题（P_1）的最优解必定满足$P_p(\varpi_p) = P_q(\varpi_q)$的结论。当$\beta_p^2$从0增加到1时，$\frac{P_p(\varpi_p)}{P_q(\varpi_q)}$的值从$\infty$降低到0。因此，可以用二分搜索法来求解优化问题（$\mathrm{P}_1$）。具体地，将$\frac{P_p(\varpi_p)}{P_q(\varpi_q)}$的值作为

二分搜索法中区间选择的指标，当 $\frac{P_p(\varpi_p)}{P_q(\varpi_q)}<1$ 时，最优解 $(\beta_p^2)^*$ 必定在左侧区间中，否则，$(\beta_p^2)^*$ 在右侧区间中。当 $\left|\frac{P_p(\varpi_p)}{P_q(\varpi_q)}-1\right|$ 小于给定的精度阈值时，则终止搜索过程。所提出的最小化最大排队时延超标概率上界的功率分配方案在算法 5.1 中具体列出。

算法 5.1　最小化最大排队时延超标概率上界的功率分配方案

输入　目标时延 ϖ_p、ϖ_q，业务到达率 λ_p、λ_q，总发射功率 ρ

1：初始化：$\beta_p^2=\beta_q^2=1/2$，搜索区间下界 $I_l=0$，搜索区间上界 $I_u=1$，收敛阈值 δ

2：根据 SNC 计算用户的排队时延超标概率上界 $P_k(\varpi_k)=\inf\limits_{s>0}\left\{\frac{\mathcal{M}_{\phi_k}^{\varpi_k}(1-s)}{1-\mathcal{M}_{\alpha_k}(1+s)\mathcal{M}_{\phi_k}(1-s)}\right\}$，（$k\in\{p,q\}$）

3：　**while** $\left|\frac{P_p(\varpi_p)}{P_q(\varpi_q)}-1\right|>\delta$ **do**

4：　　$\beta_p^2=(I_l+I_u)/2$，$\beta_q^2=1-\beta_p^2$

5：　　根据 $P_k(\varpi_k)=\inf\limits_{s>0}\left\{\frac{\mathcal{M}_{\phi_k}^{\varpi_k}(1-s)}{1-\mathcal{M}_{\alpha_k}(1+s)\mathcal{M}_{\phi_k}(1-s)}\right\}$（$k\in\{p,q\}$）更新排队时延超标概率上界 $P_p(\varpi_p)$ 和 $P_q(\varpi_q)$

6：　　**if** $\frac{P_p(\varpi_p)}{P_q(\varpi_q)}>1$ **then**

7：　　　$I_l=(I_l+I_u)/2$

8：　　**else**

9：　　　$I_u=(I_l+I_u)/2$

10：　　**end if**

11：　**end while**

输出　β_p^2 和 β_q^2

5.4.2　算法复杂度分析

算法 5.1 搜索满足 $\left|\frac{P_p(\varpi_p)}{P_q(\varpi_q)}-1\right|\leqslant\delta$ 的功率分配系数 β_p 和 β_q，其中 δ 是算法

的预定精度。令 $\beta_k^{\#}$ 表示最优功率分配系数，则由 $P_k(\varpi_k)$ 对 β_k 的连续性可知，存在 $\Lambda_\delta>0$，使得 $\forall\beta_k\in\left\{x\mid x\geqslant 0,|x-\beta_k^{\#}|\leqslant\Lambda_\delta\right\}$ 都有 $\left|\dfrac{P_p(\varpi_p)}{P_q(\varpi_q)}-1\right|\leqslant\delta$。根据 $\left|\dfrac{P_p(\varpi_p)}{P_q(\varpi_q)}-1\right|$ 对 β_k 的连续性可知，Λ_δ 的上确界存在且唯一，记为 $\Lambda_\delta^{\text{alg5.1}}$。则算法 5.1 在搜索 β_k 时所需的总迭代次数小于 $\mathrm{lb}(1/\Lambda_\delta^{\text{alg5.1}})$。因此，以迭代次数为度量的算法 5.1 的计算复杂度为 $O(\mathrm{lb}(1/\Lambda_\delta^{\text{alg5.1}}))$。所提算法能在计算复杂度与搜索精度之间取得较好的折中。

5.4.3 仿真结果与分析

本节通过数值仿真对所提的最小化最大排队时延超标概率上界的功率分配方案进行仿真验证，并与现有的下行 NOMA 静态功率分配方案以及 OMA 进行了对比。基本仿真参数的设置与第 5.2.4 节相同。

Nakagami-*m* 信道和 Rician 信道中，NOMA 用户对的最大排队时延超标概率上界随总发射功率 ρ 的变化如图 5-13 所示，给出了所提最小化最大时延超标概率（Minimize the Maximal Delay Violation Probability，MinMaxDVP）功率分配方案与下行 NOMA 分数传输功率分配（Fractional Transmit Power Allocation，FTPA）[21]以及 OMA（对时隙配比进行了优化的 TDMA）在不同总发射功率下的最大排队时延超标概率上界。其中，FTPA 为用户分配与其大尺度信道增益成反比的功率，以增加弱用户等效信道增益的同时最小化干扰，在系统吞吐量和用户公平性之间取得较好的折中[21]。在仿真中，信道参数为 $m=2$，$K=5$，且设强弱用户具有相等的业务到达率和目标时延，其中业务到达率设为 $\lambda_p=\lambda_q$=400 kbit/s，目标时延为 $\varpi_p=\varpi_q$=1 ms。从图 5-13 中可以看出，随着用户对总发射功率增加，所提传输方案、基于 FTPA 的 NOMA 传输方案和 OMA 传输方案的最大时延超标概率上界都呈降低趋势，而且所提的 MinMaxDVP 功率分配方案的时延超标概率性能始终优于 FTPA 和 OMA。这表明，所提 NOMA 功率分配方案能够在保障用户统计时延 QoS 公平性的同时，取得更好的时延超标概率性能。特别地，当发射功率低于 30 dBm 时，所提 MinMaxDVP 功率分配方案的时延超标概率性能显著优于 FTPA 和 OMA。而随着总发射功率的增加，FTPA 的时延超标概率性能越来越接近所提功率分配方案。这表明，在高 SNR 区，可以用简单的 FTPA 来代替 MinMaxDVP 功率分配方案来保障用户的统计时延 QoS 公平性，以减少功率分配的计算复杂度。

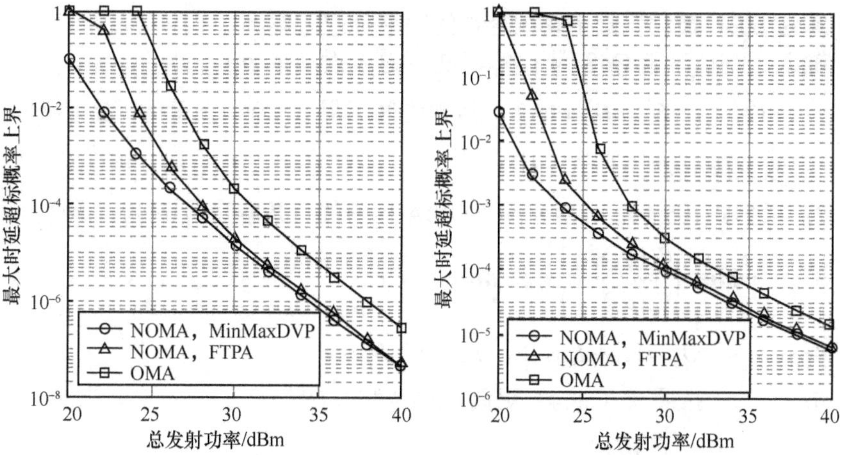

(a) 基于Nakagami-*m*衰落信道　　(b) 基于Rician衰落信道

图 5-13　Nakagami-*m* 信道和 Rician 信道中，NOMA 用户对的最大排队时延超标概率上界随总发射功率 ρ 的变化

5.5 最大化最小有效容量的功率分配

除了基于 SNC 的排队时延超标概率上界之外，本章还考虑将 NOMA 用户对的有效容量作为功率分配中的统计时延性能度量，在给定的统计时延 QoS 因子 θ_k（$k \in \{p,q\}$）的约束下，优化服务过程所能支持的最大常数到达率。

5.5.1 问题建模与求解

根据式（5.42）以及第 5.4.1 节中的分析可知，$\mathcal{C}_k(\theta_k)$ 是 β_k^2 的单调非减函数。因此，保障用户公平性的同时最大化 NOMA 用户有效容量的功率分配可以建模为如下的最大最小优化问题。

$$(\mathrm{P}_2):\ \min_{\beta_p,\beta_q}\ \max\left\{\mathcal{C}_p(\theta_p),\mathcal{C}_q(\theta_q)\right\} \tag{5.61}$$

$$\text{s.t.}\ \ \beta_p^2+\beta_q^2=1 \tag{5.61a}$$

可以用与证明定理 5.5 一样的方法证明优化问题（P_2）最优解的充要条件是 $\mathcal{C}_p(\theta_p)=\mathcal{C}_q(\theta_q)$。同样地，可以将 $\dfrac{\mathcal{C}_p(\theta_p)}{\mathcal{C}_q(\theta_q)}$ 作为区间选择度量，使用二分搜索法来对问题（P_2）进行求解。所提出的最大化最小有效容量（Maximize the Minimal Effective Capacity，MaxMinEC）功率分配方案在算法 5.2 中具体列出。

算法 5.2 最大化最小有效容量的功率分配方案

输入 统计时延 QoS 因子 θ_p、θ_q，总发射功率 ρ

初始化：$\beta_p^2 = \beta_q^2 = 1/2$，搜索区间下界 $I_l = 0$，搜索区间上界 $I_u = 1$，收敛阈值 δ

根据式（5.44）计算每个 NOMA 用户的有效容量 $\mathcal{C}_k(\theta_k)$，（$k \in \{p,q\}$）

  while $\left|\dfrac{\mathcal{C}_p(\theta_p)}{\mathcal{C}_q(\theta_q)} - 1\right| > \delta$ **do**

    $\beta_p^2 = (I_l + I_u)/2$，$\beta_q^2 = 1 - \beta_p^2$

    按照式（5.44）更新 $\mathcal{C}_p(\theta_p)$ 和 $\mathcal{C}_q(\theta_q)$

    if $\dfrac{\mathcal{C}_p(\theta)}{\mathcal{C}_q(\theta)} > 1$ **then**

      $I_u = (I_l + I_u)/2$

    else

      $I_l = (I_l + I_u)/2$

    end if

  end while

输出 β_p^2 和 β_q^2

5.5.2 最大化最小有效容量的渐近功率分配

在低 SNR 区和高 SNR 区，第 5.3 节中给出了 Nakagami-*m* 和 Rician 信道中有效容量简洁的渐近表达式。此时，可以直接在有效容量渐近表达式的基础上求解方程 $\mathcal{C}_p(\theta_p) = \mathcal{C}_q(\theta_q)$，得到功率分配系数的闭式表达式。

在低 SNR 区，从式（5.45）和式（5.55）中可以看出，无论是在 Nakagami-*m* 信道中还是在 Rician 信道中，$\mathcal{C}_p(\theta)$ 和 $\mathcal{C}_q(\theta)$ 都具有相同的形式，并且都可以进一步地近似为 $\dfrac{\rho\kappa_k\beta_k^2}{\sigma^2\ln 2}$ 的形式，其唯一不同之处在于大尺度衰落与功率分配系数的乘积 $\kappa_k\beta_k^2$ 这一项。因此，在低 SNR 区，优化问题（P_2）的最优解在 $\kappa_p\beta_p^2 = \kappa_q\beta_q^2$ 时取得。结合约束条件 $\beta_p^2 + \beta_q^2 = 1$，可得最优功率分配系数为

$$\beta_p^2 = \frac{\kappa_q}{\kappa_p + \kappa_q}, \beta_q^2 = \frac{\kappa_p}{\kappa_p + \kappa_q} \tag{5.62}$$

可以看出最优功率分配系数 β_k^2 与大尺度信道增益 κ_k 成反比。这表明，在低 SNR 条件下，最大化下行 NOMA 系统有效容量之和的功率分配方案等同于

文献[21]中所提出的 FTPA 方案。

根据式（5.49），在高 SNR 区，弱用户 q 的有效容量为常数 $-\mathrm{lb}(\beta_p^2)$，而强用户 p 的有效容量是 β_q^2 的单变量非减函数，因此，可以通过求解 $\lim\limits_{\rho\to\infty} C_p(\theta_p) = -\mathrm{lb}(\beta_p^2)$ 来得到优化问题（P_2）在高 SNR 区的最优解。对于 Nakagami-m 衰落信道，通过求解 $\lim\limits_{\rho\to\infty} C_p(\theta_p) = -\mathrm{lb}(\beta_p^2)$ 可得

$$\beta_p^2 = \begin{cases} \sqrt{\dfrac{m\sigma^2}{\rho\kappa_p}} \left(\dfrac{\Gamma\left(m - \dfrac{\theta_p T_\mathrm{f} B}{\ln 2}\right)}{\Gamma(m)} \right)^{\frac{\ln 2}{2\theta_p T_\mathrm{f} B}}, & \dfrac{\theta_p T_\mathrm{f} B}{\ln 2} < m \\ \left(\dfrac{m\sigma^2}{\rho\kappa_p}\right)^{\frac{m}{m+\theta_p T_\mathrm{f} B/\ln 2}} \left(\dfrac{\Gamma\left(\dfrac{\theta_p T_\mathrm{f} B}{\ln 2} - m\right)}{\Gamma\left(\dfrac{\theta_p T_\mathrm{f} B}{\ln 2}\right)} \right)^{\frac{1}{m+\frac{\theta_p T_\mathrm{f} B}{\ln 2}}}, & \dfrac{\theta_p T_\mathrm{f} B}{\ln 2} > m \end{cases} \tag{5.63}$$

虽然当 $\dfrac{\theta B}{\ln 2} = m$ 时，最优的 β_p^2 没有闭式解，但是仍然可以使用二分法来求解 $\lim\limits_{\rho\to\infty} C_p(\theta) = -\mathrm{lb}(\beta_p^2)$。

对于 Rician 衰落信道，当 $\dfrac{\theta_p T_\mathrm{f} B}{\ln 2} \notin \mathbf{Z}^+$ 时，通过求解 $\lim\limits_{\rho\to\infty} C_p(\theta_p) = -\mathrm{lb}(\beta_p^2)$ 可得

$$\beta_p^2 = \sqrt{\frac{(K+1)\sigma^2}{\rho\kappa_p}} \left(\sum_{i=0}^{\left\lceil \frac{\theta_p T_\mathrm{f} B}{\ln 2} - 2 \right\rceil} \frac{K^i \mathrm{e}^{-K} \Gamma\left(\dfrac{\theta_p T_\mathrm{f} B}{\ln 2} - i - 1\right)}{i!\,\Gamma\left(\dfrac{\theta_p T_\mathrm{f} B}{\ln 2}\right)} + \sum_{i=\left\lfloor \frac{\theta_p T_\mathrm{f} B}{\ln 2} \right\rfloor}^{+\infty} \frac{K^i \mathrm{e}^{-K} \Gamma\left(i + 1 - \dfrac{\theta_p T_\mathrm{f} B}{\ln 2}\right)}{(i!)^2} \right)^{\frac{\ln 2}{2\theta_p T_\mathrm{f} B}} \tag{5.64}$$

虽然当 $\theta_p T_\mathrm{f} B/\ln 2 \in \mathbf{Z}^+$ 时，$\lim\limits_{\rho\to\infty} C_p(\theta) = -\mathrm{lb}(\beta_p^2)$ 成为超越方程，最优的 β_p^2 没有解析解，但是仍然可以通过简单的数值搜索方法获得最优功率分配系数。

从式（5.63）和式（5.64）可以看出，不论是在 Nakagami-m 衰落信道还是在 Rician 衰落信道中，在高 SNR 区，最大化最小有效容量的功率分配仅取决于 κ_p，而与 κ_q 无关。这与低 SNR 条件下的情况不同。这是因为在高 SNR 区，弱用户的等效信道增益趋于一个常数，因而 κ_q 对有效容量几乎没有影响。

5.5.3 算法复杂度分析

算法 5.2 搜索满足 $\left|\frac{\mathcal{C}_p(\theta_p)}{\mathcal{C}_q(\theta_q)}-1\right| \leqslant \delta$ 的功率分配系数 β_p 和 β_q，其中 δ 是算法的预定精度。令 $\beta_k^{\#}$ 表示最优功率分配系数，则由 $\mathcal{C}_k(\theta_k)$ 对 β_k 的连续性可知，存在 $\Lambda_\delta > 0$，使得 $\forall \beta_k \in \{x \mid x \geqslant 0, |x-\beta_k^{\#}| \leqslant \Lambda_\delta\}$ 都有 $\left|\frac{\mathcal{C}_p(\theta_p)}{\mathcal{C}_q(\theta_q)}-1\right| \leqslant \delta$。根据 $\left|\frac{\mathcal{C}_p(\theta_p)}{\mathcal{C}_q(\theta_q)}-1\right|$ 对 β_k 的连续性可知，Λ_δ 的上确界存在且唯一，记为 $\Lambda_\delta^{\text{alg5.2}}$。则算法 5.2 在搜索 β_k 时所需的总迭代次数小于 $\text{lb}(1/\Lambda_\delta^{\text{alg5.2}})$。因此，以迭代次数为度量的算法 5.2，其计算复杂度为 $O(\text{lb}(1/\Lambda_\delta^{\text{alg5.2}}))$。所提算法能在计算复杂度与搜索精度之间取得较好的折中。

5.5.4 仿真结果与分析

本节通过数值仿真对所提的 MaxMinEC 功率分配方案进行了仿真验证，并与现有的下行 NOMA 静态功率分配方案以及 OMA 进行了对比。基本仿真参数的设置与第 5.2.4 节相同。

不同功率分配方案下 NOMA 用户对的最小有效容量随总发射功率 ρ 的变化曲线如图 5-14 所示，不同的发射功率下展示了所提 MaxMinEC 功率分配方案的最小有效容量，现有的下行 NOMA 静态功率分配方案 FTPA[21]以及 OMA 的最小有效容量也在图中作为对比给出。在仿真中，信道参数 $m=2$、$K=2$，统计时延 QoS 因子 $[\hat{\theta}_p,\hat{\theta}_q]=[1,1]$，用户到基站距离 $l_p=10\,\text{m}$，$l_q=20\,\text{m}$。从图 5-14 中可以看出，不论是在 Nakagami-*m* 信道还是在 Rician 信道中，所提的 MaxMinEC 功率分配方案的最小有效容量始终高于 FTPA 与 OMA。此外，还观察到，在发射功率低于 15 dBm 时，FTPA 功率分配方案与所提 MaxMinEC 功率分配方案的有效容量性能几乎相同，这与第 5.5.2 节中低 SNR 条件下 MaxMinEC 功率分配系数的渐近表达式相符。随着发射功率从 10 dBm 增加到 40 dBm，NOMA 的最小有效容量在 MaxMinEC 功率分配方案下线性增加，且相对于 OMA 始终保持着 25%以上的增益，而 NOMA 在 FTPA 下的最小有效容量趋于一个常数。这是因为随着发射功率的增加，固定功率分配系数的 FTPA 方案变得对强用户 p 越来越有利，使得强用户的有效容量总是高于弱用户，而根据第 5.3 节中关于渐近条件下 NOMA 用户对有效容量的结论，弱用户的有效容量在高 SNR 条件下趋于一个取决于功率分配因子的常数 $-\mathrm{lb}(\beta_p^2)$ 。而 FTPA 功率分配方案中的功率分配系数仅取决于 NOMA 用户对的大尺度衰落比值，与 SNR 条件无关，因此，在高 SNR 区，FTPA 的最小有效容量受弱用户的制约而趋于常数值 $-\mathrm{lb}(\beta_p^2)$ 。

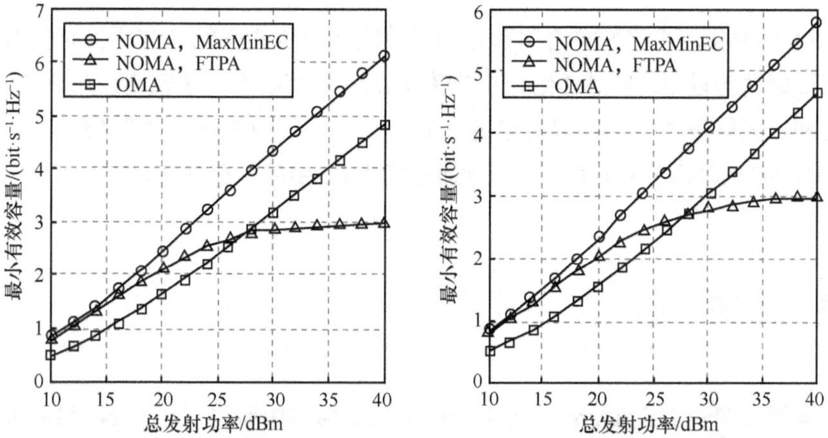

(a) 基于Nakagami-m衰落信道　　(b) 基于Rician衰落信道

图 5-14　不同功率分配方案下 NOMA 用户对的最小有效容量随总发射功率 ρ 的变化曲线

不同用户与基站距离配置以及不同统计时延 QoS 因子下，所提 MaxMinEC 功率分配方案的功率分配系数 β_p^2 随总发射功率 ρ 的变化曲线如图 5-15 所示，其中，信道参数为 m=2 和 K=10。

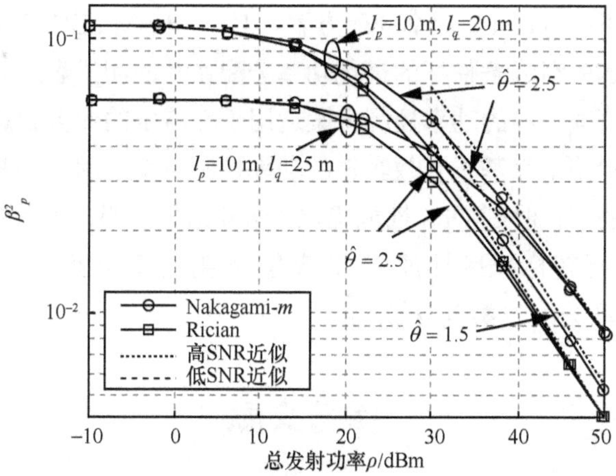

图 5-15　不同用户与基站距离配置以及不同统计时延 QoS 因子下，
所提 MaxMinEC 功率分配方案的功率分配系数 β_p^2 随总发射功率 ρ 的变化曲线

从图 5-15 中可以看出，在不同的仿真参数配置下，β_p^2 在低 SNR 区几乎都为一个常数，这与第 5.5.2 节中低 SNR 条件下 MaxMinEC 功率分配系数的渐近表达式相符。随着 ρ 的增加，β_p^2 呈下降趋势，这是因为 SNR 越高，功率分配越有利于强用户。因此，在高 SNR 区，为了平衡 NOMA 用户对的有效容量，需要减少 β_p^2 来为弱用户分配更多的功率。此外，还可以看出，式（5.62）、式（5.63）和式（5.64）中的功率分配系数闭式表达式在低 SNR 区和高 SNR 区都能很好地与通过算法 5.2 给出的功率分配系数相吻合。这表明，在低 SNR 或高 SNR 工作条件下，可以直接通过式（5.62）、式（5.63）和式（5.64）来计算 MaxMinEC 的功率分配系数，而无须通过算法 5.2 中的二分搜索法求解。

5.6 本章小结

本章在窄带 Nakagami-*m* 和 Rician 块衰落信道中研究了下行 NOMA 系统的统计时延 QoS 性能，推导了 NOMA 用户对的 SNR 域服务过程的 Mellin 变换的闭式表达式，并基于 SNC 理论给出了 NOMA 用户对的排队时延超标概率上界。本章还基于上述 SNR 域服务过程的 Mellin 变换，给出了 NOMA 用户对的有效容量的闭式表达式，并分别在低 SNR 区和高 SNR 区推导了有效容量的渐近表达式。基于上述关于 NOMA 系统统计时延 QoS 性能的分析，本章在考虑保障用户对于统计时延 QoS 需求的公平性时，分别提出了 MinMaxDVP 上界以及 MaxMinEC 的下行 NOMA 功率分配方案。对于 MaxMinEC 功率分配，给出了低 SNR 和高 SNR 渐近条件下的最优功率分配系数的闭式表达式。其中，基于排队时延超标概率上界的功率控制方案适用于在给定的业务到达过程下统计时延 QoS 性能的优化，而基于有效容量的功率控制方案适用于不具有固定业务到达模型的传输的统计时延 QoS 性能优化。仿真结果表明，本章所提的各种功率分配方案在时延超标概率性能/有效容量/发射功率上都要优于现有的下行 NOMA 静态功率分配方案以及 OMA。

参考文献

[1] DING Z G, FAN P Z, POOR H V. Impact of user pairing on 5G nonorthogonal multiple-access downlink transmissions[J]. IEEE Transactions on Vehicular Technology, 2016,

65(8): 6010-6023.
[2] DING Z G, PENG M G, POOR H V. Cooperative non-orthogonal multiple access in 5G systems[J]. IEEE Communications Letters, 2015, 19(8): 1462-1465.
[3] FANG F, ZHANG H J, CHENG J L, et al. Energy-efficient resource allocation for downlink non-orthogonal multiple access network[J]. IEEE Transactions on Communications, 2016, 64(9): 3722-3732.
[4] DING Z G, LEI X F, KARAGIANNIDIS G K, et al. A survey on non-orthogonal multiple access for 5G networks: research challenges and future trends[J]. IEEE Journal on Selected Areas in Communications, 2017, 35(10): 2181-2195.
[5] DAI L L, WANG B C, DING Z G, et al. A survey of non-orthogonal multiple access for 5G[J]. IEEE Communications Surveys and Tutorials, 2018, 20(3): 2294-2323.
[6] CHOI J. Effective capacity of NOMA and a suboptimal power control policy with delay QoS[J]. IEEE Transactions on Communications, 2017, 65(4): 1849-1858.
[7] DAVID H A, NAGARAJA H N. Order statistics[M]. Hoboken: John Wiley and Sons, Inc., 2003.
[8] SAITO Y, KISHIYAMA Y, BENJEBBOUR A, et al. Non-orthogonal multiple access (NOMA) for cellular future radio access[C]//Proceedings of 2013 IEEE 77th Vehicular Technology Conference. Piscataway: IEEE Press, 2013: 1-5.
[9] DING Z G, SCHOBER R, POOR H V. A general MIMO framework for NOMA downlink and uplink transmission based on signal alignment[J]. IEEE Transactions on Wireless Communications, 2016, 15(6): 4438-4454.
[10] AL ZUBAIDY H, LIEBEHERR J, BURCHARD A. Network-layer performance analysis of multihop fading channels[J]. IEEE/ACM Transactions on Networking, 2016, 24(1): 204-217.
[11] PETRESKA N, AL ZUBAIDY H, GROSS J. Power minimization for industrial wireless networks under statistical delay constraints[C]//Proceedings of 2014 26th International Teletraffic Congress. Piscataway: IEEE Press, 2014: 1-9.
[12] PETRESKA N, AL ZUBAIDY H, KNORR R, et al. Bound-based power optimization for multi-hop heterogeneous wireless industrial networks under statistical delay constraints[J]. Computer Networks, 2019, 148: 262-279.
[13] LIU Y, JIANG Y M. Stochastic network calculus[M]. London: Springer, 2008.
[14] MATTHAIOU M, ALEXANDROPOULOS G C, NGO H Q, et al. Analytic framework for the effective rate of MISO fading channels[J]. IEEE Transactions on Communications, 2012, 60(6): 1741-1751.
[15] OWEN D B, ABRAMOWITZ M, STEGUN I A. Handbook of mathematical functions with formulas, graphs, and mathematical tables[J]. Technometrics, 1965, 7(1): 78.
[16] GRADSHTEYN I, RYZHIK I. Table of integrals, series, and products[M]. New York: Academic, 2007.
[17] GOLDSMITH A. Wireless communications[M]. Cambridge: Cambridge University Press, 2005.
[18] YU W J, MUSAVIAN L, NI Q. Link-layer capacity of NOMA under statistical delay QoS

guarantees[J]. IEEE Transactions on Communications, 2018, 66(10): 4907-4922.

[19] YU W J, MUSAVIAN L, QUDDUS A U, et al. Low latency driven effective capacity analysis for non-orthogonal and orthogonal spectrum access[C]//Proceedings of 2018 IEEE Globecom Workshops. Piscataway: IEEE Press, 2018: 1-6.

[20] ZHU J Y, WANG J H, HUANG Y M, et al. On optimal power allocation for downlink non-orthogonal multiple access systems[J]. IEEE Journal on Selected Areas in Communications, 2017, 35(12): 2744-2757.

[21] SAITO Y, BENJEBBOUR A, KISHIYAMA Y, et al. System-level performance evaluation of downlink non-orthogonal multiple access (NOMA)[C]//Proceedings of 2013 IEEE 24th Annual International Symposium on Personal, Indoor, and Mobile Radio Communications. Piscataway: IEEE Press, 2013: 611-615.

第 6 章 保障下行 NOMA 统计时延 QoS 的动态功率分配

本章将第 5 章对于下行 NOMA 系统在准静态传输下的研究和结论扩展到动态传输中，进一步探讨保障下行 NOMA 统计时延 QoS 的功率分配方案。

6.1 系统模型

考虑与第 5.1 节中相同的下行 NOMA 模型，即一个单天线基站通过 N 个正交的 RB 向 $2N$ 个用户同时传输不同的信息。$2N$ 个用户分为 N 个 NOMA 用户对，每对 NOMA 用户占据一个 RB。为了不失一般性，我们关注 N 对 NOMA 用户中的某一对，并将其中信道条件较好的用户记为用户 p，信道条件较差的用户记为用户 q。

在下行 NOMA 动态功率分配中，基站根据 NOMA 用户对反馈的 CSI 以及用户统计时延 QoS 需求为每个用户分配功率，下行 NOMA 动态功率控制框图如图 6-1 所示。用户统计时延 QoS 需求由式（3.47）定义的统计时延 QoS 因子 θ_k（$k \in \{p,q\}$）描述。在图 6-1 中的动态功率控制框图中，基站为用户 k 分配的发射功率由 NOMA 用户对反馈的瞬时 CSI 二元组 $\boldsymbol{\mu}(t)=[\mu_p(t),\mu_q(t)]$ 以及统

计时延 QoS 二元组$\boldsymbol{\theta}=[\theta_p,\theta_q]$共同决定。与第 5.1 节中一样，令$\rho_k(\boldsymbol{\mu}(t),\boldsymbol{\theta})$表示基站在时隙$t$为用户$k$分配的发射功率，其中$\mu_k(t)=|g_k(t)|^2$是用户$k$在时隙$t$的信道增益，$g_k(t)=\kappa_k h_k(t)$是用户$k$在时隙$t$的复信道系数，$h_k(t)$是用户$k$在时隙$t$的小尺度衰落系数，$\kappa_k$是由阴影衰落和路径损耗构成的大尺度衰落，其中路径损耗与用户k到基站的距离相关。本章考虑无色散的块衰落信道，即$\forall k$，小尺度衰落系数$h_k(t)$在时隙t内保持不变，并且在不同时隙之间独立同分布。此外，本章还假设用户统计时延 QoS 因子θ_k在所考虑的时间尺度内不变。

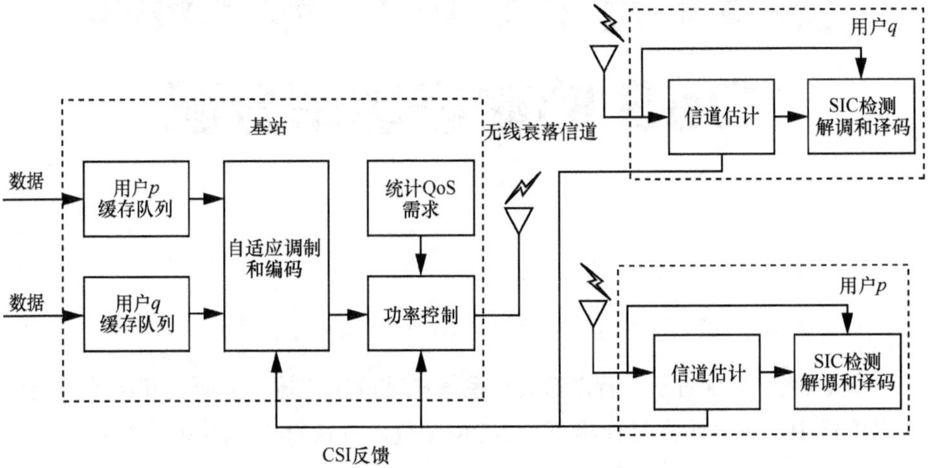

图 6-1　下行 NOMA 动态功率控制框图

令$x_k(t)$表示用户$k,\forall k\in\{p,q\}$在时隙t发送的具有零均值、单位方差的数据符号，则用户k在时隙t接收的信号可以表示为

$$y_k(t)=g_k(t)\left(\sqrt{\rho_p(\boldsymbol{\mu}(t),\boldsymbol{\theta})}x_p(t)+\sqrt{\rho_q(\boldsymbol{\mu}(t),\boldsymbol{\theta})}x_q(t)\right)+n_k(t) \tag{6.1}$$

其中，基站为强弱用户分配的发射功率满足$\rho_p(\boldsymbol{\mu}(t),\boldsymbol{\theta})+\rho_q(\boldsymbol{\mu}(t),\boldsymbol{\theta})\leqslant\rho_{\max}$，这里，$\rho_{\max}$是基站为 NOMA 用户对分配的最大总发射功率。$n_k(t)\sim \mathrm{CN}(0,\sigma^2)$为用户$k$处接收的 AWGN，$\sigma^2$为噪声功率。

根据第 5.1 节中所述的 SIC 解码顺序，NOMA 用户对在时隙t的可达数据速率分别为

$$r_p(t)=T_{\mathrm{f}}B\mathrm{lb}\left(1+\frac{\rho_p(\boldsymbol{\mu}(t),\boldsymbol{\theta})\mu_p(t)}{\sigma^2}\right) \tag{6.2}$$

$$r_q(t)=T_{\mathrm{f}}B\mathrm{lb}\left(1+\frac{\rho_q(\boldsymbol{\mu}(t),\boldsymbol{\theta})\xi_q(t)}{\rho_p(\boldsymbol{\mu}(t),\boldsymbol{\theta})\xi_q(t)+\sigma^2}\right) \tag{6.3}$$

其中，$\xi_q(t)=\min\{\mu_p(t),\mu_q(t)\}$ 表示基站对弱用户 q 的数据速率调整[1]，以使得强用户 p 始终可以成功通过 SIC 消除弱用户的信号。T_{f} 是时隙长度，B 是 RB 带宽。为了表述方便，在后文中，省去各个随机变量的时间标度。根据式（3.53）和式（3.54）中的定义，用户 p 和用户 q 的有效容量可以分别表示为

$$\mathcal{C}_p(\theta_p)=-\frac{1}{\theta_p T_{\mathrm{f}} B}\ln\left(E_{\boldsymbol{\mu}}\left[\left(1+\frac{\rho_p(\boldsymbol{\mu},\boldsymbol{\theta})\mu_p}{\sigma^2}\right)^{-\frac{\theta_p T_{\mathrm{f}} B}{\ln 2}}\right]\right) \tag{6.4}$$

$$\mathcal{C}_q(\theta_q)=-\frac{1}{\theta_q T_{\mathrm{f}} B}\ln\left(E_{\boldsymbol{\mu}}\left[\left(1+\frac{\rho_q(\boldsymbol{\mu},\boldsymbol{\theta})\xi_q}{\rho_p(\boldsymbol{\mu},\boldsymbol{\theta})\xi_q+\sigma^2}\right)^{-\frac{\theta_q T_{\mathrm{f}} B}{\ln 2}}\right]\right) \tag{6.5}$$

考虑这样的下行 NOMA 传输场景：弱用户是同时对统计时延 QoS 和吞吐量有需求的 IoT 设备，但其需求的吞吐量较低，而强用户对于吞吐量有较高的要求。在 OMA 中，由于系统给弱用户分配了多于其实际所需的带宽，从而导致弱用户的频谱效率极低，而为强用户分配的带宽则不足以支持其高吞吐量需求。在认知无线电 NOMA（Cognitive Radio Non-Orthogonal Multiple Access，CR-NOMA）中，强弱用户共享频谱资源，系统在保障弱用户吞吐量需求的同时，最大化强用户的吞吐量。CR-NOMA 是 PD-NOMA 的重要变型[2]。在考虑统计时延 QoS 的 CR-NOMA 中，吞吐量为有效容量与带宽的乘积，此时，功率分配问题可以被建模为在保障弱用户最小有效容量需求的前提下，最大化强用户的有效容量。

6.2　考虑统计时延 QoS 的下行 CR-NOMA 功率分配

在传统的不考虑统计时延 QoS 的下行 CR-NOMA 中，基站只需要先满足弱用户的最低瞬时服务速率需求，再将剩余的功率分配给强用户以最大化强用户的瞬时服务速率，此时的功率分配策略可由式（6.6）和式（6.7）给出。

$$\rho_q=\min\left\{\rho_{\max},\frac{2^{c_0}-1}{2^{c_0}}\left(\rho_{\max}+\frac{\sigma^2}{\xi_q}\right)\right\} \tag{6.6}$$

$$\rho_p=\rho_{\max}-\rho_q \tag{6.7}$$

其中，c_0 为弱用户所需的最小瞬时服务速率。而在考虑统计时延 QoS 的 CR-NOMA 中，速率需求变为有效容量需求，此时，功率分配问题可以被建模为

$$\text{(DP)}\quad \max_{\rho(\boldsymbol{\mu},\boldsymbol{\theta})} \mathcal{C}_p(\theta_p) \tag{6.8}$$

$$\text{s.t.}\quad \mathcal{C}_q(\theta_q) \geqslant \mathcal{C}_0 \tag{6.8a}$$

$$0 \leqslant \rho_k(\boldsymbol{\mu},\boldsymbol{\theta}) \leqslant \rho_{\max}, \forall k \in \{p,q\} \tag{6.8b}$$

$$0 \leqslant \rho_p(\boldsymbol{\mu},\boldsymbol{\theta}) + \rho_q(\boldsymbol{\mu},\boldsymbol{\theta}) \leqslant \rho_{\max} \tag{6.8c}$$

其中，$\mathcal{C}_0$ 为弱用户的最小有效容量需求，$\boldsymbol{\rho}(\boldsymbol{\mu},\boldsymbol{\theta}) = [\rho_p(\boldsymbol{\mu},\boldsymbol{\theta}), \rho_q(\boldsymbol{\mu},\boldsymbol{\theta})]$。可以看出，与不考虑统计时延 QoS 的 CR-NOMA 相比，功率分配的优化目标和约束条件都从瞬时项变为期望项。此外，不同 CSI 下的功率分配相互耦合，保障了弱用户的有效容量与最大化强用户的有效容量相互耦合，此时的动态功率分配变得不再直接，比传统 CR-NOMA 功率分配更困难。

将式（6.4）和式（6.5）代入原优化问题（DP）中，并进行适当的变形，原优化问题转化为

$$\text{(DP1)}:\quad \min_{\boldsymbol{\rho}(\boldsymbol{\mu},\boldsymbol{\theta})} E_{\boldsymbol{\mu}}\left[\mathrm{e}^{-\theta_p r_p(\boldsymbol{\rho}(\boldsymbol{\mu},\boldsymbol{\theta}))} \right] \tag{6.9}$$

$$\text{s.t.}\quad E_{\boldsymbol{\mu}}\left[\mathrm{e}^{\theta_q (T_\mathrm{f} B C_0 - r_q(\boldsymbol{\rho}(\boldsymbol{\mu},\boldsymbol{\theta})))} \right] \leqslant 1 \tag{6.9a}$$

$$0 \leqslant \rho_k(\boldsymbol{\mu},\boldsymbol{\theta}) \leqslant \rho_{\max}, \forall k \in \{p,q\} \tag{6.9b}$$

$$0 \leqslant \rho_p(\boldsymbol{\mu},\boldsymbol{\theta}) + \rho_q(\boldsymbol{\mu},\boldsymbol{\theta}) \leqslant \rho_{\max} \tag{6.9c}$$

其中，$r_k(\boldsymbol{\rho}(\boldsymbol{\mu},\boldsymbol{\theta}))$ 为用户 k 在信道条件 $\boldsymbol{\mu}$ 和功率控制策略 $\boldsymbol{\rho}(\boldsymbol{\mu},\boldsymbol{\theta})$ 下的可达数据速率。对优化问题（DP1）的约束条件（式（6.9a））进行拉格朗日松弛，可得部分拉格朗日函数为

$$\begin{aligned}\mathcal{J}\left(\boldsymbol{\rho}(\boldsymbol{\mu},\boldsymbol{\theta}),\nu\right) = E_{\boldsymbol{\mu}}\left[\mathrm{e}^{-\theta_p r_p(\boldsymbol{\rho}(\boldsymbol{\mu},\boldsymbol{\theta}))} \right] + \nu\left(E_{\boldsymbol{\mu}}\left[\mathrm{e}^{\theta_q (T_\mathrm{f} B C_0 - r_q(\boldsymbol{\rho}(\boldsymbol{\mu},\boldsymbol{\theta})))} \right] - 1 \right) = \\ E_{\boldsymbol{\mu}}\left[\mathrm{e}^{-\theta_p r_p(\boldsymbol{\rho}(\boldsymbol{\mu},\boldsymbol{\theta}))} + \nu \mathrm{e}^{\theta_q (T_\mathrm{f} B C_0 - r_q(\boldsymbol{\rho}(\boldsymbol{\mu},\boldsymbol{\theta})))} \right] - \nu\end{aligned} \tag{6.10}$$

其中，$\nu \geqslant 0$ 为约束条件（式（6.9a））的对偶变量。部分拉格朗日函数（式（6.10））对应的对偶函数以及对偶问题分别为

$$\text{(DP2)}:\quad \mathcal{L}(\nu) = \min_{\boldsymbol{\rho}(\boldsymbol{\mu},\boldsymbol{\theta})} \mathcal{J}\left(\boldsymbol{\rho}(\boldsymbol{\mu},\boldsymbol{\theta}),\nu\right) \tag{6.11}$$

$$\text{s.t.}\quad 0 \leqslant \rho_k(\boldsymbol{\mu},\boldsymbol{\theta}) \leqslant \rho_{\max}, \forall k \in \{p,q\} \tag{6.11a}$$

$$0 \leqslant \rho_p(\boldsymbol{\mu},\boldsymbol{\theta}) + \rho_q(\boldsymbol{\mu},\boldsymbol{\theta}) \leqslant \rho_{\max} \tag{6.11b}$$

和

$$(\text{DP3}):\ \max_{\nu}\ \mathcal{L}(\nu) \tag{6.12}$$

$$\text{s.t.}\quad \nu \geqslant 0 \tag{6.12a}$$

由于信道增益具有连续的 CDF，因此，通过求解拉格朗日对偶问题，能够以零对偶间隙获得原优化问题的最优解[3]。特别地，这里的拉格朗日对偶函数与第 4.2.3 节中的优化问题（CP5）具有相同的结构，因此，可以通过拉格朗日对偶分解与连续凸近似的方法进行求解，求解算法与第 4.2.3 节中固定辅助变量优化功率控制变量的算法相同，本节不再赘述。在得到对偶函数之后便可以通过次梯度法对对偶变量 $\boldsymbol{\nu}$ 进行迭代更新，以得到对偶问题的最优解。

本节中求解算法的计算复杂度分析与第 4.2.5 节中的计算复杂度分析类似，此处不再赘述。

6.3　仿真结果与分析

本节通过计算机仿真对所提的保障统计时延 QoS 的下行 CR-NOMA 动态功率分配算法进行了验证，并与传统 CR-NOMA 功率分配、静态功率分配以及 OMA 进行了对比。传统 CR-NOMA 功率分配策略如式（6.6）和式（6.7）所示，其中 C_0 设置为能严格保障弱用户有效容量需求的值。在静态功率分配下，弱用户有效容量的表达式已在第 5 章中给出，基站可以据此直接求解满足弱用户有效容量需求的最小静态发射功率，然后将剩余的功率分配给强用户。在 OMA 中，考虑动态的时隙分配，即认为每个时隙强弱用户的时隙配比都是可变的，并在保障弱用户有效容量的前提下，以最大化强用户的有效容量为目标对每个时隙的时隙配比进行了优化。仿真中的小区半径、时隙长度、子载波带宽、噪声功率谱密度和路损模型等系统参数设置见表 3-1。

下行 CR-NOMA 中不同资源分配方案下用户 p 的有效吞吐量随用户 q 的统计时延 QoS 因子 θ_q 的变化如图 6-2 所示。图 6-2 在不同的统计时延 QoS 因子下对比了所提的 CR-NOMA 动态功率分配方案、传统 CR-NOMA 功率分配方案、静态下行 NOMA 功率分配方案以及 OMA 的性能。仿真中，l_p=100 m，l_p=500 m，$\rho_{\max}=23\,\text{dBm}$，并且弱用户的有效吞吐量（定义为有效容量与 RB 带宽的乘积）设置为 0.55 Mbit/s，这接近于当 $\theta_q=10^{-2}$ 时系统所能支持的最大弱用户有效吞吐量 0.575 Mbit/s。对于强用户 p，分别考虑了其统计时延 QoS 需求较小和较大的情况，分别对应于 $\theta_p=10^{-3}$ 和 $\theta_p=10^{-2}$（即图 6-2 中示出的 $T_{\text{f}}B\theta_p=0.2$ 和

$T_\mathrm{f}B\theta_p=2$ 的情况），用户 q 的统计时延 QoS 因子在 $10^{-4}\sim10^{-2}$ 变化。从图 6-2 中可以看出，在不同的统计时延 QoS 下，所提的 CR-NOMA 动态功率分配方案在保障弱用户有效容量的前提下，始终能获得比其他方案更优的强用户有效容量性能。具体地，当 $\theta_q=10^{-3}$、$\theta_p=10^{-2}$ 时，所提出的动态功率分配方案与动态分配时隙的 OMA 相比，能将强用户的有效容量提高 25.5%，当 $\theta_q=10^{-3}$、$\theta_p=10^{-3}$ 时，这个比例增加到 41.5%。

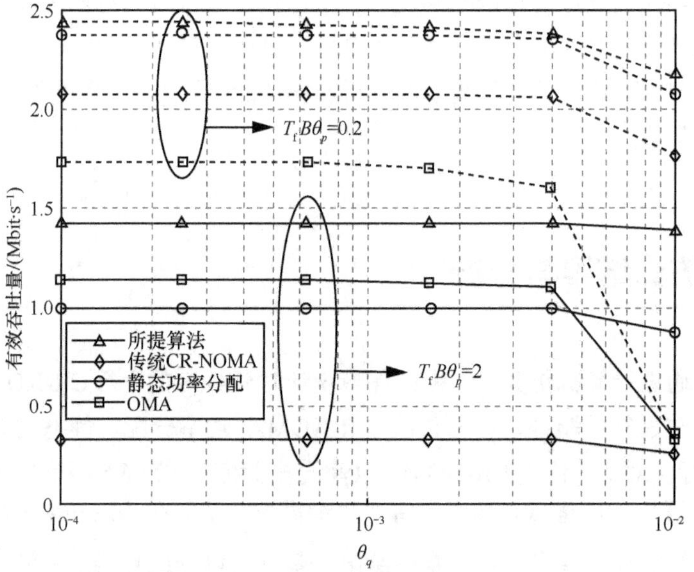

图 6-2　下行 CR-NOMA 中不同资源分配方案下用户 p 的有效吞吐量随用户 q 的统计时延 QoS 因子 θ_q 的变化

此外，还可以看出，当弱用户的统计时延 QoS 需求较小时，各资源分配方案的性能几乎不随 θ_q 而变，而当 θ_q 接近 10^{-2}，即弱用户的有效容量需求接近系统所能支持的极限时，各方案下强用户的有效容量才开始出现比较明显的下降，其中 OMA 的性能下降最显著，这是因为 OMA 主要依靠足够的时隙或带宽的支持保障强用户有效容量，当 θ_q 接近 10^{-2} 时，系统将大部分时隙都分配给弱用户，仅将少量时隙分配给强用户。相比之下，由于 NOMA 用户始终占有全部的时隙和带宽，因而强用户的有效容量仅受为其分配的发射功率影响，而 θ_q 的增加导致的强用户发射功率降低并不显著，因而对各 NOMA 方案有效容量的影响（尤其是当 θ_p 较大时）十分有限。

下行 CR-NOMA 中不同资源分配方案下用户 p 的有效吞吐量随用户 q 到基

站的距离 l_q 的变化如图 6-3 所示。图 6-3 展示了在不同的统计时延 QoS 因子下，弱用户到基站的距离 l_q 对各种资源分配方案的性能影响，其中 $l_p=100\,\text{m}$，$\theta_q=10^{-3}$，BC_0=0.8 Mbit/s，$\rho_{\max}=23\,\text{dBm}$。可以看出，随着 l_q 的增加，各种资源分配方案下强用户的有效吞吐量 $BC_p(\theta_p)$（代表了强用户的有效吞吐量性能）都呈降低趋势。这是因为当弱用户到基站距离越远时，其路径损耗也越大，因而需要更多的功率或时隙来达到相同的目标有效容量 C_0，从而导致分配给强用户的功率或时隙越少，强用户所能达到的有效容量也就越低。从图 6-3 中还可以观察到，所提的 CR-NOMA 动态功率分配方案的性能在不同的统计时延 QoS 因子以及 l_q 下都要优于其他资源分配方案，并且所提的 CR-NOMA 动态功率分配方案以及下行 NOMA 静态功率分配方案下强用户的有效容量随 l_q 的增加只是略微降低，在 θ_p=10^{-2}（即图 6-3 中所示 $T_fB\theta_p$=2 的情况）时，强用户的有效容量甚至几乎不随 l_q 而变。这是因为 NOMA 用户始终占据所有的时隙和带宽，发射功率的略微降低对有效容量的影响并不显著。而在 OMA 中，由于分配给强用户的时隙随 l_q 的增加而急剧减少，因而强用户的有效容量显著降低。这表明，l_q 越大，所提功率分配方案相对于 OMA 的优势越大。具体地，当 $T_fB\theta_p$=0.2 时，所提功率分配方案相对于 OMA 的性能增益在 l_q=300 m 处为 29.8%，而在 l_q=500 m 处为 88.0%。这表明，将大尺度衰落具有显著差异的用户进行配对，有助于进一步挖掘 NOMA 相对于 OMA 在有效容量上的优势。

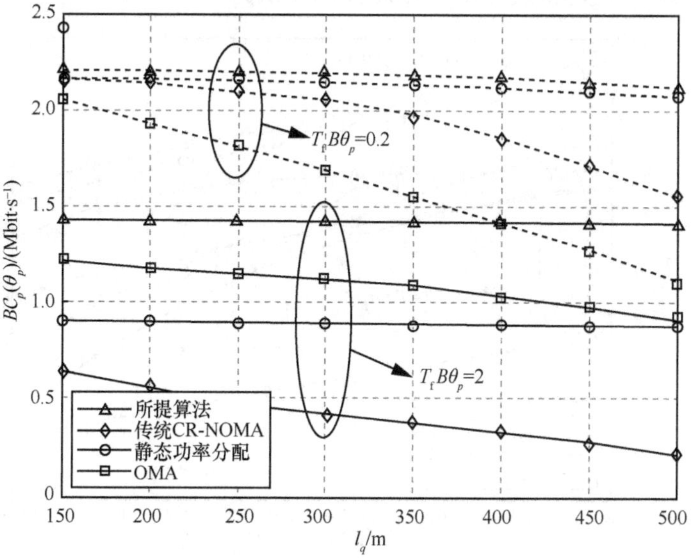

图 6-3　下行 CR-NOMA 中不同资源分配方案下用户 p 的有效吞吐量随用户 q 到基站的距离 l_q 的变化

此外还发现，当强用户的统计时延 QoS 因子较小时，静态功率分配的性能与所提动态功率分配方案十分接近（在图 6-2 中也可以观察到同样的结果），这表明当强用户的统计时延 QoS 需求较小时，可以用复杂度更低的静态功率分配来代替动态功率分配，略微降低有效容量来换取计算复杂度和信令开销的降低。

下行 CR-NOMA 中不同资源分配方案下用户 p 的有效吞吐量随用户 q 的有效吞吐量的变化曲线如图 6-4 所示。图 6-4 展示了不同的统计时延 QoS 因子下，弱用户的目标有效容量 $\mathcal{C}_0$ 对强用户的有效容量 $\mathcal{C}_p(\theta_p)$ 的影响，其中 l_p=100 m，l_q=500 m，$\rho_{\max}$=23 dBm。可以看出，随着 $\mathcal{C}_0$ 的增加，不同资源分配方案下的 $\mathcal{C}_p(\theta_p)$ 都呈降低趋势。这是因为在给定的统计时延 QoS 因子 θ_q 下，目标有效容量越大，基站需要分配给弱用户的功率越大，留给强用户的功率就越小，从而导致强用户的可达有效容量越低。从图 6-4 中还可以看出，所提的 CR-NOMA 动态功率分配方案在各种统计时延 QoS 因子以及目标有效容量 $\mathcal{C}_0$ 下的性能都要优于其他资源分配方案，并且其随 $\mathcal{C}_0$ 下降的速度比其他资源分配方案都要慢，这意味着与其他资源分配方案相比，所提的 CR-NOMA 动态功率分配方案对于弱用户的有效容量需求更不敏感，能够容忍 $\mathcal{C}_0$ 在较大的范围内变化，因而更加具有鲁棒性。具体地，在 $T_{\mathrm{f}}B\theta_p = T_{\mathrm{f}}B\theta_q = 1$ 的情况下，当 $B\mathcal{C}_0$ 从 0.4 Mbit/s 增加到 0.8 Mbit/s 时，所提的 CR-NOMA 动态功率分配方案的强用户有效吞吐量从 2.12 Mbit/s 下降到 1.70 Mbit/s，而 OMA 则从 1.72 Mbit/s 下降到 0.52 Mbit/s，下降幅度是所提方案的 2.86 倍。

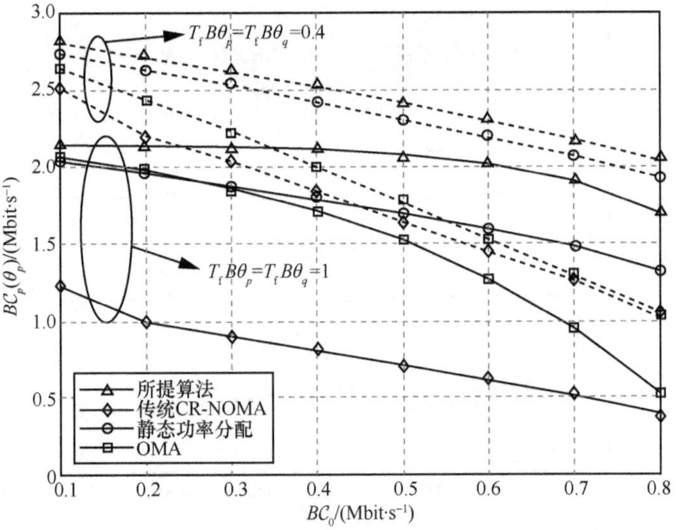

图 6-4 下行 CR-NOMA 中不同资源分配方案下用户 p 的有效吞吐量随用户 q 的有效吞吐量的变化曲线

下行 CR-NOMA 中用户 p 的有效吞吐量随用户 p 和 q 的总发射功率 $\rho_{\max}$ 的变化曲线如图 6-5 所示。其中，用户 p 和用户 q 到基站的距离分别为 $l_p = 100\ \text{m}$ 和 $l_q = 500\ \text{m}$，$B\mathcal{C}_0 = 0.8\ \text{Mbit/s}$，假设强弱用户具有相同的统计时延 QoS 因子，并且满足 $T_f B\theta_p = T_f B\theta_q = 1$。从图 6-5 中可以看出，随着总发射功率 $\rho_{\max}$ 的增加，不同资源分配方案所能达到的 $\mathcal{C}_p(\theta_p)$ 也增加，而且，所提的 CR-NOMA 动态功率分配方案的性能显著优于其他资源分配方案。特别地，当 $\rho_{\max} = 23\ \text{dBm}$ 时，所提方案相对于 OMA 的性能增益达到 227%，当 $\rho_{\max} = 32\ \text{dBm}$ 时，所提方案相对于 OMA 的性能增益为 43.5%。这表明，在不同的 SNR 下，本章所提的 CR-NOMA 动态功率分配方案能够在保障弱用户有效容量的同时，更好地为强用户提供带统计时延 QoS 需求的服务。

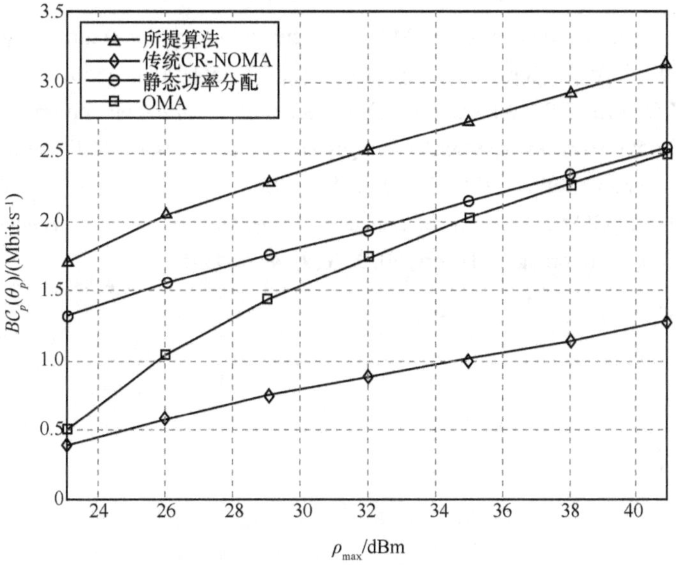

图 6-5　下行 CR-NOMA 中用户 p 的有效吞吐量随用户 p 和 q 的总发射功率 $\rho_{\max}$ 的变化曲线

6.4　本章小结

本章以有效容量为统计时延 QoS 性能指标，在无色散的块衰落信道中研究下行 NOMA 系统中保障统计时延 QoS 的动态功率分配方案。具体来说，本章将有效容量引入下行 CR-NOMA 系统中，其中弱用户为具有严格有效容量需求的主用户，强用户为有机会接受服务的次用户，将功率分配问题建模为在保障弱用户最小有效容量的约束条件下，最大化强用户的有效容量的问题。本章利用拉格朗日对偶分解和连续凸近似方法对该非凸非线性优化问题进行了求解。仿真结果表明，相比于传统的不考虑统计时延 QoS 的 CR-NOMA 功率分配、下行 NOMA 静态功率分配以及 OMA 中的动态时隙分配，本章所提的 CR-NOMA 动态功率分配方案在不同的统计时延 QoS 需求、不同的用户对到基站距离、不同的弱用户最小有效容量需求以及不同的发射 SNR 下，都能获得更优的性能。

参考文献

[1] CHOI J. Effective capacity of NOMA and a suboptimal power control policy with delay QoS[J]. IEEE Transactions on Communications, 2017, 65(4): 1849-1858.

[2] DING Z G, LEI X F, KARAGIANNIDIS G K, et al. A survey on non-orthogonal multiple access for 5G networks: research challenges and future trends[J]. IEEE Journal on Selected Areas in Communications, 2017, 35(10): 2181-2195.

[3] RIBEIRO A, GIANNAKIS G B. Separation principles in wireless networking[J]. IEEE Transactions on Information Theory, 2010, 56(9): 4488-4505.

第 7 章

MU-MIMO-NOMA 分层发送和 SIC 检测

第 3～6 章分别对上行和下行 NOMA 系统的功率分配方案进行了研究和优化，并验证了所提动态功率分配方案能够使系统在不同的环境下均获得更优的性能，扩展了 NOMA 在 5G 场景的应用范围。为了能够进一步探索 NOMA 在 5G 中的应用前景，本章基于作者的前期工作[1]，对上行多用户多输入多输出非正交多址接入（Multi-User-Multi-Input Multi-Output-Non-Orthgonal Multiple Access，MU-MIMO-NOMA）系统进行深入研究。

在上行 MU-MIMO-NOMA 中，本章提出了一种多层叠加传输方案，推导出了 MMSE-SIC 和 MRC-SIC 这两种检测方法的可达数据速率区间，并用数学表达式准确描述了 MMSE-SIC 和 MRC-SIC 检测能够稳定进行的充分条件。同时，本章还提出了一种接近对称容量的多层速率分割方案，它通过支持分组 SIC 检测进一步减少 SIC 次数，从而缩短处理时延。通过设计一种两层速率分割方案，能够保障一定的最小用户数据速率，同时极大地降低了检测复杂度和处理时延。

7.1 上行多天线 NOMA 系统模型

7.1.1 对称容量

对称容量是多用户接入信道中公平性的关键指标，它被定义为系统中所有用户可以同时可靠通信的最大数据速率[2]。在诸如自动驾驶、公共安全和无人机通信等典型应用场景中，尽管上行用户位置各不相同，并经历不同的衰落信道，但为了减少传输时延，每个用户都需要最大化可达数据速率。在这些场景中，提升对称容量的效用（等效于提升最小用户数据速率）是至关重要的。通常，我们使用 ML 检测[2]和 BP 迭代检测[3]方案来逼近对称容量，但这两种方案实现复杂度较高。在大多数情况下，由于解调解码时延的限制，需要考虑通过基于 SIC 的检测算法来逼近对称容量[3]，从而保证用户公平性，最小化最大用户传输时延。

Ding 等[4-6]提出了 MIMO-NOMA 的一般框架，它能够有效地增加系统和数据速率，并降低中断概率。然而，尽管上行通信在未来 IoT 应用中占据重要位置，但目前上行 MIMO-NOMA 的研究进展明显慢于下行 MIMO-NOMA。究其原因，一方面，由于在文献[4]中提出的信号对齐 MIMO-NOMA 需要满足发送天线数大于或等于接收天线数的一半这个假设，但在物联网典型上行应用中，每个上行用户只有一根或者少量发送天线，因此，信号对齐 MIMO-NOMA 无法直接应用于用户天线数很少的物联网场景。另一方面，虽然文献[7-8]揭示了可以利用迭代检测来达到 MIMO-NOMA 的容量区域，但是在没有迭代操作的情况下，通过低复杂度和低处理时延算法来逼近多用户的对称容量在现有文献中还没有研究过。因此，研究在上行 MU-MIMO-NOMA 中满足最大化最小用户数据速率的有效方法是有必要的。

在上行 MIMO-NOMA 中，文献[9-11]研究了最小化功率的预编码、导频和载荷联合功率控制以及上行训练来进一步提高性能。特别地，2016 年研究人员提出一种基于信号对齐的通用框架，它在发送天线数大于接收天线数一半的情况下依然能够有效地工作[4]。此外，有研究人员提出用迭代 MMSE 检测来逼近 MIMO-NOMA 的容量上界[7-8]。2018 年，文献[12]对 MIMO-NOMA 研究进行了综述，并提出了 MIMO-NOMA 在现有研究中的局限性，如 SIC 检测的稳定性，仍需要进一步设计检测机制和检测顺序，以保证进行稳定的 SIC 检测。

速率分割是一种逼近容量界限的方法[13]，其概念可以通过著名的 Han-Kobayashi 编码方案[14]来实现。最近，有研究表明在 MIMO 网络中应用速率分割可以提供较大的频谱效率、能量效率和可靠性增益[15]。同时，有研究指出，可通过速率分割和迫零（Zero Force，ZF）波束赋形来最大化和数据速率[16]，在下行 MIMO 中通过速率分割和功率控制可以最大化和数据速率，并且给出了最优功率分配的闭式表达式[17]。考虑到公平性，文献[18-19]中研究了利用预编码和速率分割来优化下行多用户多发送天线单接收天线系统的和数据速率。此外，有研究在 NOMA 中应用了启发式速率分割方案，能够显著降低解码复杂度，并且可以达到与 BP 检测几乎相同的和数据速率[20]。

为了在检测来自多个上行用户的信号时抑制用户间干扰，文献[21-22]研究了具有干扰管理的分组解码，其在上行用户处将数据编码成多个层，并以分组 SIC 方式解码数据流[23]，这可以先消除部分干扰，并且能够以更高的和数据速率进行稳定的 SIC 检测。在文献[21]中，作者证明了具有分组解码的多层叠加传输在具有顺序 SIC 检测的典型非分层传输中获得了显著的吞吐量增益。以接收机为中心的分组解码方案可以被用于多小区网络的多播波束赋形设计中，以此提高和数据速率或降低功耗，具有较低的复杂度[22]。文献[24]在基于 NOMA 的双向中继网络中利用了速率分割和分组解码的组合，可以有效地提高遍历数据速率并降低中断概率。

受近年来学者们在速率分割和分组解码方面研究的启发，本章提出了在上行 MU-MIMO-NOMA 中进行分层叠加传输和 SIC 检测（包括 MMSE-SIC 和 MRC-SIC）来逼近对称容量的方法，K 个用户，进行 L 层叠加传输的上行 MU-MIMO-NOMA 系统示例如图 7-1 所示，$S_{K,L}$ 表示用户的数据流。

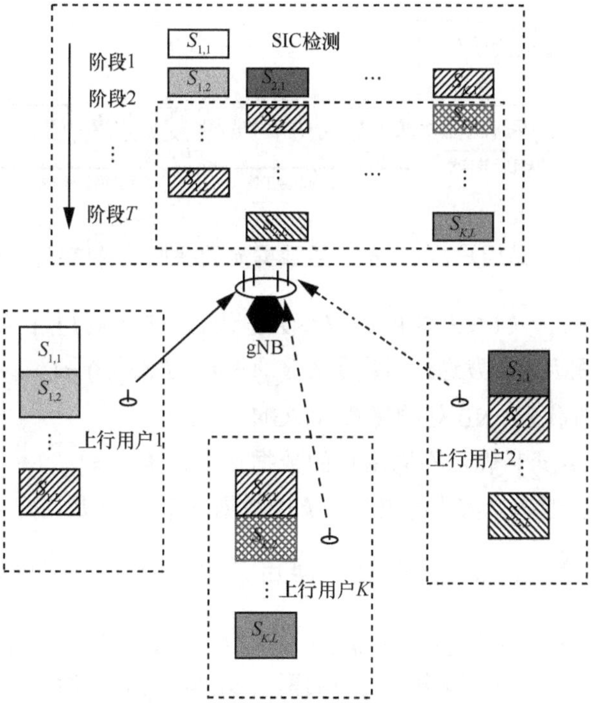

图 7-1 上行 MU-MIMO-NOMA 系统示例（K 个用户，L 层叠加传输）

首先，本章推导出了在上行 MU-MIMO-NOMA 系统中采用 MMSE-SIC 检测和 MRC-SIC 检测的可达数据速率区间，同时，本章证明了结合 MMSE-SIC 检测的多层叠加传输可以接近对称容量。然后，本章提出了一种新的上行多用户速率分割算法，它能够在保证收敛的前提下取得接近对称容量的最小用户数据速率。此外，本章还证明了可以通过仅两层速率分割后的叠加传输，得到稳定的 MRC-SIC 检测，同时达到较高的最小用户数据速率。同时，为了进一步减少多用户多层信号处理时延，本章还证明了可以使用分组解码的方式来显著减少 SIC 次数。

7.1.2 系统模型

本章使用向量 $\boldsymbol{h}_k = \varpi_k \boldsymbol{g}_k$ 来表示从上行用户 k 到下一代节点（next generation Node B，gNB）的信道系数，其中 $\boldsymbol{g}_k = [g_{k,1},\cdots,g_{k,M}]^{\mathrm{T}} \sim \mathrm{CN}(0,\boldsymbol{I}_M)$ 代表用户 k 的 Rayleigh 衰落系数，$\varpi_k = d_k^{-\alpha^{\mathrm{PL}}}$ 代表大尺度衰落，这里，d_k 是上行用户 k 和 gNB 之间的距离，α^{PL} 是路径损耗因子。

在上行 MU-MIMO-NOMA 中，gNB 处的接收信号可以由下式给出。

$$
\begin{aligned}
\boldsymbol{y} &= \sum_{i=1}^{K} \boldsymbol{h}_i \sum_{j=1}^{L} \sqrt{\alpha_{i,j} p} s_{i,j} + \boldsymbol{z} = \\
&\underbrace{\boldsymbol{h}_k \sqrt{\alpha_{k,l} p} s_{k,l}}_{\text{用户}k\text{第}j\text{层的信号}} + \underbrace{\boldsymbol{h}_k \sum_{j=1, j\neq l}^{L} \sqrt{\alpha_{k,j} p} s_{k,j}}_{\text{用户内层间信号干扰}} + \underbrace{\sum_{i=1, i\neq k}^{K} \sum_{j=1}^{L} \boldsymbol{h}_i \sqrt{\alpha_{i,j} p} s_{i,j}}_{\text{用户间信号干扰}} + \boldsymbol{z}
\end{aligned} \tag{7.1}
$$

其中，$\sum_{j=1}^{L} \sqrt{\alpha_{i,j} p} s_{i,j}$ 是用户 i 的全部 L 层数据流的叠加发送信号，p 是上行用户的最大发射功率，$s_{k,l}$（$1 \leqslant k \leqslant K, 1 \leqslant l \leqslant L$）代表用户 k 第 l 层的数据流，$\alpha_{k,l}$ 是相应的功率分配因子。发送信号满足 $E(s_{k,l}) = 0$，$E(|s_{k,l}|) = 1$，$\forall (k,l) \neq (i,j)$。$\boldsymbol{z} \sim \mathrm{CN}(0, \sigma^2 \boldsymbol{I}_M)$ 代表 gNB 处的复数 AWGN。

$\boldsymbol{r}_K = [r_1, r_2, \cdots, r_K]^{\mathrm{T}}$ 表示不同用户的数据速率，$\boldsymbol{R}_{K,L} = [r_{k,l}]_{K \times L}$ 表示不同用户在不同层的数据速率，其中 r_k 是用户 k 的数据速率，$r_{k,l}$ 是用户 k 在第 l 层的数据速率（$r_k = \sum_{l=1}^{L} r_{k,l}$）。分配给不同用户和不同层的功率可以表示为 $\boldsymbol{p}_K = [p_1, p_2, \cdots, p_K]^{\mathrm{T}}$ 和 $\boldsymbol{P}_{K,L} = [p_{k,l}]_{K \times L}$，其中 $p_k = \alpha_k p$ 和 $p_{k,l} = \alpha_{k,l} p$ 分别代表分配给用户 k 的功率和用户 k 第 l 层的功率，α_k 和 $\alpha_{k,l}$ 代表对应的功率控制因子（$\sum_{l=1}^{L} \alpha_{k,l} = \alpha_k \leqslant 1$），需要精心设计数据速率和功率的分配，以保证 SIC 解调的稳定性。

上行 MU-MIMO-NOMA 中的对称容量可以定义如下。

$$\mathcal{C}_{\text{sym}}(\boldsymbol{p}_K,\boldsymbol{H}_K,\sigma^2)=\max\left\{\overline{r}\,|\,|\mathcal{S}|\,\overline{r}\leqslant\mathcal{C}_{\mathcal{S}}(\boldsymbol{p}_K,\boldsymbol{H}_K,\sigma^2),\forall\mathcal{S}\subseteq\{1,\cdots,K\}\right\} \tag{7.2}$$

其中，$\boldsymbol{H}_K=[\boldsymbol{h}_1,\boldsymbol{h}_2,\cdots,\boldsymbol{h}_K]^{\mathrm{T}}$，$\mathcal{C}_{\mathcal{S}}(\boldsymbol{p}_K,\boldsymbol{H}_K,\sigma^2)=\mathrm{lb}\det\left(\boldsymbol{I}_M+\sum_{k\in\mathcal{S}}\frac{p_k}{\sigma^2}\boldsymbol{h}_k\boldsymbol{h}_k^{\mathrm{H}}\right)$表示在集合$\mathcal{S}$中的用户总数据速率的上界[2]。

根据定义，对称容量是所有被允许接入用户能够同时达到的最大数据速率。实际上，逼近对称容量的过程可以被等效为最大化最小用户数据速率或提升上行接入用户之间的公平性的过程。此外，对称容量与同时接入的用户数量有关，同时接入的用户数量越大，需要同时满足的容量约束条件越多，对称容量越低。

7.2 基于 SIC 的多天线接收检测

7.2.1 最大化和数据速率的 MMSE-SIC

在 MMSE-SIC 中的每个 SIC 阶段，MMSE 可以同时检测一些数据流，然后从接收信号中减去成功检测到的数据流。在不失一般性的情况下，可以使用集合$\mathcal{U}$来表示尚未减去的所有剩余数据流，此时，集合$\mathcal{U}$之外所有数据流都已被成功检测，并从接收信号中减掉。现在可以开始尝试用 MMSE 同时检测集合$\mathcal{D}$中的所有数据流（$s_{k_1,l_1},s_{k_2,l_2},\cdots,s_{k_{|\mathcal{D}|},l_{|\mathcal{D}|}}$），其中$\mathcal{D}\subseteq\mathcal{U}\subseteq\mathcal{K}_{K,L}=\{(k,l)|1\leqslant k\leqslant K,1\leqslant l\leqslant L\}$。此时，消除了已成功检测的数据流的接收信号可以表示为

$$\boldsymbol{y}_{\mathcal{U}}=\sum_{(i,j)\in\mathcal{U}}\boldsymbol{h}_i\sqrt{\alpha_{i,j}p}s_{i,j}+\boldsymbol{z}=\underbrace{\sum_{(k,l)\in\mathcal{D}}\boldsymbol{h}_k\sqrt{\alpha_{k,l}p}s_{k,l}}_{\text{目标数据流}}+\underbrace{\sum_{(i,j)\in\mathcal{U}\setminus\mathcal{D}}\boldsymbol{h}_i\sqrt{\alpha_{i,j}p}s_{i,j}}_{\text{其他数据流的干扰}}+\boldsymbol{z} \tag{7.3}$$

假设$\boldsymbol{H}_{\mathcal{D}}=\left[\sqrt{\alpha_{i,j}p}\boldsymbol{h}_i\right]_{(i,j)\in\mathcal{D}}$，其中$\boldsymbol{H}_{\mathcal{D}}$中的元素是按照$i\times L+j$的值进行升序排列，例如，$\boldsymbol{H}_{\mathcal{D}}=\left[\sqrt{\alpha_{1,1}p}\boldsymbol{h}_1,\cdots,\sqrt{\alpha_{1,L}p}\boldsymbol{h}_1,\sqrt{\alpha_{2,1}p}\boldsymbol{h}_2,\cdots,\sqrt{\alpha_{K,L}p}\boldsymbol{h}_K\right]$。因此，MMSE 检测可以表示如下。

$$\begin{aligned}\boldsymbol{V}_{\mathcal{D},\mathcal{U}}^{\mathrm{MMSE}}\boldsymbol{y}_{\mathcal{U}}&=\boldsymbol{H}_{\mathcal{D}}^{\mathrm{H}}\boldsymbol{F}_{\mathcal{U}}^{-1}\boldsymbol{y}_{\mathcal{U}}=\boldsymbol{H}_{\mathcal{D}}^{\mathrm{H}}\boldsymbol{F}_{\mathcal{U}}^{-1}\boldsymbol{H}_{\mathcal{D}}\left[\sqrt{\alpha_{k_1,l_1}p}s_{k_1,l_1},\cdots,\sqrt{\alpha_{k_{|\mathcal{D}|},l_{|\mathcal{D}|}}p}s_{k_{|\mathcal{D}|},l_{|\mathcal{D}|}}\right]^{\mathrm{T}}+\\&\boldsymbol{H}_{\mathcal{D}}^{\mathrm{H}}\boldsymbol{F}_{\mathcal{U}}^{-1}\left(\sum\nolimits_{(i,j)\in\mathcal{U}\setminus\mathcal{D}}\boldsymbol{h}_i\sqrt{\alpha_{i,j}p}s_{i,j}+\boldsymbol{z}\right)\end{aligned} \tag{7.4}$$

其中，$\boldsymbol{V}_{\mathcal{D},\mathcal{U}}^{\mathrm{MMSE}}=\boldsymbol{H}_{\mathcal{D}}^{\mathrm{H}}\boldsymbol{F}_{\mathcal{U}}^{-1}$，$\boldsymbol{F}_{\mathcal{U}}=\sigma^2\boldsymbol{I}_M+\boldsymbol{H}_{\mathcal{U}}\boldsymbol{H}_{\mathcal{U}}^{\mathrm{H}}=\sigma^2\boldsymbol{I}_M+\sum\nolimits_{(i,j)\in\mathcal{U}}\alpha_{i,j}p\boldsymbol{h}_i\boldsymbol{h}_i^{\mathrm{H}}$，$\boldsymbol{V}_{\mathcal{D},\mathcal{U}}^{\mathrm{MMSE}}\boldsymbol{y}_{\mathcal{U}}$

的第 μ 行是数据流 s_{k_μ,l_μ} 的估计值，$\boldsymbol{H}_{\mathcal{D}}^{\mathrm{H}}$ 表示 $\boldsymbol{H}_{\mathcal{D}}$ 的共轭转置。

因此，用来检测数据流 $s_{k,l}$ 的检测子可以表示为

$$\boldsymbol{v}_{(k,l),\mathcal{U}}^{\mathrm{MMSE}} = \sqrt{\alpha_{k,l}p}\boldsymbol{h}_k^{\mathrm{H}}\boldsymbol{F}_{\mathcal{U}}^{-1} = v_{(k,l),\mathcal{U}}\boldsymbol{h}_k^{\mathrm{H}}\boldsymbol{F}_{\mathcal{U}\setminus(k,l)}^{-1} \tag{7.5}$$

其中，$v_{(k,l),\mathcal{U}} = \sqrt{\alpha_{k,l}p}(1+\alpha_{k,l}p\boldsymbol{h}_k^{\mathrm{H}}\boldsymbol{F}_{\mathcal{U}\setminus(k,l)}^{-1}\boldsymbol{h}_k)^{-1}$，式（7.5）的第二个等号可以由谢尔曼–莫里森–伍德伯里（Sherman-Morrison-Woodbury）式[25]推导出。

将检测子和接收信号相乘，能够得到对数据流 $s_{k,l}$ 的估计。

$$\boldsymbol{v}_{(k,l),\mathcal{U}}^{\mathrm{MMSE}}\boldsymbol{y}_{\mathcal{U}} = v_{(k,l),\mathcal{U}}\Bigg[\underbrace{\boldsymbol{h}_k^{\mathrm{H}}\boldsymbol{F}_{\mathcal{U}\setminus(k,l)}^{-1}\boldsymbol{h}_k\sqrt{\alpha_{k,l}p}s_{k,l}}_{\text{目标数据流}} + \underbrace{\boldsymbol{h}_k^{\mathrm{H}}\boldsymbol{F}_{\mathcal{U}\setminus(k,l)}^{-1}\left(\sum\nolimits_{(i,j)\in\mathcal{U}\setminus(k,l)}\boldsymbol{h}_i\sqrt{\alpha_{i,j}p}s_{i,j}+\boldsymbol{z}\right)}_{\text{其他数据流干扰加噪声}}\Bigg] \tag{7.6}$$

此时，解调数据流 $s_{k,l}$ 的等效 SNR 为

$$\mathrm{SINR}_{(k,l),\mathcal{U}}^{\mathrm{MMSE}} = \frac{\|\boldsymbol{h}_k^{\mathrm{H}}\boldsymbol{F}_{\mathcal{U}\setminus(k,l)}^{-1}\left(\boldsymbol{h}_k\sqrt{\alpha_{k,l}p}\right)\|^2}{E\left\{\|\boldsymbol{h}_k^{\mathrm{H}}\boldsymbol{F}_{\mathcal{U}\setminus(k,l)}^{-1}\left(\sum\limits_{(i,j)\in\mathcal{U}\setminus(k,l)}\boldsymbol{h}_i\sqrt{\alpha_{i,j}p}s_{i,j}+\boldsymbol{z}\right)\|^2\right\}} = \alpha_{k,l}p\|\boldsymbol{h}_k^{\mathrm{H}}\boldsymbol{F}_{\mathcal{U}\setminus(k,l)}^{-1}\boldsymbol{h}_k\| \tag{7.7}$$

在每个 SIC 阶段，如果数据速率 $r_{k,l}$ 满足以下约束，则 MMSE 可以成功检测到数据流 $s_{k,l}$。

$$r_{k,l} \leqslant \mathcal{R}_{(k,l)}^{\mathrm{MMSE}} \triangleq \mathrm{lb}\left(1+\alpha_{k,l}p\|\boldsymbol{h}_k^{\mathrm{H}}\boldsymbol{F}_{\mathcal{U}\setminus(k,l)}^{-1}\boldsymbol{h}_k\|\right) \tag{7.8}$$

事实上，如果式（7.8）对 $\forall(k,l)\in\mathcal{D}$ 成立，集合 $\mathcal{D}$ 中的所有数据流都可以被成功检测。当同时检测多个数据流时，每个数据流都将受到来自其他数据流的干扰。使最小用户数据速率最大化的有效方法是在每个 SIC 阶段检测单个数据流，即单层 SIC 检测，它可以通过及时减去成功检测到的用户信号来提升其他用户的等效 SNR。

7.2.2 低时延低复杂度的 MRC-SIC

MMSE-SIC 和 MRC-SIC 是两种经典的线性 MUD 方案。MMSE-SIC 可以最大化和数据速率，而 MRC-SIC 可以在保障最小用户数据速率的前提下，极大地降低计算复杂度，这样可以支持多用户的低时延接入[2]。

MRC 检测子为 $\boldsymbol{V}_{\mathcal{D}}^{\mathrm{MRC}} = \boldsymbol{H}_{\mathcal{D}}^{\mathrm{H}}$，经过检测处理后的信号如下。

$$\boldsymbol{V}_{\mathcal{D}}^{\mathrm{MRC}}\boldsymbol{y}_{\mathcal{U}}=\boldsymbol{H}_{\mathcal{D}}^{\mathrm{H}}\boldsymbol{H}_{\mathcal{D}}\left[s_{k_1,l_1},\cdots,s_{k_{|\mathcal{D}|},l_{|\mathcal{D}|}}\right]^{\mathrm{T}}+\boldsymbol{H}_{\mathcal{D}}^{\mathrm{H}}\sum\nolimits_{(i,j)\in\mathcal{U}\setminus\mathcal{D}}\boldsymbol{h}_i\sqrt{\alpha_{i,j}p}s_{i,j}+\boldsymbol{H}_{\mathcal{D}}^{\mathrm{H}}\boldsymbol{z} \tag{7.9}$$

其中$\boldsymbol{V}_{\mathcal{D}}^{\mathrm{MRC}}\boldsymbol{y}_{\mathcal{U}}$的第$\mu$行可以用来估计数据流$s_{k_\mu,l_\mu}$。

这时，用来估计数据流s_{k_μ,l_μ}的第μ行可以进一步展开为

$$\sqrt{\alpha_{i,j}p}\boldsymbol{h}_k^{\mathrm{H}}\boldsymbol{y}_{\mathcal{U}}=\sqrt{\alpha_{i,j}p}\,\|\boldsymbol{h}_k\|^2\Bigg(\underbrace{\frac{\boldsymbol{h}_k^{\mathrm{H}}}{\|\boldsymbol{h}_k\|^2}\boldsymbol{h}_k\sqrt{\alpha_{k,l}p}s_{k,l}}_{\text{目标数据流}}+\underbrace{\frac{\boldsymbol{h}_k^{\mathrm{H}}}{\|\boldsymbol{h}_k\|^2}\sum_{(i,j)\in\mathcal{U}\setminus(k,l)}\boldsymbol{h}_i\sqrt{\alpha_{i,j}p}s_{i,j}}_{\text{其他数据流}}+\underbrace{\frac{\boldsymbol{h}_k^{\mathrm{H}}}{\|\boldsymbol{h}_k\|^2}\boldsymbol{z}}_{\text{噪声}}\Bigg) \tag{7.10}$$

当使用 MRC 检测$s_{k,l}$时，有用信号的等效接收功率为$\alpha_{k,l}p\left\|\boldsymbol{h}_k\right\|^2$，噪声功率是$E\left\{\left\|\boldsymbol{h}_k^{\mathrm{H}}\boldsymbol{z}\boldsymbol{z}^{\mathrm{H}}\boldsymbol{h}_k\right\|/\left\|\boldsymbol{h}_k\right\|^2\right\}=\sigma^2$，等效干扰的功率可表示为

$$E\left\{\left\|\boldsymbol{h}_k^{\mathrm{H}}\left(\sum_{(i,j)\in\mathcal{U}\setminus(k,l)}\boldsymbol{h}_i\sqrt{\alpha_{i,j}p}s_{i,j}\right)\right\|^2\Bigg/\left\|\boldsymbol{h}_k\right\|^2\right\}=\sum_{(i,j)\in\mathcal{U}\setminus(k,l)}\alpha_{i,j}p\left\|\boldsymbol{h}_k^{\mathrm{H}}\boldsymbol{h}_i\right\|^2\Big/\left\|\boldsymbol{h}_k\right\|^2 \tag{7.11}$$

因此，得到数据流$s_{k,l}$的等效 SNR 如下。

$$\mathrm{SINR}_{(k,l),\mathcal{U}}^{\mathrm{MRC}}=\frac{\alpha_{k,l}p\left\|\boldsymbol{h}_k\right\|^2}{\sum\limits_{(i,j)\in\mathcal{U}\setminus(k,l)}\alpha_{i,j}p\left\|\boldsymbol{h}_k^{\mathrm{H}}\boldsymbol{h}_i\right\|^2\Big/\left\|\boldsymbol{h}_k\right\|^2+\sigma^2} \tag{7.12}$$

如果数据速率$r_{k,l}$满足以下约束，则 MRC 可以成功检测到数据流$s_{k,l}$。

$$r_{k,l}\leqslant\mathcal{R}_{(k,l),\mathcal{U}}^{\mathrm{MRC}}\triangleq\mathrm{lb}\left(\frac{\sum\limits_{(i,j)\in\mathcal{U}}\alpha_{i,j}p\left\|\boldsymbol{h}_k^{\mathrm{H}}\boldsymbol{h}_i\right\|^2\Big/\left\|\boldsymbol{h}_k\right\|^2+\sigma^2}{\sum\limits_{(i,j)\in\mathcal{U}\setminus(k,l)}\alpha_{i,j}p\left\|\boldsymbol{h}_k^{\mathrm{H}}\boldsymbol{h}_i\right\|^2\Big/\left\|\boldsymbol{h}_k\right\|^2+\sigma^2}\right) \tag{7.13}$$

此外，当上式对集合$\mathcal{D}$中的$\forall(k,l)$成立时，集合$\mathcal{D}$中的数据流可以同时由 MRC 检测到。与 MMSE-SIC 类似，如果以单层 SIC 方式执行 MRC-SIC，则可以最大化最小用户数据速率。

7.3　基于稳定 SIC 检测的可达数据速率

本节通过 MMSE-SIC 和 MRC-SIC 检测描述了稳定 SIC 检测的条件和理论

可达数据速率的区间，这在实现多层叠加传输以逼近对称容量方面起着重要作用。

7.3.1 稳定 SIC 检测的条件

在单层 SIC 检测的情况下，接收机以特定顺序每次检测一个指定数据流，并连续减去已被成功检测的数据流。在这里可以定义一个映射函数 $\pi:\mathcal{K}_{K,L}\to\mathcal{L}_{KL}=\{1,2,\cdots,KL\}$ 来将数据流索引(k, l)映射到其在 gNB 的检测顺序 $\pi((k,l))\in\mathcal{L}_{KL}$，其中，$\pi((k,l))<\pi((i,j))$ 表示用户 k 的第 l 层在用户 i 的第 j 层之前被检测。同时，上行系统可以通过以下定义用数学方式抽象表示。

上行 MU-MIMO-NOMA 系统可以用一个 K 用户 L 层的配置表示为：$\mathcal{F}(\boldsymbol{P}_{K,L},\boldsymbol{H}_K,\boldsymbol{R}_{K,L},\sigma^2)$，其中包括分配的功率 $\boldsymbol{P}_{K,L}$、用户数据速率 $\boldsymbol{R}_{K,L}$、信道系数 $\boldsymbol{H}_K$ 和噪声功率 σ^2。

此处给出稳定 SIC 检测的条件，K 用户 L 层的上行配置 $\mathcal{F}(\boldsymbol{P}_{K,L},\boldsymbol{H}_K,\boldsymbol{R}_{K,L},\sigma^2)$ 可以被 MMSE-SIC 稳定解调的充分条件是存在映射函数 $\pi:\mathcal{K}_{K,L}\to\mathcal{L}_{KL}$ 使下式成立。

$$r_{k,l}\leqslant\mathcal{R}^{\text{MMSE}}_{(k,l),\mathcal{W}_{(k,l)}},\forall(k,l)\in\mathcal{K}_{K,L}\tag{7.14}$$

其中，$\mathcal{W}_{(k,l)}=\{(i,j)\,|\,\pi((i,j))\geqslant\pi((k,l))\}$ 表示在检测 $s_{k,l}$ 时剩余的全部数据流，$\mathcal{R}$ 为数据速率。

同时，如果式（7.15）成立，该上行系统可以通过 MRC-SIC 稳定解调。

$$r_{k,l}\leqslant\mathcal{R}^{\text{MRC}}_{(k,l),\mathcal{W}_{(k,l)}},\forall(k,l)\in\mathcal{K}_{K,L}\tag{7.15}$$

为了保证 SIC 的稳定解调，可以根据后面检测到的数据流引起的干扰来调整每个数据流的可达数据速率。因此，找出最佳速率分割方案和检测顺序以逼近对称容量是至关重要的。

7.3.2 MMSE-SIC 可达的最小用户数据速率

当 $\mathcal{U}$ 代表剩余数据流时，$\mathcal{D}$ 中全部数据流的和数据速率的上界由式（7.16）给出。

$$\mathcal{R}^{\text{SUP}}_{\mathcal{D},\mathcal{U}}=\operatorname{lb}\det\left(\boldsymbol{I}_{|\mathcal{D}|}+\boldsymbol{H}^{\text{H}}_{\mathcal{D}}\boldsymbol{F}^{-1}_{\mathcal{U}\setminus\mathcal{D}}\boldsymbol{H}_{\mathcal{D}}\right)\tag{7.16}$$

其中，$\mathcal{R}^{\text{SUP}}_{\mathcal{D},\mathcal{D}}=\operatorname{lb}\det\left(\boldsymbol{I}_M+\dfrac{1}{\sigma^2}\boldsymbol{H}_{\mathcal{D}}\boldsymbol{H}^{\text{H}}_{\mathcal{D}}\right)$。

事实上，可以通过任意检测顺序的单层 MMSE-SIC 达到$\mathcal{R}_{\mathcal{D},\mathcal{U}}^{\text{SUP}}$，如下列定理所述。

定理 7.1　采用任意映射函数$\pi:\mathcal{D}\to\mathcal{L}_{|\mathcal{D}|}=\{1,2,\cdots,|\mathcal{D}|\}$，通过单层 MMSE-SIC 检测$\mathcal{D}$中的数据流，可以达到和数据速率的上界。它可以表示为

$$\sum_{(k,l)\in\mathcal{D}}\mathcal{R}_{(k,l),\mathcal{W}_{(k,l)}}^{\text{MMSE}}=\mathcal{R}_{\mathcal{D},\mathcal{U}}^{\text{SUP}} \tag{7.17}$$

其中，$\mathcal{W}_{(k,l)}=\mathcal{U}\setminus\{(i,j)\,|\,\pi((i,j))<\pi((k,l))\}$表示检测$s_{k,l}$时的剩余数据流。

证明　为了不失一般性，可以假设任意映射$\pi:\mathcal{D}\to\mathcal{L}_{|\mathcal{D}|}$决定的检测顺序为：$(k_1,l_1)\to(k_2,l_2)\to\cdots\to(k_{|\mathcal{D}|},l_{|\mathcal{D}|})$。考虑到检测过程的连续性，将式（7.17）的右侧重写如下。

$$\begin{aligned}\mathcal{R}_{\mathcal{D},\mathcal{U}}^{\text{SUP}}&=\text{lb}\det\left(\boldsymbol{I}_{|\mathcal{D}|}+\boldsymbol{H}_{\mathcal{D}}^{\text{H}}\boldsymbol{F}_{\mathcal{U}\setminus\mathcal{D}}^{-1}\boldsymbol{H}_{\mathcal{D}}\right)=\\&\text{lb}\det\begin{pmatrix}\boldsymbol{A}&\boldsymbol{B}\\\boldsymbol{C}&\boldsymbol{D}\end{pmatrix}=\text{lb}\left(\det(\boldsymbol{A})\det(\boldsymbol{D}-\boldsymbol{C}\boldsymbol{A}^{-1}\boldsymbol{B})\right)\end{aligned} \tag{7.18}$$

其中，$\boldsymbol{A}=\boldsymbol{I}_{|\mathcal{D}|-1}+\boldsymbol{H}_{\mathcal{D}\setminus(k_1,l_1)}^{\text{H}}\boldsymbol{F}_{\mathcal{U}\setminus\mathcal{D}}^{-1}\boldsymbol{H}_{\mathcal{D}\setminus(k_1,l_1)}$，$\boldsymbol{B}=\vartheta\boldsymbol{H}_{\mathcal{D}\setminus(k_1,l_1)}^{\text{H}}\boldsymbol{F}_{\mathcal{U}\setminus\mathcal{D}}^{-1}\boldsymbol{h}_{k_1}$，$\boldsymbol{C}=\vartheta\boldsymbol{h}_{k_1}^{\text{H}}\boldsymbol{F}_{\mathcal{U}\setminus\mathcal{D}}^{-1}\boldsymbol{H}_{\mathcal{D}\setminus(k_1,l_1)}$，$\boldsymbol{D}=1+\vartheta^2\boldsymbol{h}_{k_1}^{\text{H}}\boldsymbol{F}_{\mathcal{U}\setminus\mathcal{D}}^{-1}\boldsymbol{h}_{k_1}$，同时有$\vartheta=\sqrt{\alpha_{k_1,l_1}p}$。

然后，使用 Sherman-Morrison-Woodbury 式来简化式（7.18）右侧中的第二项如下。

$$\begin{aligned}\det(\boldsymbol{D}-\boldsymbol{C}\boldsymbol{A}^{-1}\boldsymbol{B})&=\boldsymbol{D}-\boldsymbol{C}\left(\boldsymbol{I}_{|\mathcal{D}|-1}-\boldsymbol{H}_{\mathcal{D}\setminus(k_1,l_1)}^{\text{H}}\boldsymbol{X}\boldsymbol{F}_{\mathcal{U}\setminus\mathcal{D}}^{-1}\boldsymbol{H}_{\mathcal{D}\setminus(k_1,l_1)}\right)\boldsymbol{B}=\\&\boldsymbol{D}-\boldsymbol{C}\boldsymbol{H}_{\mathcal{D}\setminus(k_1,l_1)}^{\text{H}}\boldsymbol{X}\boldsymbol{F}_{\mathcal{U}\setminus\mathcal{D}}^{-1}\boldsymbol{h}_{k_1}=\\&1+\vartheta^2\boldsymbol{h}_{k_1}^{\text{H}}\left(\boldsymbol{F}_{\mathcal{U}\setminus\mathcal{D}}+\boldsymbol{H}_{\mathcal{D}\setminus(k_1,l_1)}\boldsymbol{H}_{\mathcal{D}\setminus(k_1,l_1)}^{\text{H}}\right)^{-1}\boldsymbol{h}_{k_1}=\\&1+\vartheta^2\boldsymbol{h}_{k_1}^{\text{H}}\boldsymbol{F}_{\mathcal{U}\setminus(k_1,l_1)}^{-1}\boldsymbol{h}_{k_1}\end{aligned} \tag{7.19}$$

其中，$\boldsymbol{X}=\left(\boldsymbol{I}_M+\boldsymbol{F}_{\mathcal{U}\setminus\mathcal{D}}^{-1}\boldsymbol{H}_{\mathcal{D}\setminus(k_1,l_1)}\boldsymbol{H}_{\mathcal{D}\setminus(k_1,l_1)}^{\text{H}}\right)^{-1}$。

因此，式（7.18）可以进一步扩展为

$$\begin{aligned}\mathcal{R}_{\mathcal{D},\mathcal{U}}^{\text{SUP}}&=\text{lb}\left(\det(\boldsymbol{A})\det(\boldsymbol{D}-\boldsymbol{C}\boldsymbol{A}^{-1}\boldsymbol{B})\right)=\text{lb}\prod_{1\leqslant i\leqslant|\mathcal{D}|}\left(1+\alpha_{k_i,l_i}p\boldsymbol{h}_{k_i}^{\text{H}}\boldsymbol{F}_{\mathcal{U}\setminus\{(k_1,l_1),\cdots,(k_i,l_i)\}}^{-1}\boldsymbol{h}_{k_i}\right)=\\&\sum_{(k,l)\in\mathcal{D}}\text{lb}\left(1+\alpha_{k,l}p\boldsymbol{h}_k^{\text{H}}\boldsymbol{F}_{\mathcal{W}_{(k,l)}\setminus(k,l)}^{-1}\boldsymbol{h}_k\right)=\sum_{(k,l)\in\mathcal{D}}\mathcal{R}_{(k,l),\mathcal{W}_{(k,l)}}^{\text{MMSE}}\end{aligned} \tag{7.20}$$

从而证明了这个定理。

特别地，对于允许用户集合的子集$\mathcal{S}$，通过 MMSE-SIC 检测能取得来自$\mathcal{S}$（$\forall k\in\mathcal{S},(k,l)\in\mathcal{U},\mathcal{D}$）的用户和数据速率的上界，由式（7.21）给出。

$$\sum_{k\in\mathcal{S}}\sum_{l=1}^{L}\mathcal{R}_{(k,l),\mathcal{W}_{(k,l)}}^{\mathrm{MMSE}}=\mathcal{C}_{\mathcal{S}}(\boldsymbol{p}_K,\boldsymbol{H}_K,\sigma^2) \tag{7.21}$$

其中，K 表示用户数。

综上可知，假设在 $s_{k,l}$ 之后检测 $s_{i,j}$，如果改变两个相邻数据流的检测顺序，则 $r_{i,j}$ 减少，且 $r_{k,l}$ 增加，而可达和数据速率保持不变。事实上，可以使用具有足够多层的 MMSE-SIC 来使数据速率接近对称容量，如定理 7.2 所示。

定理 7.2　对于任意 $\epsilon>0$，K 用户的配置 $\mathcal{F}(\hat{\boldsymbol{p}}_K,\hat{\boldsymbol{H}}_K,\hat{\boldsymbol{r}}_K,\sigma^2)$ 满足

$$\hat{r}_k\leqslant\mathcal{C}_{\mathrm{sym}}(\hat{\boldsymbol{p}}_K,\hat{\boldsymbol{H}}_K,\sigma^2)-\epsilon,\forall k\in\{1,2,\cdots,K\} \tag{7.22}$$

总是存在 λ_K，当 $L\geqslant\lambda_K$ 时，至少有一个 MMSE-SIC 稳定的 K 用户 L 层配置 $\mathcal{F}(\hat{\boldsymbol{P}}_{K,L},\hat{\boldsymbol{H}}_K,\hat{\boldsymbol{R}}_{K,L},\sigma^2)$ 满足以下约束条件。

$$\hat{p}_k=\sum_{l=1}^{L}\hat{p}_{k,l} \tag{7.23}$$

$$\hat{r}_k=\sum_{l=1}^{L}\hat{r}_{k,l} \tag{7.24}$$

证明　先给出更为简洁的引理 7.1。从引理 7.1 中可以很容易导出原始定理 7.2。

引理 7.1　对于任意 $\epsilon>0$，存在 $\lambda_K<\infty$，对 $\forall L\geqslant\lambda_K$，至少存在一个 MMSE-SIC 稳定的单用户 L 层配置 $\mathcal{F}(\hat{\boldsymbol{P}}_{K,L},\hat{\boldsymbol{H}}_K,\hat{\boldsymbol{R}}_{K,L},\sigma^2)$ 满足式（7.23）、式（7.24）和 $\mathcal{C}(\hat{p}_{k,l}\|\boldsymbol{h}_k\|^2,\sigma^2)\leqslant\epsilon,\forall k,l$。

当 $K=1$ 时，定理 7.2 在 $L\geqslant1$ 时成立。此外，对于任意 $\epsilon>0$，存在 $\lambda_1<\infty$，引理 7.1 成立。

当 $K=2$ 时，可以在 $L\geqslant2$ 时验证定理 7.2 成立。对于 $\hat{r}_k\leqslant\mathcal{C}_{\mathrm{sym}}(\hat{\boldsymbol{p}}_2,\hat{\boldsymbol{H}}_2,\sigma^2)$，$k=1,2$，可以构造一个新的两用户两层配置 $\mathcal{F}(\hat{\boldsymbol{P}}_{2,2},\hat{\boldsymbol{H}}_2,\hat{\boldsymbol{R}}_{2,2},\sigma^2)$。分配给每层的功率为 $\hat{p}_{1,1}=\hat{p}_1$，$\hat{p}_{1,2}=0$，$\hat{p}_{2,1}=\delta_2\hat{p}_2$，$\hat{p}_{2,2}=(1-\delta_2)\hat{p}_2$，其中 δ_2 是满足 $\hat{r}_1=\mathrm{lb}\left(1+\hat{p}_1\|\boldsymbol{h}_1^{\mathrm{H}}(\sigma^2\boldsymbol{I}_M+\delta_2\hat{p}_2\boldsymbol{h}_2\boldsymbol{h}_2^{\mathrm{H}})^{-1}\boldsymbol{h}_1\|\right)$ 的唯一正数。数据速率可设置为 $\hat{r}_{1,1}=\hat{r}_1$，$\hat{r}_{1,2}=0$，$\hat{r}_{2,1}=\mathrm{lb}\left(1+\hat{p}_{2,1}\|\boldsymbol{h}_2\|^2/\sigma^2\right)$，$\hat{r}_{2,2}=\hat{r}_2-\hat{r}_{2,1}$。

从式（7.2）和式（7.22）能够得到 $0\leqslant\delta_2\leqslant1$。

很容易验证 $\hat{p}_1=\hat{p}_{1,1}+\hat{p}_{1,2}$，$\hat{p}_2=\hat{p}_{2,1}+\hat{p}_{2,2}$，$\hat{r}_1=\hat{r}_{1,1}+\hat{r}_{1,2}$，$\hat{r}_2=\hat{r}_{2,1}+\hat{r}_{2,2}$ 成立，因此新给出的两用户两层配置能够满足式（7.23）和式（7.24）中的约束。此外，当使用检测顺序 $(2,2)\to(1,1)\to(1,2)\to(2,1)$ 时，这个新配置是 MMSE-SIC 稳定的。因此，对于任意 $\epsilon>0$，存在 $\lambda_2<\infty$，可以进一步将每个用户的数据流分割为

不超过λ_2层，同时不更改检测顺序以及所有用户的和数据速率，以满足引理 7.1。

当$K = K_0 + 1$时(K_0为任意大于 1 的自然数)，假设引理 7.1 对于$1 \leqslant K \leqslant K_0$成立。由于篇幅限制，本节简要地证明引理 7.1 对于$K = K_0 + 1$也成立，如下所示。

首先，为了不失一般性，假设用户$K_0 + 1$具有最大接收功率$\hat{p}_k \| \boldsymbol{h}_k \|^2$，定义$\mathcal{S}_{K_0} = \{1, 2, \cdots, K_0\}$，$\mathcal{S}_{K_0+1} = \mathcal{S}_{K_0} \cup \{K_0 + 1\}$，则用户集合$\mathcal{S}_{K_0}$的对称容量为$\overline{r}_{K_0} = \mathcal{C}_{\text{sym}}(\hat{\boldsymbol{p}}_{K_0}, \hat{\boldsymbol{H}}_{K_0}, \sigma^2)$，同时用户集合$\mathcal{S}_{K_0+1}$的对称容量为$\overline{r}_{K_0+1} = \mathcal{C}_{\text{sym}}(\hat{\boldsymbol{p}}_{K_0+1}, \hat{\boldsymbol{H}}_{K_0+1}, \sigma^2)$，因此$\overline{r}_{K_0+1} \leqslant \overline{r}_{K_0}$恒成立。

从引理 7.1 可知，对于任意$\epsilon > 0$，存在一个整数$\lambda_{K_0} < \infty$，有一个 MMSE-SIC 稳定的K_0用户λ_{K_0}层配置$\mathcal{F}(\hat{\boldsymbol{P}}_{K_0, \lambda_{K_0}}, \hat{\boldsymbol{H}}_{K_0}, \hat{\boldsymbol{R}}_{K_0, \lambda_{K_0}}, \sigma^2)$能够满足$\hat{p}_k = \sum_{l=1}^{\lambda_{K_0}} \hat{p}_{k,l}$，$\sum_{l=1}^{\lambda_{K_0}} \hat{r}_{k,l} = \overline{r}_{K_0} - \epsilon, \forall k \in \mathcal{S}_{K_0}$，和$\mathcal{C}(\hat{p}_{k,l} \| \boldsymbol{h}_k \|^2, \sigma^2) \leqslant \epsilon$（$\forall k \in \mathcal{S}_{K_0}, \forall l \in \{1, \cdots, \lambda_{K_0}\}$）。

如果用户$K_0 + 1$的可达数据速率大于$\overline{r}_{K_0+1}$，可以表示为$\text{lb}(1 + \hat{p}_{K_0+1} \| \boldsymbol{h}_{K_0+1}^{\text{H}} \boldsymbol{F}_{K_{K_0, \lambda_{K_0}}}^{-1} \boldsymbol{h}_{K_0+1} \|) > \overline{r}_{K_0+1}$成立。然后，当首先检测到用户$K_0 + 1$时，定理 7.2 是一定成立的，此外，可以将用户$K_0 + 1$分割成不超过$\lambda_{K_0+1}$层，以确保引理 7.1 是成立的。

否则，可以逐步将未分层用户$K_0 + 1$的检测顺序从 1 增加到$K\lambda_{K_0} + 1$。将其中每相邻两次调整间的时间称为阶段，则在最后一个阶段，分层用户$K_0 + 1$的检测顺序为$K\lambda_{K_0} + 1$，$\hat{r}_{K_0+1} \geqslant \overline{r}_{K_0+1}$。

在每个阶段，选择具有最大可达数据速率的用户K'，并选择最后检测的用户K'的第L'层。然后，将层(K', L')移动至第一个进行检测，而不改变所有用户其他层的相对顺序。接下来，选择当前最后检测的用户K'的第L''层，并将其移动至第一个进行检测。从式（7.21）可知，每次移动用户K'至最后检测的一层都会增加所有其他用户的可达数据速率。因此，可以移动用户K'至最后检测的一层，直到$\overline{r}_{K_0+1} - \epsilon \leqslant \sum_{l=1}^{\lambda_{K_0}} \hat{r}_{K',l} < \overline{r}_{K_0+1}$成立。之后，选择此时具有最大可达数据速率的用户$K''$，并重复上述操作。当用户$K_0 + 1$的检测顺序增加时，下一阶段开始。

然后，总是存在一个阶段（包括用户$K_0 + 1$在最后被检测的情况），用户$K_0 + 1$的检测顺序不能再增加。在该阶段中，在用户$K_0 + 1$之后，至少有一层检测的用户将不能被选择为获得最大可达数据速率的用户。假设它们属于集合$\mathcal{S}' \subseteq \mathcal{S}_{K_0}$，考虑到这种用户某一层的移动总是可以执行（可以帮助检测到

$\mathcal{S}''\subseteq\mathcal{S}_{K_0}\setminus\mathcal{S}'$ 中可达数据速率大于 $\overline{r}_{K_0+1}-\epsilon$ 和 $\mathcal{S}_{K_0+1}\setminus\mathcal{S}''$ 的其他用户），因此，可以在满足约束的情况下检测 $\mathcal{S}''$ 中的用户，而其他用户的层的检测顺序不会改变。当分割用户 K_0+1 以确保 $\mathcal{S}_{K_0+1}\setminus\mathcal{S}''$ 中的用户满足约束时，该情况相当于 $K=\left|\mathcal{S}_{K_0+1}\setminus\mathcal{S}''\right|$。由引理 7.1 知，可以将用户 K_0+1 分成最多 $\lambda_{|\mathcal{S}_{K_0+1}\setminus\mathcal{S}''|}$ 层，并保持 $\hat{r}_{K_0+1}=\overline{r}_{|\mathcal{S}_{K_0+1}\setminus\mathcal{S}''|}-\epsilon\geqslant\overline{r}_{K_0+1}-\epsilon$。

因此，当 $K=K_0+1$ 时，定理 7.2 成立。

最后，只要将用户 K_0+1 分成最多 $\lambda_{K_0+1}<\infty$ 层，就可以满足 $\mathcal{C}\left(\hat{p}_{K_0+1,l}\|\boldsymbol{h}_{K_0+1}\|^2,\sigma^2\right)\leqslant\epsilon,\forall l$。因此，当 $K=K_0+1$ 时，引理 7.1 成立。

总而言之，引理 7.1 能够被证明，从而定理 7.2 也是成立的。

当层数 L 足够大时，可以通过速率分割和稳定的 MMSE-SIC 检测逼近对称容量 $\mathcal{C}_{\text{sym}}(\boldsymbol{p}_K,\boldsymbol{H}_K,\sigma^2)$，其差距可以趋向于无穷小（$\epsilon\to 0$）。

7.3.3 MRC-SIC 可达的最小用户数据速率

从式（7.12）可知，等效干扰功率低于其他剩余数据流的总功率。受上行多用户接入信道的香农容量定理启发，可以将集合 $\mathcal{U}\setminus\mathcal{D}$ 中的剩余数据流视为 AWGN，其功率等于噪声功率以及其他剩余数据流的接收功率之和。因此，本节可以给出集合 $\mathcal{D}$ 中数据流的可达和数据速率的下界，如式（7.25）所示。

$$\mathcal{R}_{\mathcal{D},\mathcal{U}}^{\text{LB}}=\mathcal{C}\left(\sum_{(k,l)\in\mathcal{D}}p_{k,l}\|\boldsymbol{h}_k\|^2,\sum_{(i,j)\in\mathcal{U}\setminus\mathcal{D}}p_{i,j}\|\boldsymbol{h}_i\|^2+\sigma^2\right)\tag{7.25}$$

其中，LB 为下界（Low Bound）。

可以验证 $\mathcal{R}_{(k,l),\mathcal{W}_{(k,l)}}^{\text{LB}}\leqslant\mathcal{R}_{(k,l),\mathcal{W}_{(k,l)}}^{\text{MRC}}$ 总是成立。因此，考虑到 SIC 稳定性的条件，当存在一个映射函数 π 使 K 用户 L 层的上行配置 $\mathcal{F}(\boldsymbol{P}_{K,L},\boldsymbol{H}_K,\boldsymbol{R}_{K,L},\sigma^2)$ 满足 $r_{k,l}\leqslant\mathcal{R}_{(k,l),\mathcal{W}_{(k,l)}}^{\text{LB}},\forall(k,l)\in\mathcal{K}_{K,L}$，则该配置在接收端是可以稳定 MRC-SIC 解调的。

此外，$\mathcal{R}_{\mathcal{D}\cup\mathcal{V},\mathcal{U}}^{\text{LB}}=\mathcal{R}_{\mathcal{D},\mathcal{U}}^{\text{LB}}+\mathcal{R}_{\mathcal{V},\mathcal{U}\setminus\mathcal{D}}^{\text{LB}},\forall\mathcal{D}\cap\mathcal{V}=\varnothing$ 和 $\mathcal{D}\cup\mathcal{V}\subseteq\mathcal{U}$ 始终成立。这意味着可以通过任意检测顺序的低复杂度单层 MRC-SIC 来达到该和数据速率的下界。从 $\mathcal{R}_{\mathcal{D},\mathcal{D}}^{\text{LB}}=\mathcal{C}\left(\sum_{(k,l)\in\mathcal{D}}p_{k,l}\|\boldsymbol{h}_k\|^2,\sigma^2\right)$ 可以推导出对称容量的下界。

$$\mathcal{C}_{\text{sym}}^{\text{LB}}(\boldsymbol{p}_K,\boldsymbol{H}_K,\sigma^2)=\max\left\{\overline{r}\,\big|\,|\mathcal{S}|\,\overline{r}\leqslant\mathcal{R}_{\mathcal{S}}^{\text{LB}}(\boldsymbol{p}_K,\boldsymbol{H}_K,\sigma^2),\forall\mathcal{S}\subseteq\{1,2,\cdots,K\}\right\}\tag{7.26}$$

其中，$\mathcal{R}_{\mathcal{S}}^{\text{LB}}(\boldsymbol{p}_K,\boldsymbol{H}_K,\sigma^2)=\mathcal{C}\left(\sum_{k\in\mathcal{S}}p_k\|\boldsymbol{h}_k\|^2,\sigma^2\right)$。

当目标数据速率满足以下条件时，可以确保接收端的 MRC-SIC 检测稳定。

定理 7.3　当$L=2$时，对于每个满足下列条件的K用户配置$\mathcal{F}(\hat{\boldsymbol{p}}_K,\hat{\boldsymbol{H}}_K,\hat{\boldsymbol{r}}_K,\sigma^2)$满足

$$\sum_{k\in\mathcal{S}}\hat{r}_k \leqslant \mathcal{R}_{\mathcal{S}}^{\mathrm{LB}}(\hat{\boldsymbol{p}}_K,\hat{\boldsymbol{H}}_K,\sigma^2),\quad \forall\mathcal{S}\subseteq\{1,2,\cdots,K\} \tag{7.27}$$

存在一个K用户L层的配置$\mathcal{F}(\hat{\boldsymbol{P}}_{K,L},\hat{\boldsymbol{H}}_K,\hat{\boldsymbol{R}}_{K,L},\sigma^2)$能够在接收端进行稳定的 MRC-SIC 解调，并且满足式（7.23）和式（7.24）中的约束。

证明　当$K=1$时，很容易验证新的单用户两层配置$\mathcal{F}(\hat{\boldsymbol{P}}_{1,2},\hat{\boldsymbol{H}}_1,\hat{\boldsymbol{R}}_{1,2},\sigma^2)$是 MRC-SIC 稳定且满足约束条件的，其中$\hat{\boldsymbol{R}}_{1,2}=[\mathcal{C}(\hat{\alpha}\hat{p}_1\|\hat{\boldsymbol{h}}_1\|^2,(1-\hat{\alpha})\hat{p}_1\|\hat{\boldsymbol{h}}_1\|^2+\sigma^2),\mathcal{C}((1-\hat{\alpha})\hat{p}_1\|\hat{\boldsymbol{h}}_1\|^2,\sigma^2)]$，$\hat{\boldsymbol{P}}_{1,2}=[\hat{\alpha}\hat{p}_1,(1-\hat{\alpha})\hat{p}_1]$，而$\hat{\alpha}$是$(0,1)$的任意实数。

当$K=2$时，可以构造一个新的两用户两层配置$\mathcal{F}(\hat{\boldsymbol{P}}_{2,2},\hat{\boldsymbol{H}}_2,\hat{\boldsymbol{R}}_{2,2},\sigma^2)$，其中分配给每层的功率设置为$\hat{p}_{1,1}=\hat{\alpha}\hat{p}_1$，$\hat{p}_{1,2}=(1-\hat{\alpha})\hat{p}_1$，$\hat{p}_{2,1}=\hat{p}_2-\dfrac{\delta_1}{\|\hat{\boldsymbol{h}}_2\|^2}$，$\hat{p}_{2,2}=\dfrac{\delta_1}{\|\hat{\boldsymbol{h}}_2\|^2}$，这里$\delta_1$是满足$\hat{r}_1=\mathcal{C}(\hat{p}_1\|\hat{\boldsymbol{h}}_1\|^2,\delta_1+\sigma^2)$的唯一正数；数据速率设置为$\hat{r}_{1,1}=\mathcal{C}(\hat{p}_{1,1}\|\hat{\boldsymbol{h}}_1\|^2,\hat{p}_{1,2}\|\hat{\boldsymbol{h}}_1\|^2+\delta_1+\sigma^2)$，$\hat{r}_{1,2}=\mathcal{C}(\hat{p}_{1,2}\|\hat{\boldsymbol{h}}_1\|^2,\delta_1+\sigma^2)$，$\hat{r}_{2,1}=\mathcal{C}(\hat{p}_{2,1}\|\hat{\boldsymbol{h}}_2\|^2,\hat{p}_1\|\hat{\boldsymbol{h}}_1\|^2+\delta_1+\sigma^2)$和$\hat{r}_{2,2}=\mathcal{C}(\delta_1,\sigma^2)$。

很容易验证$\hat{p}_1=\hat{p}_{1,1}+\hat{p}_{1,2}$，$\hat{p}_2=\hat{p}_{2,1}+\hat{p}_{2,2}$，$\hat{r}_1=\hat{r}_{1,1}+\hat{r}_{1,2}$，同时$\hat{r}_2=\hat{r}_{2,1}+\hat{r}_{2,2}$，因此该配置能够满足式（7.23）和式（7.24）中的约束。此外，当使用$(2,1)\to(1,1)\to(1,2)\to(2,2)$的检测顺序时，这个新配置是 MRC-SIC 稳定的。

如果任意$K\leqslant K_0$时，定理 7.3 成立，那么考虑$K=K_0+1$的情况。假设δ_k是唯一的满足$\hat{r}_k=\mathcal{C}(\hat{p}_k\|\hat{\boldsymbol{h}}_k\|^2,\delta_k+\sigma^2)$的非负实数。满足式（7.27）的$K_0+1$用户配置可分为两种情况。在第一种情况下，对于任何一对用户i和用户k，$\delta_k\geqslant\delta_i+\hat{p}_i\|\hat{\boldsymbol{h}}_i\|^2$在$\delta_i\leqslant\delta_k$时成立。原始的非分层配置是 MRC-SIC 稳定的，并且定理 7.3 对于$K=K_0+1$是成立的。在第二种情况下，至少存在一对用户i和用户k，其中$\delta_i\leqslant\delta_k\leqslant\delta_i+\hat{p}_i\|\hat{\boldsymbol{h}}_i\|^2$。为了不失一般性，在可能的重新排序之后，假设它们是用户K_0和用户K_0+1。在这里，可以将两个用户合并为新用户K_0'，使得$\hat{p}_{K_0'}=\hat{p}_{K_0}+\hat{p}_{K_0+1}$和$\hat{r}_{K_0'}=\hat{r}_{K_0}+\hat{r}_{K_0+1}$成立，并将原始$K_0+1$用户配置转移到$K_0$用户，并满足式（7.27）。根据本段开头的假设，存在 MRC-SIC 稳定的K_0用户两层配置，新用户K_0'已分为两层$(K_0',1)$和$(K_0',2)$。但是，可以进一步将$(K_0',1)$、$(K_0',2)$分成 4 份：$(K_0,1)$、$(K_0,2)$、$(K_0+1,1)$和$(K_0+1,2)$，而并不更改 SIC 顺序（一个新层完全占用$(K_0',1)$，3 个新层从$(K_0',2)$分割；或 3 个新层从$(K_0',1)$分割，一层完全占用$(K_0',2)$；或两个新层从$(K_0',1)$和$(K_0',2)$中分割）。

根据参考文献[13]中的定理 1，假设满足 $\hat{p}_{K_0}=\hat{p}_{K_0,1}+\hat{p}_{K_0,2}$，$\hat{p}_{K_0+1}=\hat{p}_{K_0+1,1}+\hat{p}_{K_0+1,2}$，$\hat{r}_{K_0}=\hat{r}_{K_0,1}+\hat{r}_{K_0,2}$ 和 $\hat{r}_{K_0+1}=\hat{r}_{K_0+1,1}+\hat{r}_{K_0+1,2}$，新的 K_0+1 用户配置是 MRC-SIC 稳定的。因此，对于 K_0+1 的情况，定理 7.3 是成立的。

综上可知，定理 7.3 的证明已经完成。

这时，可以将每个上行用户的信号分成最多两层，并通过稳定的 MRC-SIC 检测成功地解调每个用户的信号。然后，可以找出最大化最小用户数据速率的最佳检测顺序，该检测顺序的最小用户数据速率超过对称容量的下界。实际上，如果每个用户的信号被分为两层以上，以上结论仍然成立。然而，当每个用户的信号被分成更多层时，发送端信号速率分割和接收端信号检测的复杂度较高。因此，通过优化的两层速率分割，低复杂度的两层上行 MU-MIMO-NOMA 可以获得高于 $\mathcal{C}_{\text{sym}}^{\text{LB}}(\boldsymbol{p}_K,\boldsymbol{H}_K,\sigma^2)$ 的最小用户数据速率，并且在接收端可以通过稳定的 MRC-SIC 检测来成功解调所有用户信号。

7.4 通过速率分割最大化最小用户数据速率

7.4.1 适用于 MMSE-SIC 的速率分割

本节设计了以接收机为中心的算法来更新每个用户的分割功率和数据速率，以提高接入用户的最小数据速率。所提方案有两个好处：一方面，通过 gNB 的调度来增加接入用户的最小数据速率，以此确保了上行用户之间的公平性；另一方面，当所有潜在用户的目标数据速率一定时，可以容纳更多用户同时访问 gNB。

为了确保稳定的 MMSE-SIC 检测，gNB 在接收到所请求的数据速率并从潜在用户获取 CSI 后，可以为每个用户计算最佳速率分割配置。然后，gNB 在传输期间将功率和数据速率分配因子反馈给所有用户。

这里提出了 MMSE-SIC 中速率分割的 gNB 调度过程。每层的数据速率由 $r_{k,l}=\beta_l\bar{r}(1\leqslant l\leqslant L)$ 决定，其中 $\bar{r}$ 是用户目标数据速率，β_l 是预定义的速率分割因子，可以设置为 $\beta_l=2l/\left[L(1+L)\right]$。在每个阶段，gNB 选择一个用户并将其功率分成两部分。一部分是分配的功率，以满足当前层的目标数据速率；另一部分是未分配的功率。

首先，gNB 按等效 SNR 的降序对用户进行排序。其次，gNB 估计每个用户的数据速率差距，其等于未分配功率的可达数据速率与未分配层所需和数据速率之差。接着，选择具有最小数据速率差距的用户，并为该用户分配一层。如果未分配的功率的可达数据速率大于或等于该层的目标数据速率，则达到所需数据速率的唯一功率被分配给该层，并且该层的分配数据速率等于目标数据速率；否则，将所有未分配的功率分配给该层，并且该层的分配数据速率等于未分配功率的可达数据速率。

最后，当所有用户的所有层都已确定了分配的功率和数据速率时，该过程终止。在 gNB 处获得 MMSE-SIC 检测顺序和数据速率分割配置之后，将得到的速率分割因子反馈给上行用户，用来优化上行传输。

支持稳定 MMSE-SIC 检测的多层速率分割方案如算法 7.1 所示，可以确定最佳检测顺序，并通过稳定的 MMSE-SIC 检测来分配功率和数据速率，以逼近对称容量。

算法 7.1 支持稳定 MMSE-SIC 检测的多层速率分割方案

1：初始化 $\mathcal{U}=\mathcal{K}_{K,L}$，$\mathcal{V}=\varnothing$，$t=1$，$\hat{\boldsymbol{p}}_K$，$\hat{\boldsymbol{H}}_K$，和 $\boldsymbol{R}_{K,L}$

2：**while** $\mathcal{U}\neq\varnothing$ **do**

3：　可达数据速率为 $\hat{r}_k=\mathrm{lb}(1+\hat{p}_k\,\|\hat{\boldsymbol{h}}_k^{\mathrm{H}}\boldsymbol{F}_{\mathcal{V}}^{-1}\hat{\boldsymbol{h}}_k\|)$

4：　$\delta_{k,l}=\min_{(i,j)\in\mathcal{U}}(\hat{r}_k-r_{i,j})$

5：　$(k,l)=\arg\min_{(i,j)\in\mathcal{U}}(\hat{r}_k-r_{i,j})$

6：　分配数据速率 $\hat{r}_{k,l}=\min\{\hat{r}_k,r_{k,l}\}$，$\mathcal{V}_t=(k,l)$

7：　分配功率 $\hat{p}_{k,l}=\dfrac{2^{\hat{r}_{k,l}}-1}{\|\hat{\boldsymbol{h}}_k^{\mathrm{H}}\boldsymbol{F}_{\mathcal{V}}^{-1}\hat{\boldsymbol{h}}_k\|}$

8：　为下一次速率分割更新 $\mathcal{U}\leftarrow\mathcal{U}\setminus\mathcal{V}_t$，$\mathcal{V}\leftarrow\mathcal{V}\cup\mathcal{V}_t$

9：　$t=t+1$，$\hat{p}_k=\hat{p}_k-\hat{p}_{k,l}$

10：**end while**

11：　$t=1$

12：**while** $t\neq KL$ **do**

13：　确定 SIC 解调顺序 $\pi(\mathcal{V}_t)=KL-t$，$t=t+1$

14：**end while**

输出 分配的功率方案 $\hat{\boldsymbol{P}}_{K,L}$，分配的数据速率方案 $\hat{\boldsymbol{R}}_{K,L}$，以及 SIC 解调顺序 π

7.4.2 适用于 MRC-SIC 的速率分割

本节提出一种速率分割算法，当所需数据速率满足定理 7.3 中的条件时，该算法保证数据流可以通过接收端的稳定 MRC-SIC 来检测。每个用户的数据流被分成两层，而不改变每个用户的总发射功率和数据速率。

在提出的算法中，用户根据 $\sigma_k = \hat{p}_k \|\hat{\boldsymbol{h}}_k\|^2/(2^{\hat{r}_k}-1)$ 的值升序排列。可以使用 $\mathcal{Q}$ 表示分割用户集，并使用 $\mathcal{Q}_c$ 表示剩余用户。未分配的数据流可以用如下参数表示：p_1'，p_2'，δ_1' 和 δ_2'，其中 p_1' 和 p_2' 表示可用的功率的不同部分，δ_1' 和 δ_2' 可以分别代表每部分可承受的干扰和噪声功率。对于所有用户，将可承受的干扰和噪声功率表示为 $\boldsymbol{\Delta}_{K,L} = [\delta_{k,l}]_{K\times L}$。

首先，未分配的数据流是连续的。先进行如下初始化：$\delta_1' = \sigma^2$，$\delta_2' = 0$，$p_1' = \sum_k \hat{p}_k, p_2' = 0$。

每次从 $\mathcal{Q}_c$ 中选择并划分用户 k。然后，调整 $\delta_{k,1}$ 和 $\delta_{k,2}$ 以确保用户 k 的总功率和数据速率。考虑到不同的用户排列方式，$\delta_{k,1}$ 和 $\delta_{k,2}$ 能够保证始终存在，这一点在文献[13]中有证明。简单起见，可以根据未分配的部分的特性来分别处理这些情况。给用户划分层的示意如图 7-2 所示。

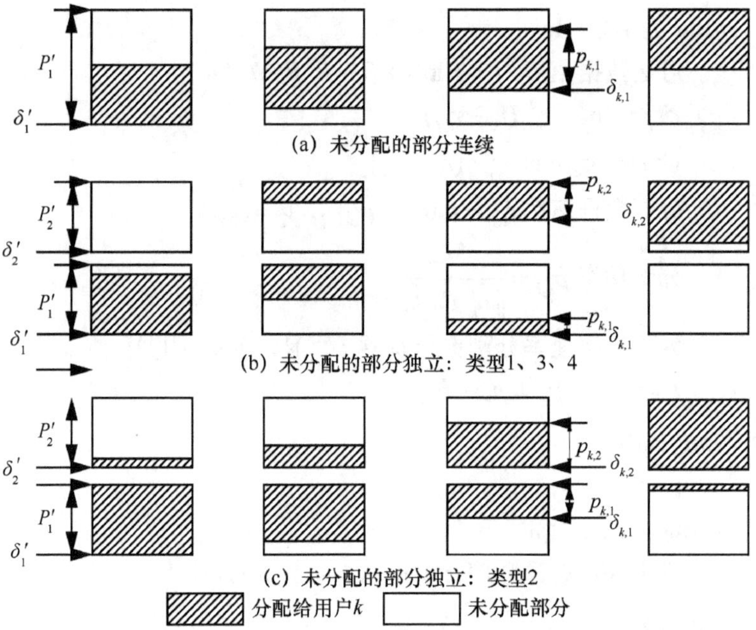

图 7-2　给用户划分层的示意

当未分配的部分为连续时，则可以通过 $\delta_{k,l}$ 调整其解码顺序，为用户 k 精确分配所需的数据速率，如图 7-2（a）所示。使用给定的 $\hat{p}_k$，分割功率和数据速率如下。

$$\hat{p}_{k,1} = \hat{p}_k, \hat{p}_{k,2} = 0, \hat{r}_{k,1} = \hat{r}_k, \hat{r}_{k,2} = 0 \tag{7.28}$$

同时，通过求解得到可承受的干扰和噪声功率 $\delta_{k,l}$ 如下。

$$\mathcal{C}(\hat{p}_{k,l} \| \hat{\boldsymbol{h}}_k \|^2, \delta_{k,l}) = \hat{r}_{k,l}, l = 1,2 \tag{7.29}$$

当未分配的部分独立时，为了保障最多有两个未分配的部分留给下一次的速率分割，根据 p_1'、p_2' 和 p_k 之间的关系，考虑如下 4 种类型。

类型 1：$\hat{p}_k \| \hat{\boldsymbol{h}}_k \|^2 \leqslant p_1', \hat{p}_k \| \hat{\boldsymbol{h}}_k \|^2 \leqslant p_2'$。

如图 7-2（b）所示，这些层被分割以保留最多两个未分配的部分，以便将来进行速率分割。在图 7-2（b）中从左向右看，层的可达数据速率单调递减。$\hat{r}_k$ 可以在运动期间实现[13]。因此，功率和数据速率如下。

$$(\text{P1}): \quad \hat{p}_{k,1}, \hat{p}_{k,2}, \hat{r}_{k,1}, \hat{r}_{k,2} \tag{7.30}$$

$$\text{s.t.} \quad \hat{p}_{k,1} + \hat{p}_{k,2} = \hat{p}_k \tag{7.30a}$$

$$\hat{r}_{k,1} + \hat{r}_{k,2} = \hat{r}_k \tag{7.30b}$$

$$\hat{r}_{k,1} = \mathcal{C}\left(\hat{p}_{k,1} \| \hat{\boldsymbol{h}}_k \|^2, \delta_{k,1}\right) \tag{7.30c}$$

$$\hat{r}_{k,2} = \mathcal{C}\left(\hat{p}_{k,2} \| \hat{\boldsymbol{h}}_k \|^2, \delta_{k,2}\right) \tag{7.30d}$$

$$\delta_{k,1} = \delta_1' \tag{7.30e}$$

$$\delta_{k,2} = \delta_2' + p_2' - \hat{p}_{k,2} \| \hat{\boldsymbol{h}}_k \|^2 \tag{7.30f}$$

类型 2：$\hat{p}_k \| \hat{\boldsymbol{h}}_k \|^2 > p_1', \hat{p}_k \| \hat{\boldsymbol{h}}_k \|^2 > p_2'$。

如图 7-2（c）所示，最多还保留两个未分配的分区。功率和数据速率如下。

$$(\text{P2}): \quad \hat{p}_{k,1}, \hat{p}_{k,2}, \hat{r}_{k,1}, \hat{r}_{k,2} \tag{7.31}$$

$$\text{s.t.} \quad \hat{p}_{k,1} + \hat{p}_{k,2} = \hat{p}_k \tag{7.31a}$$

$$\hat{r}_{k,1} + \hat{r}_{k,2} = \hat{r}_k \tag{7.31b}$$

$$\hat{r}_{k,1} = \mathcal{C}\left(\hat{p}_{k,1} \| \hat{\boldsymbol{h}}_k \|^2, \delta_{k,1}\right) \tag{7.31c}$$

$$\hat{r}_{k,2}=\mathcal{C}\left(\hat{p}_{k,2}\|\hat{\boldsymbol{h}}_k\|^2,\delta_{k,2}\right) \tag{7.31d}$$

$$\delta_{k,1}=\delta_1'+p_1'-\hat{p}_{k,1}\|\hat{\boldsymbol{h}}_k\|^2 \tag{7.31e}$$

$$\delta_{k,2}=\delta_2' \tag{7.31f}$$

类型 3：$\hat{p}_k\|\hat{\boldsymbol{h}}_k\|^2\leqslant p_1',\hat{p}_k\|\hat{\boldsymbol{h}}_k\|^2>p_2'$。

在这种情况下，首先检查 p_2' 是被完全占用还是被部分占用，若 p_2' 被完全占用意味着用户 k 必须占用整个 p_2' 才能保证其数据速率。

当 p_2' 被部分占用时，可以按类型 1 类似的方法对剩下的这些层进行分割。当 p_2' 被完全占用时，当未分配的部分连续时，可以使用类似的方法分配，只需将式（7.28）中的 $\hat{r}_k$ 直接用 $\hat{r}_k-\mathcal{C}(p_2',\delta_2')$ 替换即可。分割功率和数据速率如下。

$$\text{(P3)}:\quad \hat{p}_{k,1},\hat{p}_{k,2},\hat{r}_{k,1},\hat{r}_{k,2} \tag{7.32}$$

$$\text{s.t.}\quad \hat{p}_{k,1}+\hat{p}_{k,2}=\hat{p}_k \tag{7.32a}$$

$$\hat{r}_{k,1}+\hat{r}_{k,2}=\hat{r}_k \tag{7.32b}$$

$$\hat{r}_{k,1}=\mathcal{C}\left(\hat{p}_{k,1}\|\hat{\boldsymbol{h}}_k\|^2,\delta_{k,1}\right) \tag{7.32c}$$

$$\hat{r}_{k,2}=\mathcal{C}\left(\hat{p}_{k,2}\|\hat{\boldsymbol{h}}_k\|^2,\delta_{k,2}\right) \tag{7.32d}$$

$$\hat{p}_{k,2}\|\hat{\boldsymbol{h}}_k\|^2=p_2' \tag{7.32e}$$

$$\delta_{k,2}=\delta_2' \tag{7.32f}$$

类型 4：$\hat{p}_k\|\hat{\boldsymbol{h}}_k\|^2>p_1',\hat{p}_k\|\hat{\boldsymbol{h}}_k\|^2\leqslant p_2'$。

当 p_1' 被部分占用时，可以将类型 1 中的层分割。否则，与类型 3 相似，p_1' 被完全占用，功率和数据速率如下。

$$\text{(P4)}:\quad \hat{p}_{k,1},\hat{p}_{k,2},\hat{r}_{k,1},\hat{r}_{k,2} \tag{7.33}$$

$$\text{s.t.}\quad \hat{p}_{k,1}+\hat{p}_{k,2}=\hat{p}_k \tag{7.33a}$$

$$\hat{r}_{k,1}+\hat{r}_{k,2}=\hat{r}_k \tag{7.33b}$$

$$\hat{r}_{k,1}=\mathcal{C}\left(\hat{p}_{k,1}\|\hat{\boldsymbol{h}}_k\|^2,\delta_{k,1}\right) \tag{7.33c}$$

$$\hat{r}_{k,2}=\mathcal{C}\left(\hat{p}_{k,2}\|\hat{\boldsymbol{h}}_k\|^2,\delta_{k,2}\right) \tag{7.33d}$$

$$\hat{p}_{k,1}\|\hat{\boldsymbol{h}}_k\|^2=p_1' \tag{7.33e}$$

$$\delta_{k,1}=\delta_1' \tag{7.33f}$$

一旦获得了用户 k 的分层，就可以确定用于进一步速率分割的未分配分区。算法 7.2 详细描述了上面的速率分割方案。

算法 7.2　支持稳定 MRC-SIC 检测的两层速率分割方案

1：初始化：$\mathcal{Q}=\varnothing$，$\mathcal{Q}_c=\{1,\cdots,K\}$，$\mathcal{U}=\mathcal{K}_{K,2}$，$t=1$，$\hat{\boldsymbol{p}}_K$，$\hat{\boldsymbol{H}}_K$，$p_1'$，$p_2'$，$\delta_1'$，$\delta_2'$

2：**while** $\mathcal{Q}_c\neq\varnothing$ **do**

3：　　$k=\arg\min_{k\in\mathcal{Q}_c}\{\sigma_k\}$

4：　　**if** 未划分的部分连续 **then**

5：　　　　按照式（7.28）的方式为用户 k 划分层

6：　　**else**

7：　　　　在不同类型下分别求解相应的方程来为用户 k 划分层

8：　　**end if**

9：　　为下一次速率分割更新 p_1'，p_2'，δ_1'，δ_2'

10：　　$\mathcal{Q}=\mathcal{Q}\cup\{k\}$，$\mathcal{Q}_c=\mathcal{Q}_c\setminus\{k\}$

11：**end while**

12：计算 $\delta_{k,l}$

13：**while** $\mathcal{U}\neq\varnothing$ **do**

14：　　$(k,l)=\arg\max_{(i,j)\in\mathcal{U}}\delta_{i,j}$

15：　　$\pi(k,l)=t$，$\mathcal{U}=\mathcal{U}\setminus(k,l)$，$t=t+1$

16：**end while**

7.5　仿真结果与分析

本节提供了数值计算和仿真结果，以验证上述研究。本节首先比较不同方案的最小用户数据速率，并验证所提出的方案可以接近对称容量。然后，给出允许接入用户的数量变化，分组解码所需的 SIC 次数变化，以及发送时延的互补累积分布函数，以验证所提方案的优点。假设上行用户均匀分散在小区中，距 gNB 从 30 m 到 150 m 不等，并且上行用户的信道系数在仿真中随机生成

1 000 次。MU-MIMO-NOMA 仿真参数见表 7-1。

表 7-1　MU-MIMO-NOMA 仿真参数

参数名称	参数设置
载波频率/GHz	2
系统带宽/MHz	10
用户与基站的距离/m	30～150
数据包大小/byte	64
噪声功率/dB	−110
发射功率/dBm	−5～15
路径损耗因子	3
天线配置	1 发 4 收

7.5.1　最大化最小用户数据速率

当用户数分别为 K=8 和 K=12 时上行采用不同接入技术时的最小用户数据速率如图 7-3 和图 7-4 所示，当 L=6 时，上行在不同用户数下采用不同接入技术时的最小用户数据速率如图 7-5 所示。首先，当采用两层叠加传输时，所提出的方案（MMSE-SIC NOMA 和 MRC-SIC NOMA）取得的最小用户数据速率严格超过对称容量的下界 $\mathcal{C}_{\text{sym}}^{\text{LB}}$。当接入 8 个用户时（图 7-3），MMSE-SIC NOMA 可以达到近 95%的对称容量，而 MRC-SIC NOMA 可以达到 75%的对称容量。同时，当发射功率较高时，所提出的方案明显优于现有的顺序 SIC（Ordered SIC，OSIC）NOMA 和 OMA 方案。此外，MMSE-SIC NOMA 的 4 层和 10 层叠加传输之间的差距几乎可以忽略不计，可以采用较小层数叠加的 MMSE-SIC NOMA 达到最大化最小用户数据速率的目的。在接入 12 个用户的情况下（图 7-4），当发射功率为 10 dBm 时，采用 4 层叠加传输的 MMSE-SIC NOMA 可以达到接近 90%的对称容量。注意到，此时 OSIC NOMA 和 OMA 的最小用户数据速率显著下降，远低于 $\mathcal{C}_{\text{sym}}^{\text{LB}}$。图 7-5 显示了不同数量用户的最小用户数据速率，此时 MMSE-SIC NOMA 仍然接近对称容量，并且允许接入的用户数量增加。

有 20 个潜在用户时最大允许接入用户数如图 7-6 所示。此时可以使用所需的数据速率 $\bar{r}=2\ \text{bit}\cdot(\text{s}\cdot\text{Hz})^{-1}$ 成功检测已接入的用户。MMSE-SIC NOMA 和 MRC-SIC NOMA 显示出所提方案的巨大优势。当发射功率为 10 dBm 时，与 OSIC NOMA 相比，MMSE-SIC NOMA 可以支持 3 倍的接入用户。同时，随着发射功率的增长，所提出的方案中的最大允许接入用户数不断增加。

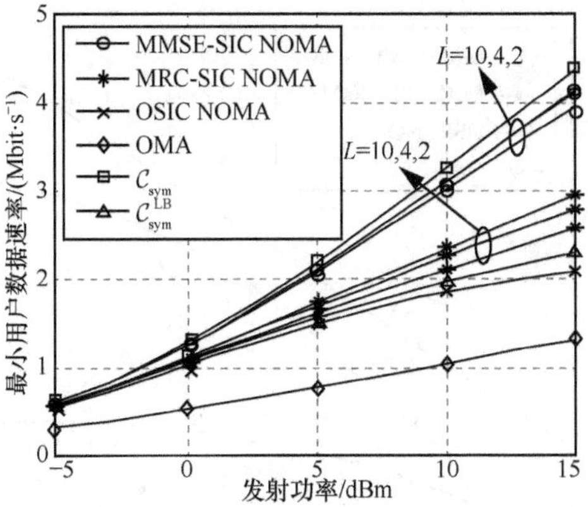

图 7-3　当用户数 K =8 时，上行采用不同接入技术时的最小用户数据速率

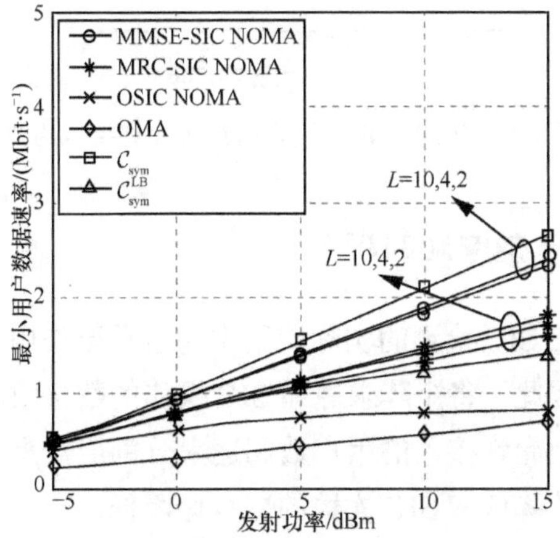

图 7-4　当用户数 K=12 时，上行采用不同接入技术时的最小用户数据速率

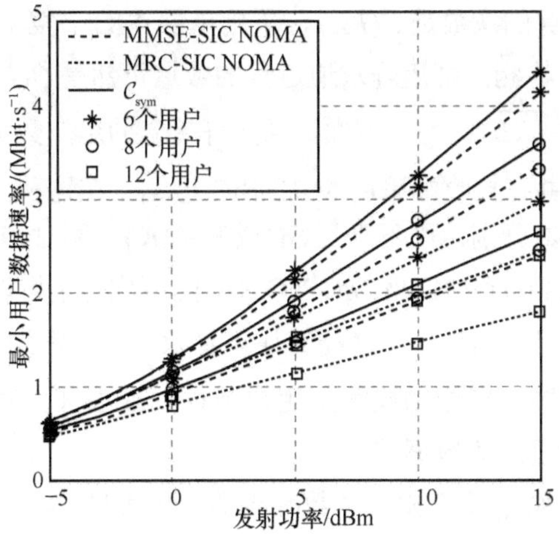

图 7-5　当 L=6 时，上行在不同用户数下采用不同接入技术时的最小用户数据速率

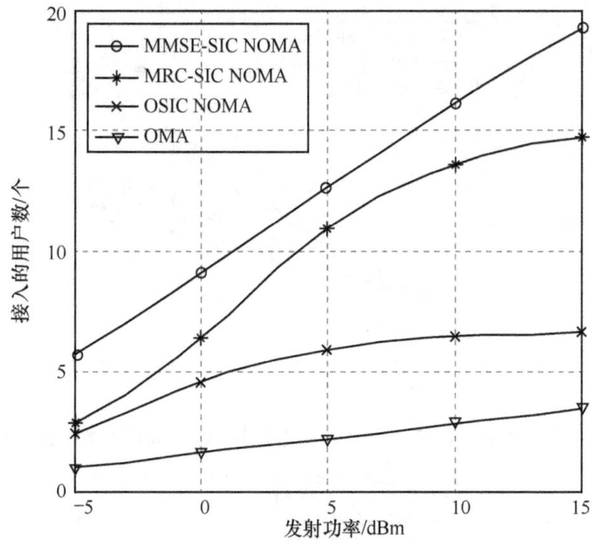

图 7-6　有 20 个潜在用户时最大允许接入用户数

7.5.2　降低检测复杂度和时延

低计算复杂度在 SIC 检测的实际应用中起着重要作用，特别是当上行接入用户数量很大时。因此，将矩阵求逆和 SIC 操作的数量限制到可容忍的水平是有意义的，这通常由允许接入的用户数和速率分割层数来决定。此外，处理时延随着计算复杂度的降低和 SIC 次数的减少而降低。

一方面，当允许接入用户数量适中时，可以将每个用户的数据流分割为足够多的层，并执行 MMSE-SIC 检测，以更近地逼近对称容量。在这种情况下，需要进行矩阵求逆运算的次数是 $O(KL)$，采用单层 SIC 次数是 $O(KL)$。如果在接收端采用分组 SIC 检测，则矩阵求逆运算的数量仍然是 $O(KL)$，而分组 SIC 次数急剧减少到约 $O(\sqrt{KL})$。另一方面，当允许接入的用户数量很大时，可以将数据分成最多两层，并在接收端采用 MRC-SIC 检测。在这种情况下，矩阵求逆运算和单层 SIC 的次数分别急剧下降到 $O(1)$ 和 $O(2K)$。同时，OSIC NOMA 的 SIC 次数是 $O(K)$。虽然上行 MU-MIMO-NOMA 的对称容量可以通过非线性和迭代线性检测来取得，但它们具有非常高的计算复杂度，通常为从 $O(K^2)$ 到 $O(K^3)$。

考虑到检测顺序，在成功检测到用户数据并减去部分数据流之前，可能无法检测到某个上行用户的数据流。

采用分组 SIC 检测时的 SIC 次数减少的示例如图 7-7 所示。在发射功率为 15 dBm 的条件下，显示当 $\bar{r} = C_{\text{sym}}^{\text{LB}}$ 时采用分组 SIC 检测时的 SIC 次数的减少。

当有 K 个用户和 L 层时，单层 SIC 应执行 $KL-1$ 次，分组 SIC 次数与单层 SIC 次数的比例反映了处理时延的减少。MMSE-SIC NOMA 的最小用户速率超过 $\mathcal{C}_{\text{sym}}^{\text{LB}}$，SIC 次数少于 MRC-SIC NOMA。尽管单层 SIC 次数随着允许接入用户数量的增加而增加，但是分组 SIC 次数与单层 SIC 次数的比例减小。此时，分组 SIC 检测具有急剧减少的 SIC 次数，能获得比单层 SIC 检测更低的处理时延。

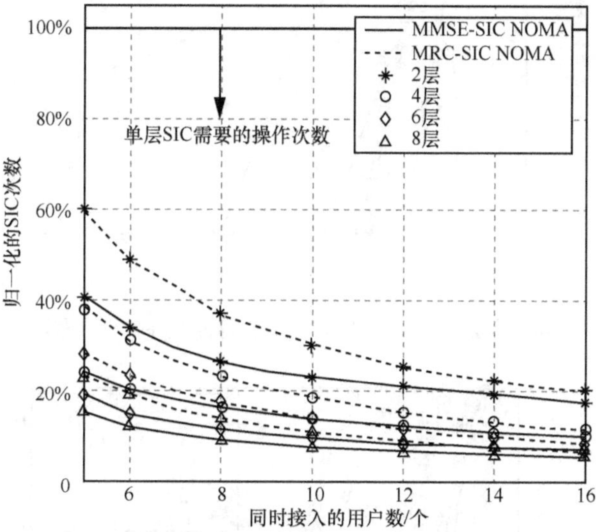

图 7-7 采用分组 SIC 检测时的 SIC 次数减少的示例

7.5.3 减少传输时延

当 L=2,4,10 时，传输时延的互补累积分布函数如图 7-8 所示，显示了数据包大小为 64 byte 时传输时延的互补累积分布函数，其中 p =15 dBm，K =8。所提出的方案获得最低传输时延，波动非常小，并且严格地优于 OMA。同时，尽管 50% 的 OSIC NOMA 用户能获得与 MMSE-SIC NOMA 用户几乎相同的传输时延，但 20%的 OSIC NOMA 用户遭受比 MMSE-SIC NOMA 用户高得多的传输时延。因此，所提出的方案有效地提高了上行用户之间的公平性。

当 K=6,8,12 时，传输时延的互补累积分布函数如图 7-9 所示，给出了具有不同用户数的传输时延的互补累积分布函数，其中 p =15 dBm，$L=6$。当允许接入的用户数量增加时，所有上行传输方案的传输时延都会增加。特别地，与现有方案相比，当允许接入用户的数量变大时，MMSE-SIC NOMA 和 MRC-SIC NOMA 在接入时延方面的增加要低得多。当接入用户的数量为 12 时，在所提出的方案中，传输时延超过 0.4 ms 的概率小于 1%。因此，在接入用户数量巨大的物联网应用中，

MMSE-SIC NOMA 和 MRC-SIC NOMA 比现存方案更可能满足严格的时延要求。

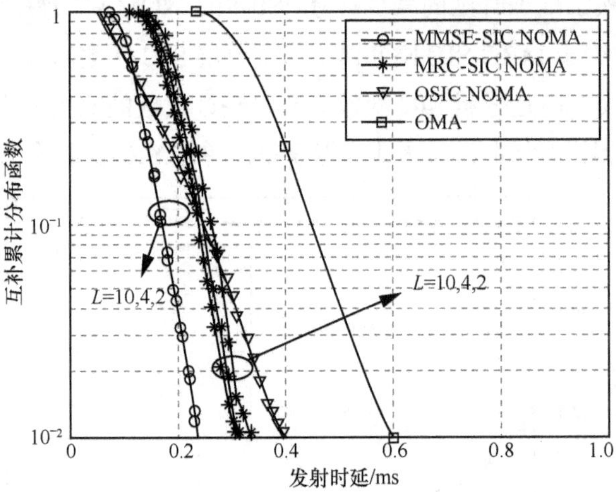

图 7-8　当 L=2，4，10 时，传输时延的互补累积分布函数

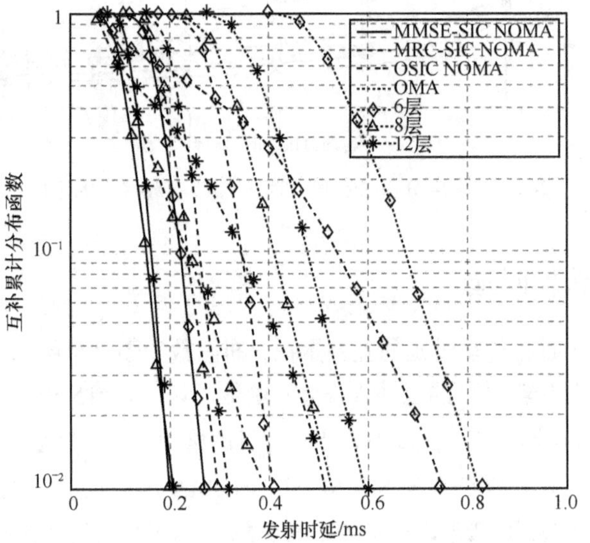

图 7-9　当 K= 6，8，12 时，传输时延的互补累积分布函数

7.6　本章小结

本章提出了通过速率分割结合 MMSE-SIC 和 MRC-SIC 检测实现的多层叠加传

输，并展示了其在逼近上行 MU-MIMO-NOMA 对称容量方面的优势。本章证明了所提出检测方法的可达数据速率和稳定性，并设计了一种新的速率分割方案，通过 MMSE-SIC 检测来逼近对称容量。此外，本章证明了采用低复杂度的 MRC-SIC 检测的两层叠加传输方案可以超过对称容量的下界。如仿真结果所示，线性 MMSE-SIC 检测可以通过 4 层速率分割达到 95%的对称容量，且没有显著增加复杂度和时延。因此，所提出的基于 SIC 检测的多层叠加传输方案在最大化最小用户数据速率方面能优于 OMA 和 OSIC NOMA 方案，该方案在未来多用户接入的物联网应用中有很大的应用前景。在未来，可以通过设计最优速率分割和功率分配方案达到对称容量，甚至达到整个可达的数据速率区间，并且尽量使用更少的分层数。

参考文献

[1] ZENG J, LV T J, NI W, et al. Ensuring max–min fairness of UL SIMO-NOMA: a rate splitting approach[J]. IEEE Transactions on Vehicular Technology, 2019, 68(11): 11080-11093.

[2] TSE D, VISWANATH P. Fundamentals of wireless communication[M]. Cambridge: Cambridge University Press, 2005.

[3] LIU L, YUEN C, GUAN Y L, et al. Gaussian message passing iterative detection for MIMO-NOMA systems with massive access[C]//Proceedings of 2016 IEEE Global Communications Conference. Piscataway: IEEE Press, 2016: 1-6.

[4] DING Z G, SCHOBER R, POOR H V. A general MIMO framework for NOMA downlink and uplink transmission based on signal alignment[J]. IEEE Transactions on Wireless Communications, 2016, 15(6): 4438-4454.

[5] DING Z G, DAI L L, POOR H V. MIMO-NOMA design for small packet transmission in the Internet of Things[J]. IEEE Access, 2016, 4: 1393-1405.

[6] DING Z G, ADACHI F, POOR H V. The application of MIMO to non-orthogonal multiple access[J]. IEEE Transactions on Wireless Communications, 2016, 15(1): 537-552.

[7] LIU L, YUEN C, GUAN Y L, et al. Capacity-achieving iterative LMMSE detection for MIMO-NOMA systems[C]//Proceedings of 2016 IEEE International Conference on Communications. Piscataway: IEEE Press, 2016: 1-6.

[8] CHI Y H, LIU L, SONG G H, et al. Practical MIMO-NOMA: low complexity and capacity-approaching solution[J]. IEEE Transactions on Wireless Communications, 2018, 17(9): 6251-6264.

[9] CHENG X, ZHANG M, WEN M W, et al. Index modulation for 5G: striving to do more with less[J]. IEEE Wireless Communications, 2018, 25(2): 126-132.

[10] WEI Z Q, NG D W K, YUAN J H. Joint pilot and payload power control for uplink MIMO-NOMA with MRC-SIC receivers[J]. IEEE Communications Letters, 2018, 22(4): 692-695.

[11] WANG H, ZHANG R B, SONG R F, et al. A novel power minimization precoding scheme for MIMO-NOMA uplink systems[J]. IEEE Communications Letters, 2018, 22(5): 1106-1109.

[12] HUANG Y M, ZHANG C, WANG J H, et al. Signal processing for MIMO-NOMA: present and future challenges[J]. IEEE Wireless Communications, 2018, 25(2): 32-38.

[13] RIMOLDI B, URBANKE R. A rate-splitting approach to the Gaussian multiple-access channel[J]. IEEE Transactions on Information Theory, 1996, 42(2): 364-375.

[14] HAN T, KOBAYASHI K. A new achievable rate region for the interference channel[J]. IEEE Transactions on Information Theory, 1981, 27(1): 49-60.

[15] CLERCKX B, JOUDEH H, HAO C X, et al. Rate splitting for MIMO wireless networks: a promising PHY-layer strategy for LTE evolution[J]. IEEE Communications Magazine, 2016, 54(5): 98-105.

[16] HAO C X, WU Y P, CLERCKX B. Rate analysis of two-receiver MISO broadcast channel with finite rate feedback: a rate-splitting approach[J]. IEEE Transactions on Communications, 2015, 63(9): 3232-3246.

[17] DAI M B, CLERCKX B, GESBERT D, et al. A rate splitting strategy for massive MIMO with imperfect CSIT[J]. IEEE Transactions on Wireless Communications, 2016, 15(7): 4611-4624.

[18] JOUDEH H, CLERCKX B. Robust transmission in downlink multiuser MISO systems: a rate-splitting approach[J]. IEEE Transactions on Signal Processing, 2016, 64(23): 6227-6242.

[19] JOUDEH H, CLERCKX B. Sum-rate maximization for linearly precoded downlink multiuser MISO systems with partial CSIT: a rate-splitting approach[J]. IEEE Transactions on Communications, 2016, 64(11): 4847-4861.

[20] ZHU Y, ZHANG Z Y, WANG X B, et al. A low-complexity non-orthogonal multiple access system based on rate splitting[C]//Proceedings of 2017 9th International Conference on Wireless Communications and Signal Processing. Piscataway: IEEE Press, 2017: 1-6.

[21] GONG C, TAJER A, WANG X D. A practical coding scheme for interference channel using constrained partial group decoder[C]//Proceedings of 2011 IEEE Global Telecommunications Conference - GLOBECOM 2011. Piscataway: IEEE Press, 2011: 1-5.

[22] ASHRAPHIJUO M, WANG X D, TAO M X. Multicast beamforming design in multicell networks with successive group decoding[J]. IEEE Transactions on Wireless Communications, 2017, 16(6): 3492-3506.

[23] GONG C, TAJER A, WANG X. Interference Channel with constrained partial group decoding[J]. IEEE Transactions on Communications, 2011, 59(11): 3059-3071.

[24] ZHENG B X, WANG X D, WEN M W, et al. NOMA-based multi-pair two-way relay networks with rate splitting and group decoding[J]. IEEE Journal on Selected Areas in Communications, 2017, 35(10): 2328-2341.

[25] WANG B C, DAI L L, WANG Z C, et al. Spectrum and energy-efficient beamspace MIMO-NOMA for millimeter-wave communications using lens antenna array[J]. IEEE Journal on Selected Areas in Communications, 2017, 35(10): 2370-2382.

第 8 章

完美和非完美 CSI 下的 MU-MIMO-NOMA 优化

第 7 章提出并验证了所提的传输方案可有效提升 MU-MIMO-NOMA 系统的可达和数据速率和稳定性。为了进一步挖掘 NOMA 在 5G 低时延场景中的潜力，本章参考作者们相关方向的前期研究[1]，将大规模 MU-MIMO-NOMA 系统应用于 IoT 场景中，并以 5G 低时延高可靠传输的指标需求为基础对系统进行优化，进一步提升 MU-MIMO-NOMA 系统的时延和可靠性等指标。

在 IoT 严重的信道衰落下满足 5G 低时延高可靠传输的要求是极具挑战性的。本章将大规模 MU-MIMO 与 NOMA 结合，并应用于阴影衰落下的 IoT，以实现基于导频辅助的信道估计（Pilot-Assistant Channel Estimation，PACE）和 ZF 检测的低时延高可靠传输。假设阴影衰落服从对数正态分布，同时上行用户按均匀分布随机地部署在小区中，基于完美 CSI 和非完美 CSI，本章分别推导出了上行大规模 MU-MIMO-NOMA 中的等效 SNR 的 PDF。然后，利用 FBL 信息理论来推导在给定时延下接入用户的错误概率，从而评估大规模 MU-MIMO-NOMA 在短数据包传输中的可靠性。此外，本章可以通过应用黄金分割搜索来决定导频的长度，从而最小化错误概率，该方法能够快速收敛，并降低导频的开销。通过数值计算和仿真，本章验证了当用户面对较严重的阴影衰落时，大规模 MU-MIMO-NOMA 仍可以支持低时延的高可靠通信，并且可以通过增加接收天线的数量进一步提升同时接入用户的数量。

8.1 大规模 MU-MIMO-NOMA 的研究意义

分集在提高低时延通信的可靠性方面起着至关重要的作用，同一个信号经过不同的传播路径到达不同的天线可以获得空间分集；将信号在具有独立小尺度衰落系数的不同载波上扩展传输可以获得频率分集；信号的重传能够获得时间域分集；低速率的编码和调制方案利用了更多的可用信道（Channel Use，CU），能够从编码域中获得分集。考虑到时变和频率选择性信道中可能遇到的深衰落，需要采用适当的基于分集的技术来保持可靠的传输。

然而，一般的 IoT 业务带宽有限，在时延被严格限制在低于 0.5 ms 时，可能的重传次数也很少，由此，IoT 业务很难从频率域和时间域中获得足够的分集增益。因此，有必要充分利用潜在空间域和编码域的分集增益，这促使本章关注最新出现的大规模 MU-MIMO 技术。通常，大规模 MU-MIMO 可以在 gNB 上安装大量接收天线，并同时利用所有可用 CU 来联合检测多个用户（而不是在受限的带宽和有限时延下为每个用户分配少量的 CU 并单独检测）来显著提高可靠性。值得一提的是，决定大规模 MU-MIMO 可靠性的 MUD 高度依赖于 CSI 的准确性。同时，典型的 IoT 应用在遇到恶劣的传播信道（例如，NLOS 和严重阴影衰落）时会面临深衰落，同时由于时延限制很难通过长时间观测获得实时和高度准确的 CSI。为了应对这些挑战，本章展开了相应的研究。

文献[2]在完美 CSI 和非完美 CSI 假设下，推导了大规模 MU-MIMO 在 MRC、MMSE 和 ZF 检测的容量下界。文献[3-4]推导出了在非完美 CSI 假设下采用 MMSE 检测的 MU-MIMO 的等效 SNR。在基于毫米波的大规模 MIMO 系统中，可以将信道变化和对可靠性和时延的概率约束联合建模为一个网络效用最大化问题，并通过李雅普诺夫优化[5]来解决。当用户安装单根天线时，文献[6]验证了安装合适数量接收天线的 gNB 可以保证上行低时延的高可靠通信。

本章主要做了如下工作。假设用户按照均匀分布随机地部署在小区内，并受到阴影衰落的影响。在该条件下，本章推导出大规模 MU-MIMO-NOMA 在完美 CSI 和非完美 CSI 下 ZF 检测的等效 SNR 的 PDF。然后，本章利用 FBL 信息理论推导了短数据包传输下的错误概率。基于推导出的错误概率表达式，可以优化不同接入用户数和不同时延约束下的导频长度。此外，本章提出了低复杂度的黄金分割搜索来有效地确定近似最优的导频长度，并能达到接近最优的可靠性。通过数值计算和仿真，本章验证了在遇到严重的阴影衰落时，大规模 MU-MIMO-NOMA 也能支持低时延的高可靠通信。当接入的用户数量提升时，通过增加 gNB 接收天线数量可以保障可靠性和时延。与固定比例或者长度的导频分配相比，本章验证了所提出的黄金分割搜索的有效性，它可以将大规模 MU-MIMO-NOMA 的错误概率保持在最低水平，同时能将导频开销控制在合理水平。

下面将讨论本章的工作与先前研究之间的明显区别。

首先，尽管在大规模 MU-MIMO 技术方面存在一些研究，但它们大部分关注和数据速率的优化，并假设 gNB 可以获得准确的上行 CSI。本章主要基于 PACE 来获得 CSI，与完美 CSI 有一定的信道估计误差，同时对时延和可靠性进行了联合优化，并推导出在给定时延下的错误概率的表达式。

其次，现有研究工作忽略了 IoT 应用的一些主要特征，包括较小的数据包长度、大量随机部署的用户以及严重的阴影衰落。本章利用新兴的 FBL 信息理论来分析严重阴影衰落和用户随机部署下的错误概率，结合 FBL 信息理论和 PACE，在给定时延内搜索导频的最佳长度，进一步提高在时延受限的短数据包传输中接入用户的可靠性，这些研究在之前大规模 MU-MIMO 的文献中还没有提到。

最后，关于大规模 MU-MIMO 的前期研究工作主要集中在 MMSE 检测上，并试图最大化遍历可达和数据速率，而不是考虑如何同时服务多个用户且保证高可靠性和低时延。本章主要考虑 ZF 检测，它可以有效地减轻其他用户造成的干扰，并且可以通过大量接收天线带来的空间分集显著地提高完美 CSI 和非完美 CSI 下的传输可靠性。实际上，当接收天线的数量很大时，ZF 检测可以取得接近最优的遍历和速率[2]，但其检测复杂度比 MMSE 要低得多。

8.2 PACE 系统模型

大规模 MU-MIMO-NOMA 系统包括一个带有 L 根接收天线的 gNB 和带有 K 个单发送天线的接入用户（$L \geqslant K$）。假设每个用户通过 N 个 CU 发送一个承载了 D 比特信息的短数据包，这些 CU 共占据 B（单位为 Hz）带宽和 t_{DE}（单位为 s）时间（$N = Bt_{\mathrm{DE}}$）。

在大规模 MU-MIMO-NOMA 中，gNB 处的接收信号可以表示为

$$Y=\sqrt{\rho}GX+Z \tag{8.1}$$

其中，ρ 是发送 SNR，$G\in C^{L\times K}$ 表示 K 个用户和 gNB 之间的信道矩阵，$X=[x_1,\cdots,x_K]^{\mathrm T}\in C^{K\times N}$，$x_k=[x_{k,1},\cdots,x_{k,N}]^{\mathrm T}$ 表示来自用户 k 的发送信号，$Z\in C^{L\times N}$ 是接收端的 AWGN，具有服从独立同分布的 CN(0,1) 分布的元素。

$g_k=\sqrt{\beta_k s_k}h_k$ 表示从用户 k 到 gNB 的信道衰落系数，其中 $h_k=[h_{k,1},\cdots,h_{k,L}]^{\mathrm T}\sim \mathrm{CN}(0,I_L)$ 表示服从独立同分布的 Rayleigh 分布的用户 k 的信道小尺度衰落系数；β_k 表示用户 k 和 gNB 之间的路径损耗；s_k 表示用户 k 的阴影衰落，它遵循方差为 $\sigma_{\mathrm S}^2$ 的对数正态分布。由于大尺度的路径损耗和阴影衰落变化缓慢，可以假设路径损耗和阴影衰落系数可以在 gNB 处被完美估计[4,7-9]。关于快速变化的小尺度衰落系数的估计存在两种经典的假设。一方面，先前大多数对 URLLC 的研究假设在 gNB 接收端能获得完美 CSI[10-11]，这样所有 N 个 CU 可用于承载信息比特，因此每个短数据包的编码块长度为 N。另一方面，如果无法得到完美 CSI，则应在 gNB 处执行实际的信道估计。在本节采用的是 PACE，它使用 m 个 CU 来承载特定的导频（也称导频长度为 m）。在 gNB 接收端利用这些已知导频来估计瞬时的信道小尺度衰落系数。剩余的 CU 可用于承载所需的信息比特，因此 PACE 中的用户传输的编码块长度仅为 $M=N-m$。

为了进一步分析，可以将信道矩阵 G 扩展为

$$G=[g_1,\cdots,g_K]\triangleq HD^{\frac{1}{2}}S^{\frac{1}{2}} \tag{8.2}$$

其中，$H=[h_1,\cdots,h_K]\in C^{L\times K}$ 表示 Rayleigh 衰落，$D=\mathrm{diag}(\beta_1,\cdots,\beta_K)\in(R^+)^{K\times K}$ 表示路径损耗，而 $S=\mathrm{diag}(s_1,\cdots,s_K)\in(R^+)^{K\times K}$ 表示阴影衰落。

这里，可以推导出信道大尺度衰落系数 β_k 和 s_k 的 PDF。由于用户在该区域内均匀随机分布，有 $\beta_k=\mu_{\mathrm P}(d_k/d_0)^{-\alpha_{\mathrm P}}$ $(d_0\leqslant d_k\leqslant d_{\mathrm R})$，其中 d_0 是用户与 gNB 之间的最小距离，$d_{\mathrm R}$ 是小区半径，d_k 是用户 k 与 gNB 之间的距离，$\mu_{\mathrm P}$ 是最小距离 d_0 处的路径损耗，$\alpha_{\mathrm P}$ 是路径损耗因子。因此，路径损耗 β_k 的累积分布函数由式（8.3）给出。

$$\begin{aligned}F_{\beta_k}(x)&=P\left(\mu_{\mathrm P}\left(d_k/d_0\right)^{-\alpha_{\mathrm P}}\leqslant x\right)=P\left(d_k\geqslant d_0\mu_{\mathrm P}^{\frac{1}{\alpha_{\mathrm P}}}x^{-\frac{1}{\alpha_{\mathrm P}}}\right)=\\ &\frac{d_{\mathrm R}^2-d_0^2\mu_{\mathrm P}^{\frac{2}{\alpha_{\mathrm P}}}x^{-\frac{2}{\alpha_{\mathrm P}}}}{d_{\mathrm R}^2-d_0^2}=\frac{\vartheta^2-\mu_{\mathrm P}^{\frac{2}{\alpha_{\mathrm P}}}x^{-\frac{2}{\alpha_{\mathrm P}}}}{\vartheta^2-1},\quad \forall x\in\left[\mu_{\mathrm P}\vartheta^{-\alpha_{\mathrm P}},\mu_{\mathrm P}\right]\end{aligned} \tag{8.3}$$

其中，$\vartheta\triangleq d_{\mathrm R}/d_0$。这时，路径损耗 β_k 的 PDF 如下。

$$f_{\beta_k}(x)=\frac{2\mu_{\mathrm{P}}^{\frac{2}{\alpha_{\mathrm{P}}}}x^{-\frac{2}{\alpha_{\mathrm{P}}}-1}}{\alpha_{\mathrm{P}}\left(\vartheta^2-1\right)},\forall x\in\left[\mu_{\mathrm{P}}\vartheta^{-\alpha_{\mathrm{P}}},\mu_{\mathrm{P}}\right] \tag{8.4}$$

当用户 k 静止且给定路径损耗 $\overline{\beta}_k$ 时，大尺度衰落 $\overline{\beta}_k s_k$ 由服从对数正态且标准差为 σ_{S}（单位为 dB）的阴影衰落决定，其分布概率[2,12-13]可表示如下。

$$f_{\overline{\beta}_k s_k|\overline{\beta}_k}(x)=\frac{\varphi}{\sqrt{2\pi}\sigma_{\mathrm{S}}x}\exp\left[-\frac{\left(\varphi\ln x-\varphi\ln\overline{\beta}_k\right)^2}{2\sigma_{\mathrm{S}}^2}\right],\quad\forall x>0 \tag{8.5}$$

其中，$\varphi=10/\ln 10$，$\varphi\ln\overline{\beta}_k$ 是 $10\lg(\overline{\beta}_k s_k)$ 的均值，代表路径损耗的值[11-12]。

当用户在小区范围内均匀随机部署时，可以使用全概率公式推导出大尺度衰落 $\beta_k s_k$ 的 PDF，如下。

$$\begin{aligned}
f_{\beta_k s_k}(x)=&\int_{\mu_{\mathrm{P}}\vartheta^{-\alpha_{\mathrm{P}}}}^{\mu_{\mathrm{P}}}f_{\beta_k}(w)f_{ws_k|w}(x)\ \mathrm{d}w=\\
&\int_{\mu_{\mathrm{P}}\vartheta^{-\alpha_{\mathrm{P}}}}^{\mu_{\mathrm{P}}}\frac{x\mu_{\mathrm{P}}}{w^2}\frac{2\mu_{\mathrm{P}}^{\frac{2}{\alpha_{\mathrm{P}}}-1}w^{-\frac{2}{\alpha_{\mathrm{P}}}+1}}{\alpha_{\mathrm{P}}(\vartheta^2-1)}\frac{\varphi}{\sqrt{2\pi}\sigma_{\mathrm{S}}x^2}\left[\exp\left(-\frac{\left(\varphi\ln x-\varphi\ln w\right)^2}{2\sigma_{\mathrm{S}}^2}\right)\right]\mathrm{d}w\overset{(\mathrm{a})}{=}\\
&\int_{x}^{x\vartheta^{\alpha_{\mathrm{P}}}}\frac{2\mu_{\mathrm{P}}^{\frac{2}{\alpha_{\mathrm{P}}}-1}\left(\frac{x\mu_{\mathrm{P}}}{z}\right)^{-\frac{2}{\alpha_{\mathrm{P}}}+1}}{\alpha_{\mathrm{P}}(\vartheta^2-1)}\frac{\varphi}{\sqrt{2\pi}\sigma_{\mathrm{S}}x^2}\left[\exp\left(-\frac{\left(\varphi\ln x-\varphi\ln\left(\frac{x\mu_{\mathrm{P}}}{z}\right)\right)^2}{2\sigma_{\mathrm{S}}^2}\right)\right]\mathrm{d}z=\\
&\int_{x}^{x\vartheta^{\alpha_{\mathrm{P}}}}\frac{\sqrt{2}\varphi x^{-\frac{2}{\alpha_{\mathrm{P}}}-1}z^{\frac{2}{\alpha_{\mathrm{P}}}-1}}{\sqrt{\pi}\sigma_{\mathrm{S}}\alpha_{\mathrm{P}}\left(\vartheta^2-1\right)}\exp\left(-\frac{\left(\varphi\ln z-\mu_{\mathrm{S}}\right)^2}{2\sigma_{\mathrm{S}}^2}\right)\mathrm{d}z,\forall x>0
\end{aligned} \tag{8.6}$$

其中，$\mu_{\mathrm{S}}\triangleq\varphi\ln\mu_{\mathrm{P}}=10\lg\mu_{\mathrm{P}}$ 是以 dB 为单位的最小距离 d_0 处的路径损耗，利用换元 $z\triangleq x\mu_{\mathrm{P}}/w$（有 $\mathrm{d}z=-x\mu_{\mathrm{P}}/w^2\,\mathrm{d}w$）时，等式（a）成立。

8.3 不同 CSI 下的 ZF 检测

8.3.1 完美 CSI 下的 ZF 检测

通常，当在 gNB 处能获得完美 CSI 时，$\boldsymbol{X}$ 中的所有元素可用于承载信息比

特，并且每一位元素是不相关的。因此，可以假设 $E\left(\left|[\boldsymbol{X}]_{k,l}\right|^2\right)=1$ $(1\leqslant k\leqslant K,$ $1\leqslant l\leqslant N)$ 和 $E([\boldsymbol{X}]_{k,l}[\boldsymbol{X}]_{i,j})=0\,(i\neq k$或$j\neq l)$。

在这种情况下，可以在 gNB 接收端采用 ZF 检测，所用的检测子为 $\boldsymbol{V}^{\mathrm{ZF}}=(\boldsymbol{G}^{\mathrm{H}}\boldsymbol{G})^{-1}\boldsymbol{G}^{\mathrm{H}}$ [2]。此时，经过 ZF 检测信号变为

$$\boldsymbol{V}^{\mathrm{ZF}}\boldsymbol{Y}=\sqrt{\rho}(\boldsymbol{G}^{\mathrm{H}}\boldsymbol{G})^{-1}\boldsymbol{G}^{\mathrm{H}}\boldsymbol{G}\boldsymbol{X}+(\boldsymbol{G}^{\mathrm{H}}\boldsymbol{G})^{-1}\boldsymbol{G}^{\mathrm{H}}\boldsymbol{Z}=\sqrt{\rho}\boldsymbol{X}+(\boldsymbol{G}^{\mathrm{H}}\boldsymbol{G})^{-1}\boldsymbol{G}^{\mathrm{H}}\boldsymbol{Z} \tag{8.7}$$

$\boldsymbol{V}^{\mathrm{ZF}}\boldsymbol{Y}$ 的第 k 行可用于估计用户 k 的信号 $\boldsymbol{x}_k$，这时用户 k 的等效 SNR 可以推导如下[2]。

$$\gamma_k=\frac{\rho}{E\left\{\left|\left[(\boldsymbol{G}^{\mathrm{H}}\boldsymbol{G})^{-1}\boldsymbol{G}^{\mathrm{H}}\boldsymbol{Z}\right]_{k,1}\right|^2\right\}}=\frac{\rho}{\left[(\boldsymbol{G}^{\mathrm{H}}\boldsymbol{G})^{-1}\boldsymbol{G}^{\mathrm{H}}\boldsymbol{I}_L\boldsymbol{G}(\boldsymbol{G}^{\mathrm{H}}\boldsymbol{G})^{-\mathrm{H}}\right]_{k,k}}=\frac{\rho}{\left[(\boldsymbol{G}^{\mathrm{H}}\boldsymbol{G})^{-1}\right]_{k,k}} \tag{8.8}$$

将式（8.2）代入式（8.8），可以进一步将用户 k 的等效 SNR 转换为

$$\gamma_k=\frac{\rho}{\left[\left(\boldsymbol{S}^{\frac{1}{2}}\boldsymbol{D}^{\frac{1}{2}}\boldsymbol{H}^{\mathrm{H}}\boldsymbol{H}\boldsymbol{D}^{\frac{1}{2}}\boldsymbol{S}^{\frac{1}{2}}\right)^{-1}\right]_{k,k}}=\frac{\rho\beta_k s_k}{\left[(\boldsymbol{H}^{\mathrm{H}}\boldsymbol{H})^{-1}\right]_{k,k}} \tag{8.9}$$

$\boldsymbol{H}^{\mathrm{H}}\boldsymbol{H}$ 是一个 $K\times K$ 的自由度为 L 的中心复数威希特（Wishart）矩阵，因此可以得到 $1/[(\boldsymbol{H}^{\mathrm{H}}\boldsymbol{H})^{-1}]_{k,k}\sim\chi^2_{2\psi}$ [9,14]，其中 $2\psi\triangleq L-K+1$，$\chi^2_{2\psi}$ 服从自由度为 2ψ 的卡方分布[15-16]。等效 SNR 的分布与接收天线的数量 L 和接入用户的数量 K 密切相关。一方面，当 gNB 安装更多的接收天线时，该卡方分布的自由度增加，从而大规模 MU-MIMO-NOMA 可以提供更高的可靠性；另一方面，当同时接入的用户数增加时，可以通过在 gNB 安装更多的接收天线来保持该卡方分布的自由度不变，从而保证每个上行用户检测的可靠性。

接下来，可以将经过 ZF 检测获得的用户 k 的等效 SNR 重写为

$$\gamma_k=\beta_k s_k\tau_k \tag{8.10}$$

其中，$\tau_k=\rho/[(\boldsymbol{H}^{\mathrm{H}}\boldsymbol{H})-1]_{k,k}\sim\rho\chi^2_{2\psi}$。这样，$\tau_k$ 的 PDF 可以表示为

$$f_{\tau_k}(x)=\frac{1}{\rho}\frac{\left(\frac{x}{\rho}\right)^{\psi-1}\exp\left(-\frac{x}{2\rho}\right)}{2^{\psi}\Gamma(\psi)}=\frac{x^{\psi-1}\exp\left(-\frac{x}{2\rho}\right)}{2^{\psi}\Gamma(\psi)\rho^{\psi}},\quad\forall x>0 \tag{8.11}$$

用户 k 的等效 SNR 的 PDF 如下。

$$
\begin{aligned}
& f_{\gamma_k}(x)=\int_0^{+\infty}\frac{1}{y}f_{\tau_k}\left(\frac{x}{y}\right)f_{\beta_k s_k}(y)\mathrm{d}y= \\
& \frac{2\mathrm{e}^{2\left(\sigma_\mathrm{S}^2\alpha_\mathrm{P}^{-2}+\mu_\mathrm{S}\alpha_\mathrm{P}^{-1}\right)}x^{\psi-1}}{\sqrt{\pi}2^{\psi}\Gamma(\psi)\alpha_\mathrm{P}\left(\vartheta^2-1\right)\rho^{\psi}}\int_0^{+\infty}\mathrm{e}^{-\frac{x}{2\rho y}}y^{-\psi-\frac{2}{\alpha_\mathrm{P}}-1}\int_y^{y\vartheta^{\alpha_\mathrm{P}}}\frac{\varphi}{\sqrt{2}\sigma_\mathrm{S}z}\times \\
& \mathrm{e}^{-\frac{(\varphi\ln z-\mu_\mathrm{S})^2}{2\sigma_\mathrm{S}^2}+\frac{2(\varphi\ln z-\mu_\mathrm{S})}{\alpha_\mathrm{P}}-\frac{2\sigma_\mathrm{S}^2}{\alpha_\mathrm{P}^2}}\mathrm{d}z\mathrm{d}y\overset{(\mathrm{a})}{=} \\
& \frac{2\mathrm{e}^{2\left(\sigma_\mathrm{S}^2\alpha_\mathrm{P}^{-2}+\mu_\mathrm{S}\alpha_\mathrm{P}^{-1}\right)}x^{\psi-1}}{\sqrt{\pi}2^{\psi}\Gamma(\psi)\alpha_\mathrm{P}\left(\vartheta^2-1\right)\rho^{\psi}}\int_0^{+\infty}\mathrm{e}^{-\frac{x}{2\rho y}}y^{-\psi-\frac{2}{\alpha_\mathrm{P}}-1}\int_{\frac{\ln y-\mu_\mathrm{S}-2\sigma_\mathrm{S}^2/\alpha_\mathrm{P}}{\sqrt{2}\sigma_\mathrm{S}}}^{\frac{\ln y-\mu_\mathrm{S}-2\sigma_\mathrm{S}^2/\alpha_\mathrm{P}+\alpha_\mathrm{P}\ln\vartheta}{\sqrt{2}\sigma_\mathrm{S}}}\mathrm{e}^{-w^2}\mathrm{d}w\mathrm{d}y\overset{(\mathrm{b})}{=} \\
& \frac{2\mathrm{e}^{2\left(\sigma_\mathrm{S}^2\alpha_\mathrm{P}^{-2}+\mu_\mathrm{S}\alpha_\mathrm{P}^{-1}\right)}x^{\psi-1}}{\sqrt{\pi}2^{\psi}\Gamma(\psi)\alpha_\mathrm{P}\left(\vartheta^2-1\right)\rho^{\psi}}\int_{-\infty}^{+\infty}\mathrm{e}^{\left(\psi+\frac{2}{\alpha_\mathrm{P}}\right)t-\frac{x\mathrm{e}^t}{2\rho}}\left(\int_{\frac{t+\mu_\mathrm{S}+2\sigma_\mathrm{S}^2/\alpha_\mathrm{P}-\alpha_\mathrm{P}\ln\vartheta}{\sqrt{2}\sigma_\mathrm{S}}}^{\frac{t+\mu_\mathrm{S}+2\sigma_\mathrm{S}^2/\alpha_\mathrm{P}}{\sqrt{2}\sigma_\mathrm{S}}}\mathrm{e}^{-w^2}\mathrm{d}w\right)\mathrm{d}t
\end{aligned}
\tag{8.12}
$$

其中，等式（a）成立是通过令 $w\triangleq(\varphi\ln z-\mu_\mathrm{S}-2{\sigma_\mathrm{S}}^2/\alpha_\mathrm{P})/(\sqrt{2}\sigma_\mathrm{S})$（这时有 $\mathrm{d}w=\varphi/(\sqrt{2}\sigma_\mathrm{S}z)\mathrm{d}z$）实现的，同时等式（b）成立是通过令 $t\triangleq-\ln y$（这时 $\mathrm{d}t=-1/y\,\mathrm{d}y$）实现的。

考虑到 $\mathrm{erf}(x)=\frac{2}{\sqrt{\pi}}\int_0^x\mathrm{e}^{-t^2}\mathrm{d}t$，令 $\nu_\mathrm{S}=\mu_\mathrm{S}+2\sigma_\mathrm{S}^2\alpha_\mathrm{P}^{-1}$，式（8.12）可以进一步化简为

$$
\begin{aligned}
& f_{\gamma_k}(x)=\frac{\exp\left(2\sigma_\mathrm{S}^2\alpha_\mathrm{P}^{-2}+2\mu_\mathrm{S}\alpha_\mathrm{P}^{-1}\right)x^{\psi-1}}{2^{\psi}\Gamma(\psi)\alpha_\mathrm{P}\left(\vartheta^2-1\right)\rho^{\psi}}\int_{-\infty}^{+\infty}\exp\left(\left(\psi+2\alpha_\mathrm{P}^{-1}\right)t-\frac{x\mathrm{e}^t}{2\rho}\right)\times \\
& \left[\mathrm{erf}\left(\frac{t+\nu_\mathrm{S}}{\sqrt{2}\sigma_\mathrm{S}}\right)-\mathrm{erf}\left(\frac{t+\nu_\mathrm{S}-\alpha_\mathrm{P}\ln\vartheta}{\sqrt{2}\sigma_\mathrm{S}}\right)\right]\mathrm{d}t
\end{aligned}
\tag{8.13}
$$

8.3.2 非完美 CSI 下的 ZF 检测

在实际部署中，很难在有限的时延内于 gNB 处获得上行完美 CSI。本节采用 PACE 来估计信道小尺度衰落系数，进而研究在非完美 CSI 下的 ZF 检测性能。

在 PACE 中，每个用户的上行发送信号由导频和数据组成。可以用 $\boldsymbol{X}^{(\mathrm{p})}\in C^{K\times m}$ 和 $\boldsymbol{X}^{(\mathrm{d})}\in C^{K\times M}$ 分别表示上行用户发送的导频和数据。这样，上行发送信号可以写作 $\boldsymbol{X}=[\boldsymbol{X}^{(\mathrm{p})},\boldsymbol{X}^{(\mathrm{d})}]$，从而可以将 gNB 的接收信号改写为

$$
\left[\boldsymbol{Y}^{(\mathrm{p})},\boldsymbol{Y}^{(\mathrm{d})}\right]=\sqrt{\rho}\boldsymbol{G}\left[\boldsymbol{X}^{(\mathrm{p})},\boldsymbol{X}^{(\mathrm{d})}\right]+\left[\boldsymbol{Z}^{(\mathrm{p})},\boldsymbol{Z}^{(\mathrm{d})}\right]
\tag{8.14}
$$

其中，$\boldsymbol{Y}^{(\mathrm{p})}\in C^{L\times m}$ 和 $\boldsymbol{Y}^{(\mathrm{d})}\in C^{L\times M}$ 分别表示接收到的导频和数据，$\boldsymbol{Z}^{(\mathrm{p})}\in C^{L\times m}$ 和

$\boldsymbol{Z}^{(\mathrm{d})} \in C^{L\times M}$ 具有独立同分布的 CN(0,1) 元素。通常，用户的上行导频被设计为相互正交，可以假设 $\boldsymbol{X}^{(\mathrm{p})}(\boldsymbol{X}^{(\mathrm{p})})^{\mathrm{H}} = m\boldsymbol{I}_K$。同时，由于 $\boldsymbol{X}^{(\mathrm{d})}$ 中的元素是不相关的，因此 $E\left(\left|[\boldsymbol{X}^{(\mathrm{d})}]_{k,l}\right|^2\right)=1$ $(1\leqslant k\leqslant K, 1\leqslant l\leqslant M)$ 和 $E\left([\boldsymbol{X}^{(\mathrm{d})}]_{k,l}[\boldsymbol{X}^{(\mathrm{d})}]_{i,j}\right)=0$ $(i\neq k$ 或 $j\neq l)$ 的假设仍然成立。

具体地，在 gNB 处包含导频的接收信号可以表示为

$$\boldsymbol{Y}^{(\mathrm{p})} = \sqrt{\rho}\boldsymbol{G}\boldsymbol{X}^{(\mathrm{p})} + \boldsymbol{Z}^{(\mathrm{p})} \tag{8.15}$$

这时，信道矩阵 $\boldsymbol{G}$ 的最小二乘估计[3-4]可由式（8.16）给出

$$\hat{\boldsymbol{G}} = \frac{1}{\sqrt{\rho m}}\boldsymbol{Y}^{(\mathrm{p})}\left(\boldsymbol{X}^{(\mathrm{p})}\right)^{\mathrm{H}} = \frac{1}{m}\boldsymbol{G}\boldsymbol{X}^{(\mathrm{p})}\left(\boldsymbol{X}^{(\mathrm{p})}\right)^{\mathrm{H}} + \frac{1}{\sqrt{\rho m}}\boldsymbol{Z}^{(\mathrm{p})}\left(\boldsymbol{X}^{(\mathrm{p})}\right)^{\mathrm{H}} = \boldsymbol{G}+\boldsymbol{W} \tag{8.16}$$

其中，$\boldsymbol{W} \triangleq \frac{1}{\sqrt{\rho m}}\boldsymbol{Z}^{(\mathrm{p})}(\boldsymbol{X}^{(\mathrm{p})})^{\mathrm{H}}$ 表示信道估计误差，并且它具有独立同分布的 $\mathrm{CN}\left(0,\frac{1}{\rho m}\right)$ 元素。为了确保用户 k 信道估计的准确性，可以假设 $\frac{1}{\rho m} \ll \beta_k s_k$ 成立[17-18]。在 PACE 中，$\boldsymbol{W}$ 中元素的方差与发送 SNR ρ 和导频的长度 m 成反比。从而可知，采用更高的发射 SNR 或更长的导频，可以实现准确度更高的信道估计。在完美 CSI 的假设下，可以认为 $\boldsymbol{W}$ 中的所有元素都等于 0，即信道估计误差为 0。

同样，包含数据的接收信号可以重写为

$$\boldsymbol{Y}^{(\mathrm{d})} = \sqrt{\rho}\boldsymbol{G}\boldsymbol{X}^{(\mathrm{d})} + \boldsymbol{Z}^{(\mathrm{d})} = \sqrt{\rho}\hat{\boldsymbol{G}}\boldsymbol{X}^{(\mathrm{d})} - \sqrt{\rho}\boldsymbol{W}\boldsymbol{X}^{(\mathrm{d})} + \boldsymbol{Z}^{(\mathrm{d})} \tag{8.17}$$

当在 gNB 采用 ZF 检测时，检测子由 $\hat{\boldsymbol{V}}^{\mathrm{ZF}} = \left(\hat{\boldsymbol{G}}^{\mathrm{H}}\hat{\boldsymbol{G}}\right)^{-1}\hat{\boldsymbol{G}}^{\mathrm{H}}$ 给出，此时处理后的信号可表示为

$$\begin{aligned}\hat{\boldsymbol{V}}^{\mathrm{ZF}}\boldsymbol{Y}^{(\mathrm{d})} &= \sqrt{\rho}\left(\hat{\boldsymbol{G}}^{\mathrm{H}}\hat{\boldsymbol{G}}\right)^{-1}\hat{\boldsymbol{G}}^{\mathrm{H}}\hat{\boldsymbol{G}}\boldsymbol{X}^{(\mathrm{d})} + \left(\hat{\boldsymbol{G}}^{\mathrm{H}}\hat{\boldsymbol{G}}\right)^{-1}\hat{\boldsymbol{G}}^{\mathrm{H}}\left(-\sqrt{\rho}\boldsymbol{W}\boldsymbol{X}^{(\mathrm{d})} + \boldsymbol{Z}^{(\mathrm{d})}\right) = \\ &\sqrt{\rho}\boldsymbol{X}^{(\mathrm{d})} + \left(\hat{\boldsymbol{G}}^{\mathrm{H}}\hat{\boldsymbol{G}}\right)^{-1}\hat{\boldsymbol{G}}^{\mathrm{H}}\left(-\sqrt{\rho}\boldsymbol{W}\boldsymbol{X}^{(\mathrm{d})} + \boldsymbol{Z}^{(\mathrm{d})}\right)\end{aligned} \tag{8.18}$$

$\hat{\boldsymbol{V}}^{\mathrm{ZF}}\boldsymbol{Y}^{(\mathrm{d})}$ 的第 k 行可以用于估计用户 k 的信号 $\boldsymbol{x}_k$，因此采用 PACE 时用户 k 的等效 SNR 由式（8.19）给出。

$$\hat{\gamma}_k(m) = \frac{\rho}{E\left\{\left|\left[\left(\hat{\boldsymbol{G}}^{\mathrm{H}}\hat{\boldsymbol{G}}\right)^{-1}\hat{\boldsymbol{G}}^{\mathrm{H}}\left(-\sqrt{\rho}\boldsymbol{W}\boldsymbol{X}^{(\mathrm{d})} + \boldsymbol{Z}^{(\mathrm{d})}\right)\right]_{k,1}\right|^2\right\}} =$$

$$\frac{\rho}{\left[\left(\hat{\boldsymbol{G}}^{\mathrm{H}}\hat{\boldsymbol{G}}\right)^{-1}\hat{\boldsymbol{G}}^{\mathrm{H}}\left(\frac{K}{m}+1\right)\boldsymbol{I}_L\hat{\boldsymbol{G}}\left(\hat{\boldsymbol{G}}^{\mathrm{H}}\hat{\boldsymbol{G}}\right)^{-\mathrm{H}}\right]_{k,k}}=\frac{\rho m}{(K+m)\left[\left(\hat{\boldsymbol{G}}^{\mathrm{H}}\hat{\boldsymbol{G}}\right)^{-1}\right]_{k,k}} \tag{8.19}$$

可以看出，$\hat{\gamma}_k(m)$ 可以由导频的长度 m 和同时接入的用户数 K 决定，因此可以通过优化导频长度来提高用户的等效 SNR，从而提升上行检测的可靠性。

为了简化 $\hat{\gamma}_k(m)$ 的 PDF 的推导，可以将信道矩阵的估计值 $\hat{\boldsymbol{G}}$ 分解如下。

$$\hat{\boldsymbol{G}}=\boldsymbol{G}+\boldsymbol{W}=\boldsymbol{H}\boldsymbol{D}^{\frac{1}{2}}\boldsymbol{S}^{\frac{1}{2}}+\boldsymbol{W}=\breve{\boldsymbol{H}}\breve{\boldsymbol{D}}^{\frac{1}{2}} \tag{8.20}$$

其中，$\breve{\boldsymbol{H}}=\left(\boldsymbol{H}\boldsymbol{D}^{\frac{1}{2}}\boldsymbol{S}^{\frac{1}{2}}+\boldsymbol{W}\right)\left(\boldsymbol{D}\boldsymbol{S}+\frac{1}{\rho m}\boldsymbol{I}_K\right)^{-\frac{1}{2}}$，它具有独立同分布的 CN(0,1) 元素，$\breve{\boldsymbol{D}}^{\frac{1}{2}}=\mathrm{diag}\left(\sqrt{\beta_1 s_1+\frac{1}{\rho m}},\cdots,\sqrt{\beta_K s_K+\frac{1}{\rho m}}\right)$。

因此，式（8.19）可以变换为

$$\hat{\gamma}_k(m)=\frac{\rho m}{(K+m)\left[\left(\breve{\boldsymbol{D}}^{\frac{1}{2}}\breve{\boldsymbol{H}}^{\mathrm{H}}\breve{\boldsymbol{H}}\breve{\boldsymbol{D}}^{\frac{1}{2}}\right)^{-1}\right]_{k,k}}=\beta_k s_k\hat{\tau}_k(m) \tag{8.21}$$

其中，$\hat{\tau}_k(m)=\frac{\varsigma(m)}{2\left[(\breve{\boldsymbol{H}}^{\mathrm{H}}\breve{\boldsymbol{H}})^{-1}\right]_{k,k}}$，$\varsigma(m)\triangleq\frac{2(\rho m\beta_k s_k+1)}{(K+m)\beta_k s_k}$。如上所述，当 PACE 中 $\frac{1}{\rho m}\ll\beta_k s_k$ 成立时，可以得到 $1\ll\rho m\beta_k s_k$，从而有 $\varsigma(m)\cong\frac{2\rho m}{K+m}$。

从文献[9,14]可知，$\frac{1}{[(\breve{\boldsymbol{H}}^{\mathrm{H}}\breve{\boldsymbol{H}})^{-1}]_{k,k}}\sim\chi^2_{2\psi}$。注意到 $\chi^2_k=\Gamma\left(\frac{k}{2},2\right)$ 和 $a\Gamma(k,\theta)=\Gamma(k,a\theta)(a>0)$ 成立，其中 $\Gamma(k,\theta)$ 是一个带有形状参数 k 和比例参数 θ 的 Gamma 分布，可以得到 $\hat{\tau}_k(m)\sim\Gamma(\psi,\varsigma(m))$。由于 $2\psi=L-K+1$，当接收天线数量上升时，$\hat{\gamma}_k(m)$ 单调增加；当接入用户数量增加时，$\hat{\gamma}_k(m)$ 单调减小。

更进一步，$\hat{\tau}_k(m)$ 的 PDF 可以由式（8.22）给出。

$$f_{\hat{\tau}_k(m)}(x)=\frac{x^{\psi-1}\exp\left(-\frac{x}{\varsigma(m)}\right)}{\Gamma(\psi)\varsigma(m)^{\psi}},\quad\forall x>0 \tag{8.22}$$

与式（8.12）类似，等效 SNR $\hat{\gamma}_k(m)$ 的 PDF 可以推导如下。

$$
\begin{aligned}
&f_{\hat{\gamma}_k(m)}(x)=\int_0^{+\infty}\frac{1}{y}f_{\hat{\tau}_k(m)}\left(\frac{x}{y}\right)f_{\beta_k s_k}(y)\ \mathrm{d}y=\\
&\int_0^{+\infty}\frac{1}{y}\frac{\left(\dfrac{x}{y}\right)^{\psi-1}\exp\left(-\dfrac{x}{\varsigma(m)y}\right)}{\Gamma(\psi)\varsigma(m)^{\psi}}\int_y^{y\vartheta^{\alpha_\mathrm{P}}}\frac{\sqrt{2}\varphi y^{-\frac{2}{\alpha_\mathrm{P}}-1}z^{\frac{2}{\alpha_\mathrm{P}}-1}}{\sqrt{\pi}\sigma_\mathrm{S}\alpha_\mathrm{P}(\vartheta^2-1)}\times\\
&\exp\left(-\frac{(\varphi\ln z-\mu_\mathrm{S})^2}{2\sigma_\mathrm{S}^2}\right)\mathrm{d}z\mathrm{d}y\overset{(\mathrm{a})}{=}\\
&\frac{2\mathrm{e}^{2(\sigma_\mathrm{S}^2\alpha_\mathrm{P}^{-2}+\mu_\mathrm{S}\alpha_\mathrm{P}^{-1})}x^{\psi-1}}{\sqrt{\pi}\Gamma(\psi)\alpha_\mathrm{P}(\vartheta^2-1)\varsigma(m)^{\psi}}\int_0^{+\infty}\mathrm{e}^{-\frac{x}{\varsigma(m)y}}y^{-\psi-\frac{2}{\alpha_\mathrm{P}}-1}\times\int_{\frac{\ln y-\mu_\mathrm{S}-2\sigma_\mathrm{S}^2/\alpha_\mathrm{P}}{\sqrt{2}\sigma_\mathrm{S}}}^{\frac{\ln y-\mu_\mathrm{S}-2\sigma_\mathrm{S}^2/\alpha_\mathrm{P}+\alpha_\mathrm{P}\ln\vartheta}{\sqrt{2}\sigma_\mathrm{s}}}\mathrm{e}^{-w^2}\mathrm{d}w\mathrm{d}y\overset{(\mathrm{b})}{=}\\
&\frac{\exp(2\sigma_\mathrm{S}^2\alpha_\mathrm{P}^{-2}+2\mu_\mathrm{S}\alpha_\mathrm{P}^{-1})x^{\psi-1}}{\Gamma(\psi)\alpha_\mathrm{P}(\vartheta^2-1)\varsigma(m)^{\psi}}\int_{-\infty}^{+\infty}\exp\left(\left(\psi+\frac{2}{\alpha_\mathrm{P}}\right)t-\frac{x\mathrm{e}^t}{\varsigma(m)}\right)\times\\
&\left[\mathrm{erf}\left(\frac{t+\mu_\mathrm{S}+2\sigma_\mathrm{S}^2/\alpha_\mathrm{P}}{\sqrt{2}\sigma_\mathrm{S}}\right)-\mathrm{erf}\left(\frac{t+\mu_\mathrm{S}+2\sigma_\mathrm{S}^2/\alpha_\mathrm{P}-\alpha_\mathrm{P}\ln\vartheta}{\sqrt{2}\sigma_\mathrm{S}}\right)\right]\mathrm{d}t\approx\\
&\frac{\exp(2\sigma_\mathrm{S}^2\alpha_\mathrm{P}^{-2}+2\mu_\mathrm{S}\alpha_\mathrm{P}^{-1})(K+m)^{\psi}x^{\psi-1}}{\Gamma(\psi)\alpha_\mathrm{P}(\vartheta^2-1)(2\rho m)^{\psi}}\times\\
&\int_{-\infty}^{+\infty}\exp\left[(\psi+2\alpha_\mathrm{P}^{-1})t-\frac{(K+m)x\mathrm{e}^t}{2\rho m}\right]\times\\
&\left[\mathrm{erf}\left(\frac{t+\nu_\mathrm{S}}{\sqrt{2}\sigma_\mathrm{S}}\right)-\mathrm{erf}\left(\frac{t+\nu_\mathrm{S}-\alpha_\mathrm{P}\ln\vartheta}{\sqrt{2}\sigma_\mathrm{S}}\right)\right]\mathrm{d}t
\end{aligned}
\tag{8.23}
$$

利用换元 $w\triangleq(\varphi\ln z-\mu_\mathrm{S}-2{\sigma_\mathrm{S}}^2\alpha_\mathrm{P}^{-1})/(\sqrt{2}\sigma_\mathrm{S})$ 可知等式（a）成立，利用换元 $t\triangleq-\ln y$ 可知等式（b）成立。等效 SNR 的 PDF 与接收天线的数量、接入用户的数量以及导频的长度密切相关。

8.4 不同 CSI 下的错误概率

8.4.1 短数据包传输中的错误概率

从信息论的角度来看，数据速率可以用每个 CU 承载的比特数表示，单位为 bit/cu。在大规模 MU-MIMO-NOMA 中，每个用户占用的 CU 的数量等于编码块长度 M，这时数据速率 $R=D/M$（单位为 bit/cu），确定性信道中的最大

可达数据速率 R 可以通过式（8.11）来近似。当使用给定的块长度 M 传输 D 信息比特时，错误概率可以用式（8.24）来准确近似。

$$\varepsilon(M,D,\gamma)=Q\left(\sqrt{\frac{M}{V(\gamma)}}\left(C(\gamma)-D/M\right)\right) \tag{8.24}$$

8.4.2　完美 CSI 下的错误概率

等效 SNR γ_k 随着用户的随机部署和经历的阴影衰落而变化。因此，在给定的传输时延 t_{DE} 下，衰落信道中用户 k 的错误概率如下。

$$\epsilon_k(t_{\mathrm{DE}})=\int_0^{+\infty}\varepsilon(Bt_{\mathrm{DE}},D,x)f_{\gamma_k}(x)\mathrm{d}x=\int_0^{+\infty}Q\left(\sqrt{\frac{Bt_{\mathrm{DE}}}{V(x)}}\left(C(x)-\frac{D}{Bt_{\mathrm{DE}}}\right)\right)f_{\gamma_k}(x)\mathrm{d}x \tag{8.25}$$

由于 $Q(w)$ 是 w 的单调递减函数，同时 $f_{\gamma_k}(x)$ 独立于 t_{DE}，因此采用更多的 CU 能够有效地减少错误概率。但是，由于时延 t_{DE} 有严格的限制，并且很难在 IoT 应用中为每个用户单独分配足够大的带宽，每个用户平均分配到的 CU 个数是很少的。为了满足可靠性的要求，可以通过叠加传输来支持 CU 在用户间的重用，将每个用户信号分散在所有可用的 CU 上，使得编码块长度足够大，从而避开可达和数据速率下降显著的区域，这一点也是可以由大规模 MU-MIMO-NOMA 支持的。

8.4.3　非完美 CSI 下的错误概率

当导频的长度为 m 时（$K\leqslant m\leqslant Bt_{\mathrm{DE}}-1$），用户 k 的错误概率如下。

$$\begin{aligned}\hat{\epsilon}_k(m,t_{\mathrm{DE}})=&\int_0^{+\infty}\varepsilon(Bt_{\mathrm{DE}}-m,D,x)f_{\hat{\gamma}_k(m)}(x)\mathrm{d}x=\\&\int_0^{+\infty}Q\left(\sqrt{\frac{Bt_{\mathrm{DE}}-m}{V(x)}}\left(C(x)-\frac{D}{Bt_{\mathrm{DE}}-m}\right)\right)f_{\hat{\gamma}_k(m)}(x)\mathrm{d}x\end{aligned} \tag{8.26}$$

一方面，当导频的长度增加时，$\varsigma(m)\cong\dfrac{2\rho m}{K+m}$ 变大，用户更有可能获得较高的等效 SNR 来提高可靠性。另一方面，更长的导频占用的 CU 数量增加，承载信息比特的 CU 数量 $Bt_{\mathrm{DE}}-m$ 减少，会导致信道编码码率增加，从而降低可靠性。因此，应当优化导频的长度以最小化短数据包传输中的错误概率。

8.5 优化导频长度

错误概率与导频 m 的长度密切相关。将最小化用户 k 错误概率的最佳导频长度表示为

$$m^*(t_{\mathrm{DE}}) = \arg\min_{K\leqslant m\leqslant Bt_{\mathrm{DE}}-1} \hat{\epsilon}_k(m,t_{\mathrm{DE}}) \tag{8.27}$$

这时，用户 k 的最小错误概率可以表示为

$$\hat{\epsilon}_k^*(t_{\mathrm{DE}}) = \hat{\epsilon}_k\left(m^*(t_{\mathrm{DE}}),t_{\mathrm{DE}}\right) \tag{8.28}$$

为了确定最佳的导频长度 $m^*(t_{\mathrm{DE}})$，可以使用一维数值搜索算法，我们采用穷举搜索方法作为基线来确定最优解。同时，可以将黄金分割搜索来作为一种有效的确定接近最优导频长度的方案，它可以快速收敛并避免非常复杂的 $\hat{\epsilon}_k(m,t_{\mathrm{DE}})$ 求导运算。

黄金分割搜索可以通过迭代缩小搜索范围来搜索单峰函数的最小点，它具有固定的缩小比例 $(\sqrt{5}-1)/2\approx 0.618$ [19-20]。此处，目标函数设置为 $\hat{\epsilon}_k(m,t_{\mathrm{DE}})$，初始搜索范围是 $m\in[m_{\mathrm{a}},m_{\mathrm{b}}]$，其中 $m_{\mathrm{a}}=K$，$m_{\mathrm{b}}=Bt_{\mathrm{DE}}-1$。由于最小点 $m^*(t_{\mathrm{DE}})$ 是一个整数，在范围 $[m_{\mathrm{a}},m_{\mathrm{b}}]$ 内通过 $m_1=m_{\mathrm{b}}-0.618(m_{\mathrm{b}}-m_{\mathrm{a}})$ 和 $m_2=m_{\mathrm{a}}+0.618(m_{\mathrm{b}}-m_{\mathrm{a}})$ 来选定评估点。

当 $\hat{\epsilon}_k(m_1,t_{\mathrm{DE}})>\hat{\epsilon}_k(m_2,t_{\mathrm{DE}})$ 时，$m^*(t_{\mathrm{DE}})$ 位于 $[m_1,m_{\mathrm{b}}]$，令 $m_{\mathrm{a}}=m_1$ 来更新搜索范围，并更新所选择的点为 $m_1=m_2$ 及 $m_2=m_1+0.618(m_{\mathrm{b}}-m_1)$。

相反，当 $\hat{\epsilon}_k(m_1,t_{\mathrm{DE}})\leqslant\hat{\epsilon}_k(m_2,t_{\mathrm{DE}})$ 时，$m^*(t_{\mathrm{DE}})$ 位于 $[m_{\mathrm{a}},m_2]$，令 $m_{\mathrm{b}}=m_2$ 来更新搜索范围，并更新所选择的点为 $m_1=m_2-0.618(m_2-m_{\mathrm{a}})$ 和 $m_2=m_1$。

考虑到 $m^*(t_{\mathrm{DE}})$ 是一个整数，可以在有限次迭代后终止黄金分割搜索，当搜索范围 $m_{\mathrm{b}}-m_{\mathrm{a}}<0.5$ 时，可以直接选择该区域附近的整数，找到使 $\hat{\epsilon}_k(x,t_{\mathrm{DE}})$ 最小的点，并将其作为输出结果[20-21]。黄金分割搜索见算法 8.1。正如在仿真结果中验证的那样，可以通过应用具有低计算复杂度和有限迭代次数的黄金分割搜索来找出接近最优的 $m^*(t_{\mathrm{DE}})$。

算法 8.1 黄金分割搜索

1：初始化：$m_{\mathrm{a}}=K$，$m_{\mathrm{b}}=Bt_{\mathrm{DE}}-1$，$M_{\mathrm{tolerance}}=0.5$，$m_1=m_{\mathrm{b}}-0.618\,(m_{\mathrm{b}}-m_{\mathrm{a}})$，$m_2=m_{\mathrm{a}}+0.618(m_{\mathrm{b}}-m_{\mathrm{a}})$，分别计算错误概率 $\varepsilon_1=\hat{\epsilon}_k(m_1,t_{\mathrm{DE}})$ 和 $\varepsilon_2=\hat{\epsilon}_k(m_2,t_{\mathrm{DE}})$

while $|m_b - m_a| > M_{\text{tolerance}}$ **do**
　　if $\varepsilon_1 > \varepsilon_2$ **then**
　　　　重用参数 $m_a = m_1$， $m_1 = m_2$ 和 $\varepsilon_2 = \varepsilon_1$
　　　　计算 $m_2 = m_a + 0.618(m_b - m_a)$
　　　　计算错误概率 $\varepsilon_2 = \hat{\epsilon}_k(m_2, t_{\text{DE}})$
　　else
　　　　重用参数 $m_b = m_2$， $m_2 = m_1$ 和 $\varepsilon_1 = \varepsilon_2$
　　　　计算 $m_1 = m_b - 0.618(m_b - m_a)$
　　　　计算错误概率 $\varepsilon_1 = \hat{\epsilon}_k(m_1, t_{\text{DE}})$
　　end if
end while
if $\hat{\epsilon}_k\left(\left\lfloor \frac{m_b + m_a}{2} \right\rfloor, t_{\text{DE}}\right) > \hat{\epsilon}_k\left(\left\lceil \frac{m_b + m_a}{2} \right\rceil, t_{\text{DE}}\right)$ **then**
　　$m^*(t_{\text{DE}}) = \left\lceil \frac{m_b + m_a}{2} \right\rceil$
else
　　$m^*(t_{\text{DE}}) = \left\lfloor \frac{m_b + m_a}{2} \right\rfloor$
end if
输出　确定的接收最优导频长度 $m^*(t_{\text{DE}})$

8.6 仿真结果和分析

本节提供了理论计算和仿真结果来验证上述发现。用户在小区中服从均匀分布随机地部署在最小距离到小区边界之间。为了评估大规模 MU-MIMO-NOMA 的优势，可以设置 gNB 接收天线的数量随接入用户的数量一起增长，以保持传输可靠性处于一致水平。大规模 MU-MIMO-NOMA 仿真参数见表 8-1。

表 8-1　大规模 MU-MIMO-NOMA 仿真参数

参数名称	参数设置
带宽/kHz	720
数据包大小/bit	30

（续表）

参数名称	参数设置
小区半径/m	90
用户离基站最小距离/m	30
噪声功率谱密度/(dBm·Hz^{-1})	−170
发射功率/dBm	−50~30
路径损耗因子	3
恒定路径损耗/dB	−10

8.6.1 最优导频长度

当阴影衰落的标准差σ_{S}分别为 4 dB 和 6 dB 时，可靠性与导频长度的关系如图 8-1 和图 8-2 所示。从图 8-1 和图 8-2 可以看出，理论结果与仿真结果可以很好地吻合，并且，在采用最佳的导频长度时，最小错误概率可以降低到 10^{-5} 的水平。利用更大的发射功率，可以在大规模 MU-MIMO-NOMA 中显著降低错误概率。此外，当遇到严重的阴影衰落（$\sigma_{\mathrm{S}}=6$ dB）时，为了保证可靠性，需要更多数量的 CU（更高的时延）和更高的发射功率（最大 30 dBm）。

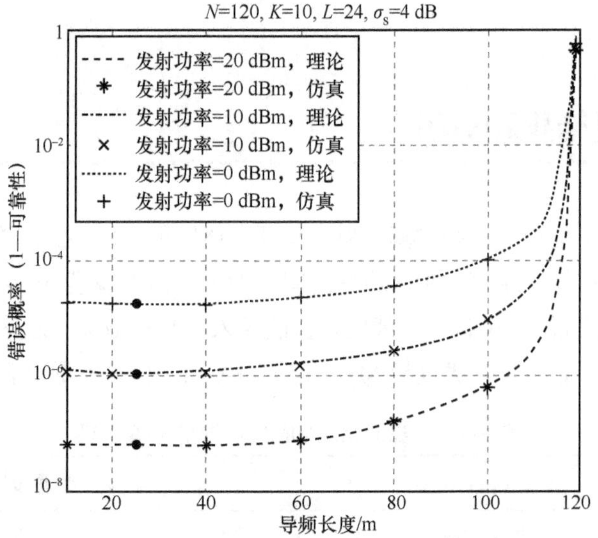

图 8-1　当 N=120，σ_{S} =4 dB 时，可靠性与导频长度的关系

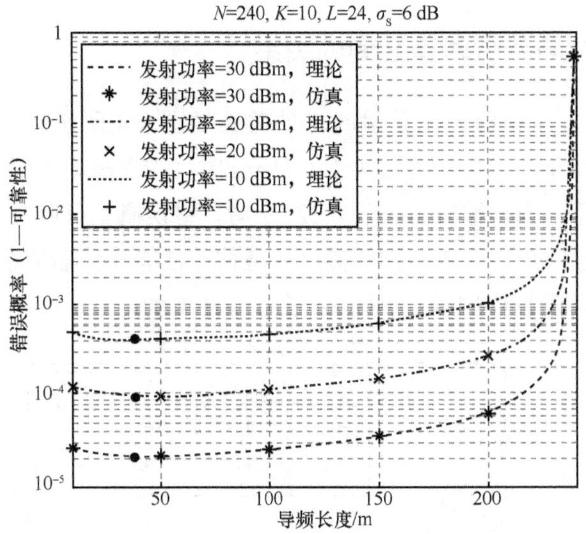

图 8-2　当 N =240，σ_s =6 dB 时，可靠性与导频长度的关系

8.6.2　导频开销

当采用黄金分割搜索来确定接近最优导频长度时的导频开销与传输时延的关系如图 8-3 所示。由黄金分割搜索决定的导频长度与最优导频长度的吻合程度很高，这验证了黄金分割搜索的收敛性和有效性。此外，本处以固定比例导频分配作为基线，它分配 max(K,0.2N)个 CU 用作导频。从图 8-3 中可以看出，黄金分割搜索可以将导频开销降低到 15%以下，同时最小化错误概率，这对实现低时延通信来说是高效和可靠的。

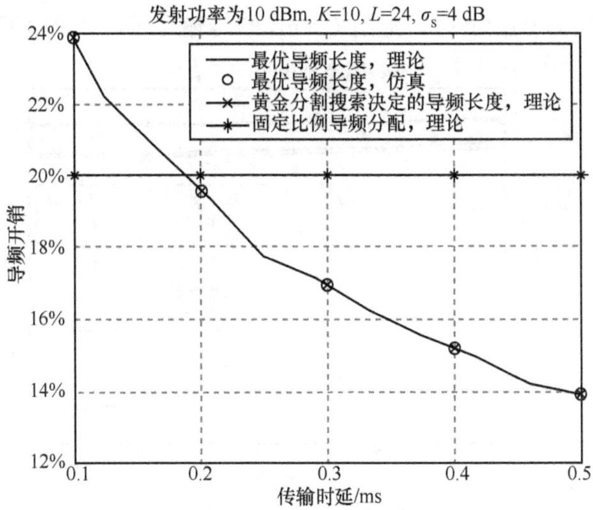

图 8-3　导频开销与传输时延的关系

8.6.3 可靠性与传输时延之间的关系

不同 K 和 L 下可靠性与传输时延的关系如图 8-4 所示。

在完美 CSI 下，当传输时延大于 0.15 ms 时，错误概率可低于 10^{-5}。同时，在非完美 CSI 下，当传输时延大于 0.22 ms 时，错误概率可以减少到低于 10^{-5}。通常，随着传输时延的增加，能够提升信道估计性能和传输信息的 CU 数量增加，从而使大规模 MU-MIMO-NOMA 的可靠性得到提升。

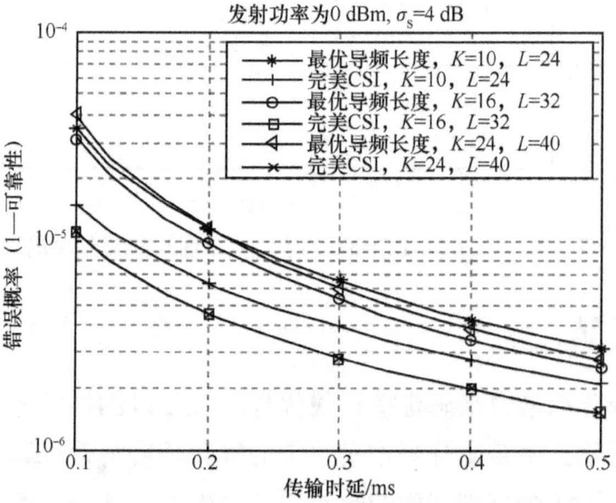

图 8-4　不同 K 和 L 下可靠性与传输时延的关系

不同级别的阴影衰落下可靠性和传输时延的关系如图 8-5 所示。当 $\sigma_s = 2\,\text{dB}$ 时，可以在发射功率为 0 dBm 时实现超高可靠性。当 $\sigma_s = 4\,\text{dB}$ 时，可以在发射功率为 0 dBm 时，通过 0.5 ms 的传输时延，得到 10^{-5} 的错误概率。

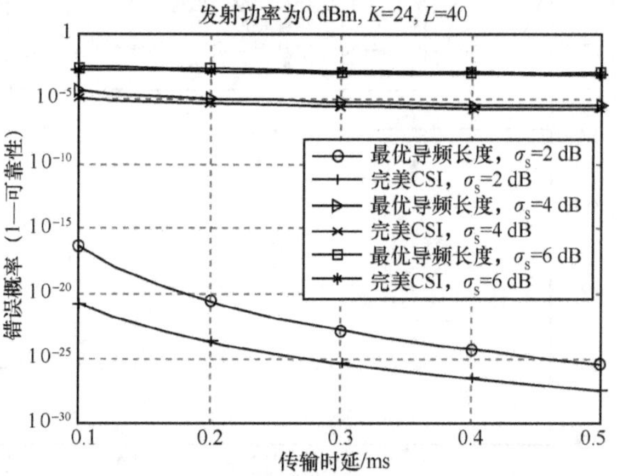

图 8-5　不同级别的阴影衰落下可靠性与传输时延的关系

8.6.4　可靠性与传输功率之间的关系

可靠性与发射功率的关系如图 8-6 所示，错误概率随着发射功率的增加而显著下降，当发射功率高于 0 dBm 时，在完美 CSI 和非完美 CSI 下都可以达到低于 10^{-5} 的错误概率。此外，所提出的黄金分割搜索可以取得接近最优的错误概率，并确保大规模 MU-MIMO-NOMA 的可靠性。

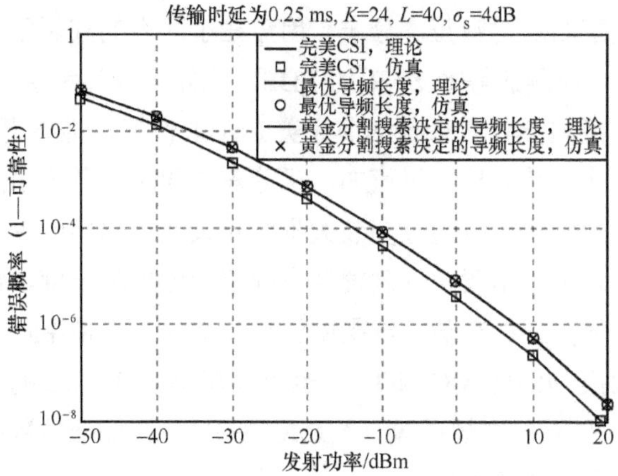

图 8-6　可靠性与发射功率的关系

不同级别的阴影衰落下可靠性与发射功率的关系如图 8-7 所示，展示了当传输时延限制为 0.25 ms 时大规模 MU-MIMO-NOMA 的性能。经验证，当发射功率高于 0 dBm 时，在中等阴影衰落下可以实现超高可靠性。在严重的阴影衰落（$\sigma_S = 6$ dB）下，需要更大的发射功率（超过 20 dBm）或更高的时延（超过 0.25 ms）来保证错误概率低于 10^{-5}。

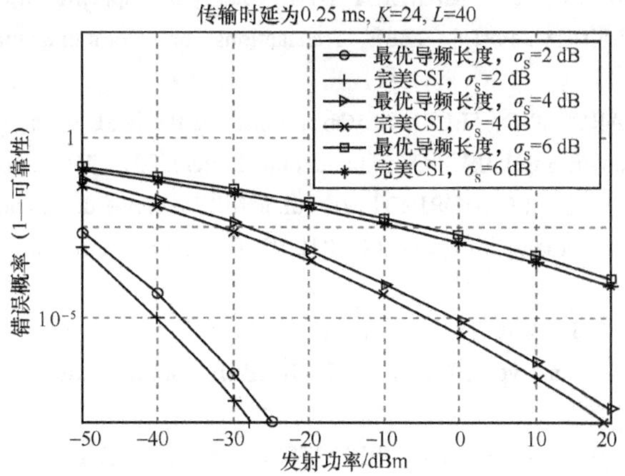

图 8-7　不同级别的阴影衰落下可靠性与发射功率的关系

8.7 本章小结

本章研究了大规模 MU-MIMO-NOMA，并分析了它在阴影衰落下的时延约束错误概率。本章推导出了在完美 CSI 和非完美 CSI 下的 ZF 检测的等效 SNR。通过假设阴影衰落服从对数正态分布，用户在小区内的部署服从均匀分布，可以推导出基于 ZF 检测的等效 SNR 的 PDF。此外，本章利用 FBL 信息理论在完美 CSI 条件和通过 PACE 获得的非完美 CSI 条件下，推导出基于 ZF 检测的错误概率的表达式。从分析结果可知，尽管需要同时服务多个用户，但是大规模 MU-MIMO-NOMA 可以通过安装大量接收天线在恶劣的衰落信道中保障可靠性。此外，本章提出用黄金分割搜索来确定最佳导频长度，该算法能够快速收敛到接近最优值。正如在仿真结果中已经验证的，即使用户面临了较严重的阴影衰落，大规模 MU-MIMO-NOMA 也可以在不到 0.5 ms 的传输时延内取得高于 99.999%的可靠性。大规模 MU-MIMO-NOMA 在保证短数据包的低时延高可靠传输方面具有优越的性能。

参考文献

[1] ZENG J, LYU T J, LIU R P, et al. Enabling ultrareliable and low-latency communications under shadow fading by massive MU-MIMO[J]. IEEE Internet of Things Journal, 2020, 7(1): 234-246.

[2] NGO H Q, LARSSON E G, MARZETTA T L. Energy and spectral efficiency of very large multiuser MIMO systems[J]. IEEE Transactions on Communications, 2013, 61(4): 1436-1449.

[3] FODOR G, MARCO P D, TELEK M. On minimizing the MSE in the presence of channel state information errors[J]. IEEE Communications Letters, 2015, 19(9): 1604-1607.

[4] ABRARDO A, FODOR G, MORETTI M, et al. MMSE receiver design and SINR calculation in MU-MIMO systems with imperfect CSI[J]. IEEE Wireless Communications Letters, 2019, 8(1): 269-272.

[5] VU T K, LIU C F, BENNIS M, et al. Ultra-reliable and low latency communication in mmWave-enabled massive MIMO networks[J]. IEEE Communications Letters, 2017, 21(9): 2041-2044.

[6] PANIGRAHI S R, BJORSELL N, BENGTSSON M. Feasibility of large antenna arrays towards low latency ultra reliable communication[C]//Proceedings of 2017 IEEE

International Conference on Industrial Technology. Piscataway: IEEE Press, 2017: 1289-1294.
[7] IKKI S S, AISSA S. Two-way amplify-and-forward relaying with Gaussian imperfect channel estimations[J]. IEEE Communications Letters, 2012, 16(7): 956-959.
[8] CHEN Y Y, WANG L, AI Y T, et al. Performance analysis of NOMA-SM in vehicle-to-vehicle massive MIMO channels[J]. IEEE Journal on Selected Areas in Communications, 2017, 35(12): 2653-2666.
[9] WANG C, AU E K S, MURCH R D, et al. On the performance of the MIMO zero-forcing receiver in the presence of channel estimation error[J]. IEEE Transactions on Wireless Communications, 2007, 6(3): 805-810.
[10] HU Y L, GURSOY M C, SCHMEINK A. Relaying-enabled ultra-reliable low-latency communications in 5G[J]. IEEE Network, 2018, 32(2): 62-68.
[11] SUN X F, YAN S H, YANG N, et al. Short-packet downlink transmission with non-orthogonal multiple access[J]. IEEE Transactions on Wireless Communications, 2018, 17(7): 4550-4564.
[12] GOLDSMITH A. Wireless communications[M]. Cambridge: Cambridge University Press, 2005.
[13] CHEIKH D B, KELIF J M, COUPECHOUX M, et al. Multicellular Alamouti scheme performance in Rayleigh and shadow fading[J]. Annals of Telecommunications - Annales Des Télécommunications, 2013, 68(5/6): 345-358.
[14] WINTERS J H, SALZ J, GITLIN R D. The impact of antenna diversity on the capacity of wireless communication systems[J]. IEEE Transactions on Communications, 1994, 42(234): 1740-1751.
[15] HÄRDLE W K, SIMAR L. Applied multivariate statistical analysis[M]. Cham: Springer International Publishing, 2019.
[16] MARONNA R. Alan Julian izenman (2008): modern multivariate statistical techniques: regression, classification and manifold learning[J]. Statistical Papers, 2011, 52(3): 733-734.
[17] ZHANG Q, HE C, JIANG L G. Per-stream MSE based linear transceiver design for MIMO interference channels with CSI error[J]. IEEE Transactions on Communications, 2015, 63(5): 1676-1689.
[18] SHEN H, LI B, TAO M X, et al. MSE-based transceiver designs for the MIMO interference channel[J]. IEEE Transactions on Wireless Communications, 2010, 9(11): 3480-3489.
[19] KOH B, CHOI S, CHUN J. A SAR autofocus technique with MUSIC and golden section search for range bins with multiple point scatterers[J]. IEEE Geoscience and Remote Sensing Letters, 2015, 12(8): 1600-1604.
[20] YEOM D H, PARK J B, JOO Y H. Selection of coefficient for equalizer in optical disc drive by golden section search[J]. IEEE Transactions on Consumer Electronics, 2010, 56(2): 657-662.
[21] XIONG Y, SHAFER S A. Depth from focusing and defocusing[C]//Proceedings of IEEE Conference on Computer Vision and Pattern Recognition. Piscataway: IEEE Press, 1993: 68-73.

第9章

全书回顾与未来展望

本章将对全书内容进行回顾，同时进一步探讨未来超五代移动通信系统（Beyond the 5th Generation，B5G）的发展趋势以及低时延通信的新需求，并对NOMA研究的新机遇进行展望。

9.1 全书回顾

随着移动智能终端和各种新型移动计算设备的流行和普及，近年来，新的无线传输应用场景不断涌现，eMBB等移动互联网应用场景和mMTC、URLLC等物联网应用场景成为移动通信发展的主要驱动力，对未来无线通信网络在设备连接数、频谱效率、时延和可靠性等方面提出了巨大挑战。NOMA通过在发射端采用多用户信息叠加传输，并在接收端应用SIC，能够在相同的时频资源内为更多设备提供连接，极大提升了系统频谱效率，降低了传输时延，因而成为未来无线通信系统的关键技术之一。本书首先简要回顾了5G发展进程、关键技术以及新型多址技术，接着探讨了NOMA在低时延通信中的应用，并结合物联网场景的特性，从功率分配、系统有效容量、传输时延和错误概率的角度出发，分别提出相应的系统性能优化方案。

关于NOMA系统中的功率分配，现有的NOMA功率分配方案大多只考虑频谱效率、能量效率等非时延敏感的系统性能指标。为此，本书深入分析了上下行 NOMA 服务过程的统计特征，从保障 NOMA 统计时延性能的角度出发，展开了对 NOMA 系统统计时延性能（包括排队时延超标概率和有效容量）的分析，并基于所分析的统计 QoS 性能指标，提出了保障 NOMA 系统统计 QoS 的功率分配方案，以应对 IoT 场景中多样化业务对时延性能的差异化需求。

具体来说，针对用户已配对的上行 NOMA 系统，分别提出了保障 NOMA 用户对排队时延超标概率的发射功率最小化准静态功率分配方案，以及保障用户有效容量公平性的有效吞吐量最大化准静态功率分配方案，所提功率分配方案能够在保障用户统计 QoS 需求的同时，有效降低发射功率，提升有效容量，并在有效容量之和与用户公平性之间取得灵活折中。为了充分利用基站可能获得的瞬时 CSI，并进一步提升统计 QoS 需求下的上行 NOMA 系统性能，分别构建了最大化 NOMA 用户对的有效容量之和与最大化 NOMA 用户对的 EEE 的动态功率分配方案，能够极大地提升系统的有效容量和有效能效。针对用户已配对的下行 NOMA 系统，提出了最小化最大排队时延超标概率上界和最大化最小有效容量的准静态功率分配方案，能够在保障用户公平性的同时有效优化系统的时延指标。进一步挖掘系统潜能，针对具有统计 QoS 需求的下行 CR-NOMA 框架，提出了在保障弱用户最小有效容量约束条件下最大化强用户有效容量的动态功率分配方案，能在各种统计 QoS 需求下有效提升系统的有效容量。

其次，本书还将 NOMA 与多天线技术结合，研究了上行 MU-MIMO-NOMA 的系统模型，并联合速率分割技术与两种基于 SIC 的多天线接收检测技术，推导出了 MMSE-SIC 和 MRC-SIC 这两种检测方法的可达数据速率区间，并用数学表达式准确描述了 MMSE-SIC 和 MRC-SIC 检测能够稳定进行的充分条件，进一步设计了适用于 MMSE-SIC 的发送端用户速率分割算法来逼近上行最大和数据速率。此外，本书还提出了一种仅两层的用户速率分割算法，可用低复杂度低时延的 MRC-SIC 检测来保障较高的最小用户数据速率，上述两个算法可进一步结合分组解码以降低检测复杂度和 SIC 次数，从而取得多用户上行通信的低传输时延和低处理时延。

最后，针对 IoT 可能遭遇的严重信道衰落和非完美 CSI 的影响，分别研究了基于完美 CSI 和非完美 CSI 的大规模 MU-MIMO-NOMA 技术，建立了考虑 PACE 误差的上行大规模 MU-MIMO-NOMA 系统模型，并推导了在给定时延下接入用户的错误概率，从而评估大规模 MU-MIMO-NOMA 在短数据包传输中的可靠性，对比完美 CSI 和非完美 CSI 下 ZF 检测的性能。接着，还提出了一种基于黄金分割搜索的算法来优化导频长度，以降低 PACE 系统中的错误概率，该算法能够快速收敛并降低导频的开销。所提出的大规模 MU-MIMO-NOMA 即使面对随机分布的用户和较严重的阴影衰落，也可通过极低复杂度的 ZF 检测，支持大量用户的短数据包可靠传输，并缩短接入时延和处理时延。

9.2 未来展望

9.2.1 B5G 发展趋势

当前，移动通信系统的演进趋势可以归纳为由“线”到“面”。“线”指每一代移动通信系统演进的主线，即增强移动宽带性能。每一代移动通信系统演进的首要目标都是大幅提升数据传输速率和网络容量。“面”指在 4G 到 5G 的演进过程中，已经开始考虑支持多种业务需求矛盾的场景，而不仅仅局限于移动带宽。例如，5G 支持的 mMTC 以及 URLLC 等[1]。

B5G 基于已有演进趋势，将一维的“线”和二维的“面”，进一步拓展成三维的“体”，形成新的演进趋势“线–面–体”。三维的“体”主要涵盖 3 个维度，即速率维度、空间维度和智慧维度。通过不断提高通信速率、拓展通信空间以及完善通信智慧，B5G 通信系统最终演进为泛在融合信息网络[1]。

现有的研究表明，相较于 4G，5G 在峰值数据速率方面提升了 20 倍，由 1 Gbit/s 提升至 20 Gbit/s，而 B5G 将使用更高的频段为信号载体，使得数据速率达到 1 Tbit/s 量级以上。虽然目前 5G 基本上满足了陆地通信系统面向个人终端的基本通信需求，但随着国家信息疆域扩展部署，5G 通信系统尚不能满足全方位、立体化的多域覆盖，尤其是在空天通信、空地通信和海洋通信方面。B5G 旨在进一步拓展通信空间，将目前的陆地覆盖拓展至海洋、天空、太空场景下的多域融合和广域覆盖[1]。此外，伴随着计算机技术和信息通信技术融合等发展[2]，B5G 将在信息传输、处理及应用层面进一步加强和完善智慧通信，由目前对单一设备的智能处理演进至多设备、多网络之间的协同跨域联动智能处理。B5G 的发展趋势如图 9-1 所示。

现有的 5G 网络技术难以在信息广度、信息速度以及信息深度上支持 B5G 泛在化、社会化、智能化、情景化、广域覆盖及多域融合的需求。因此，需要在网络架构和核心技术方面加以突破，以此支撑未来应用的业务需求[1-2]。初步认为，B5G 新的网络架构包括 3D 网络架构、无边界网络架构、分布式网络架构等。其关键技术包括太赫兹通信[1-2]、可见光通信[2]、超大规模天线技术[3]等。

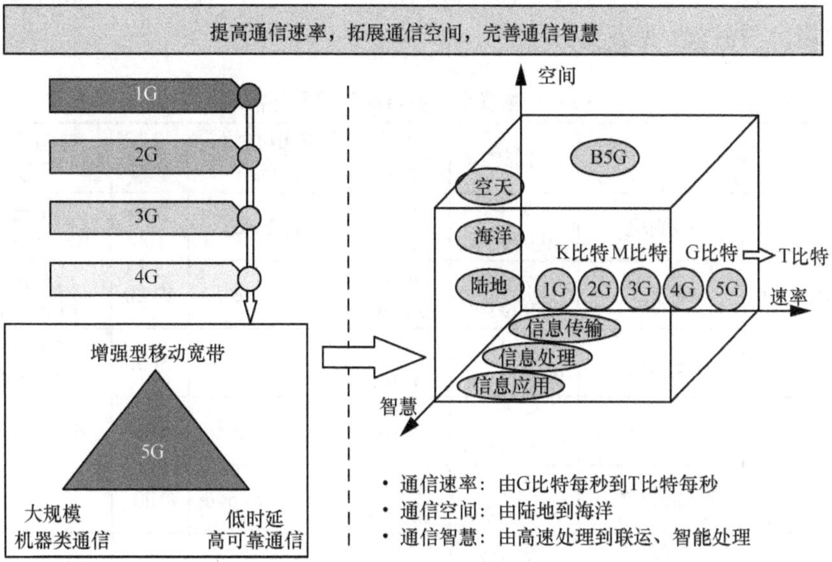

图 9-1　B5G 的发展趋势

9.2.2　低时延通信新需求

作为第五代和下一代移动通信网络的关键通信场景之一，URLLC 将成为各种新兴关键任务应用程序开发的中心[4]。初步预计，下一代移动通信系统的 URLLC 将达到 0.3 ms 的时延、10 cm 级的室内定位精度和 1 m 级的室外定位精度以及 99.999 9%的可靠性[5]。

在下一代移动通信系统中，URLLC 在实时应用程序和关键任务服务中扮演着非常重要的角色[6]。首先，在智能交通领域，智能车联网将得到进一步发展。例如，全自动无人驾驶根据不同级别需要时延低至 3 ms，可靠性高达 99.999%；远程医疗救护等特种车辆要求上行传输数据速率高达 1 Gbit/s，数据的时延低至 1 ms；车内娱乐或信息服务则要求更高的数据量[3]。其次，在医疗领域，健康医疗将进一步向智能化、个性化和泛在化方向发展。为实现医疗手术中的精准操作与实时传输，应满足传输带宽达 1 Tbit/s 量级和端到端时延小于 5 ms 以及超高的计算能力等需求[3]。特别地，数字孪生医疗要求更低的时延（0.1～1 ms）与更高的可靠性（99.999 99%）。此外，在 IoT 工业自动化领域中，URLLC 的几个重要应用场景包括运动控制、移动机器人、进程自动化监控以及具有安全功能的移动控制面板等。其中，运动控制是工业自动化中最具挑战性的闭环控制用例之一。它用于控制机器上某些部件的运动/旋转，要求具有超高可靠性和低时延、确定性的通信能力等[5]。物联网工业自动化用例与需求[7]见表 9-1。

表 9-1 物联网工业自动化用例与需求

用例		可靠性	循环时间	典型有效载荷大小	设备数量	典型服务区域
运动控制	印刷机	大于 99.999 9%	小于 2 ms	20 byte	大于 100	100 m×100 m×30 m
	机床	大于 99.999 9%	小于 0.5 ms	50 byte	约 20	15 m×15 m×3 m
	封装机	大于 99.999 9%	小于 1 ms	40 byte	约 50	10 m×5 m×3 m
移动机器人	协同运动控制	大于 99.999 9%	1 ms	40～250 byte	100	小于 1 km^2
	视频遥控器	大于 99.999 9%	10～100 ms	15～150 kbyte	100	小于 1 km^2
具有安全功能的移动控制面板	装配机器人/铣床	大于 99.999 9%	4～8 ms	40～250 byte	4	10 m×10 m
	移动起重机	大于 99.999 9%	12 ms	40～250 byte	2	40 m×60 m

下一代移动通信要求 URLLC 具有更强的能力，这是由关键任务应用场景（如机器人和自主系统）渴望更高的可靠性和更低的时延这一因素驱动的。未来，一些新应用场景将模糊 mMTC 和 URLLC 之间的界限，mMTC 和 URLLC 的结合可能会在下一代通信系统中产生一个新的应用场景，其特点是更高的带宽效率、更低的时延服务以及海量的用户接入，而上述场景的实现离不开下一代多址接入技术的支持。因此，为了满足下一代通信系统的需求，必须对 NOMA 技术进行革新。

9.2.3 NOMA 的新机遇

由于 IoT 业务的爆炸式增长，预计下一代无线网络中的移动应用程序将继续呈指数级增长。未来 VR、AR、工业 4.0、机器人等异构业务和应用，要求在下一代无线网络中提供前所未有的海量用户接入、异构数据流量、高带宽效率和低时延服务。因此，上述服务和应用必须得到下一代多址接入技术的支持。并且下一代多址接入技术必须以最有效的方式在分配的资源块（如时隙、频带和功率级）中容纳多个用户。为了做到这一点，NOMA 技术必须与其他新技术相结合，形成下一代 NOMA（Next Generation Non-Orthogonal Multiple Access，NG-NOMA）技术。与传统的多址接入技术相比，NG-NOMA 技术有望实现更高的带宽效率和更高的连通性。此外，NG-NOMA 还必须为时延敏感的 IoT 应用（如工业 4.0 和机器人）提供有效的随机访问。此外，机器学习和大数据的最新进展，能够提供使 NG-NOMA 更加智能化的方法。为了充分发掘 NG-NOMA 在实际通信场景中的全部潜力，未来可以通过将 NOMA 技术与高级信道编码和调制、资源分配和移动性管理、机器学习和大数据、去蜂窝大规模 MIMO、可重构智能表面、太赫兹和毫米波通信等技术结合，来满足下一代移动通信网络的需求。

以去蜂窝大规模 MIMO 与 NOMA 技术结合为例。去蜂窝大规模 MIMO 系统能够克服传统蜂窝移动通信架构的缺陷，并利用优化权重因子的联合多接入点（Access Point，AP）处理方法，提高系统的数据传输速率[8-9]，同时提高系统的能效和频谱效率[10-12]。NOMA 技术与去蜂窝大规模 MIMO 系统相结合[13-14]能够使系统更加灵活有效地利用多维度的通信资源，极大限度地提高通信系统的容量和频谱效率，并进一步扩大接入设备的规模以及无线网络的覆盖范围。

参考文献

[1] 张平. B5G: 泛在融合信息网络[J]. 中兴通讯技术, 2019, 25(1): 55-62.

[2] 韩潇, 李培. B5G 网络架构及关键技术浅析[J]. 邮电设计技术, 2019(8): 30-33.

[3] 大唐通信移动设备有限公司. 6G 愿景与技术趋势白皮书[Z]. 2020.

[4] SHE C Y, SUN C J, GU Z Y, et al. A tutorial on ultrareliable and low-latency communications in 6G: integrating domain knowledge into deep learning[J]. Proceedings of the IEEE, 2021, 109(3): 204-246.

[5] YOU X H, WANG C X, HUANG J, et al. Towards 6G wireless communication networks: vision, enabling technologies, and new paradigm shifts[J]. Science China Information Sciences, 2020, 64(1): 1-74.

[6] DOGRA A, JHA R K, JAIN S. A survey on beyond 5G network with the advent of 6G: architecture and emerging technologies[J]. IEEE Access, 2020, 9: 67512-67547.

[7] 5GACIA. 5G for connected industries and automation white paper[Z]. 2019.

[8] NGO H Q, ASHIKHMIN A, YANG H, et al. Cell-free massive MIMO versus small cells[J]. IEEE Transactions on Wireless Communications, 2017, 16(3): 1834-1850.

[9] BASHAR M, CUMANAN K, BURR A G, et al. Mixed quality of service in cell-free massive MIMO[J]. IEEE Communications Letters, 2018, 22(7): 1494-1497.

[10] NGO H Q, TRAN L N, DUONG T Q, et al. On the total energy efficiency of cell-free massive MIMO[J]. IEEE Transactions on Green Communications and Networking, 2018, 2(1): 25-39.

[11] NAYEBI E, ASHIKHMIN A, MARZETTA T L, et al. Precoding and power optimization in cell-free massive MIMO systems[J]. IEEE Transactions on Wireless Communications, 2017, 16(7): 4445-4459.

[12] BASHAR M, CUMANAN K, BURR A G, et al. On the performance of cell-free massive MIMO relying on adaptive NOMA/OMA mode-switching[J]. IEEE Transactions on Communications, 2020, 68(2): 792-810.

[13] LI Y K, ARUMA BADUGE G A. NOMA-aided cell-free massive MIMO systems[J]. IEEE Wireless Communications Letters, 2018, 7(6): 950-953.

[14] REZAEI F, TELLAMBURA C, TADAION A A, et al. Rate analysis of cell-free massive MIMO-NOMA with three linear precoders[J]. IEEE Transactions on Communications, 2020, 68(6): 3480-3494.

名词索引